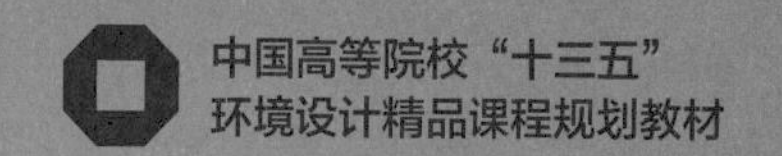

Technological Drawing of Environment Design

环境设计工程制图

刘斌　陈国俊 / 编著

中国青年出版社

图书在版编目（CIP）数据

环境设计工程制图 / 刘斌，陈国俊编著. — 北京：中国青年出版社，2019.6（2024.9重印）
中国高等院校“十三五”环境设计精品课程规划教材
ISBN 978-7-5153-5637-2

I.①环… II.①刘… ②陈… III.①环境设计—建筑制图—高等学校—教材 IV. ①TU204

中国版本图书馆CIP数据核字（2019）第109700号

中国高等院校“十三五”环境设计精品课程规划教材
环境设计工程制图
编　　著：刘斌　陈国俊

编辑制作：北京中青雄狮数码传媒科技有限公司
责任编辑：张军
助理编辑：杨佩云　石慧勤
书籍设计：邱宏
出版发行：中国青年出版社
社　　址：北京市东城区东四十二条21号
网　　址：www.cyp.com.cn
电　　话：010-59231565
传　　真：010-59231381

印　　刷：北京博海升彩色印刷有限公司
规　　格：787mm×1092mm　1/16
印　　张：8
字　　数：136千字
版　　次：2019年8月北京第1版
印　　次：2024年9月第4次印刷
书　　号：ISBN 978-7-5153-5637-2
定　　价：49.80元

如有印装质量问题，请与本社联系调换
电话：010-59231565
读者来信：reader@cypmedia.com
投稿邮箱：author@cypmedia.com

前言

“环境设计工程制图”是高等学校环境设计专业必修课程，是环境设计专业的核心课程组成部分。通过本课程的学习，使学生对投影制图，特别是环境设计工程图纸的概念、规律、规范、体系、绘图和作用有一个系统、清晰地认识，并且通过环境设计工程制图的理论学习和图纸实训的训练，掌握制图工具的种类和使用方法、投影制图基本原理、家具设计图、建筑造型设计施工图、室内装饰施工图、景观设计施工图等内容的绘图要求、图纸编制深度和方法，为今后专业的识图和制图操作奠定扎实的基础。

本书本着实用、系统、翔实、规范的原则，力求全面体现艺术设计类教材的特点，图文并茂，案例新颖，集系统性、知识性、实训指导性于一体。本书内容在传统理论教材模式的基础上有所突破，增加完整的真实项目实训环节，以培养学生的专业认知和实践能力的目标。

本书在编写的过程中参考了大量的图片和文字资料。在此感谢参加教材编写的一线教师孜孜不倦的劳作，主要有湖北经济学院陈国俊老师的鼎力合作和支持。感谢武汉彩墨江南文化创意有限公司、湖北经济学院环境设计工作室、武汉华信装饰工程有限公司、武汉尚美饰家装饰有限公司、自由设计师唐涛、周业森、王祯皞等单位和个人提供的设计案例和图片。由于地址不详或者其他原因，部分案例图片的设计者、教师，以及对本书的编写提供帮助的人士和单位可能没有提及，在此深表谢意。

由于编写时间仓促，编者水平有限，本书中难免有一些欠妥之处，恳请广大读者批评指正。

编者　2018 年 12 月

目录

第 1 章 学习准备工作和国家制图标准

第 2 章 投影的基本概念

第 3 章 基本形体的投影与实训

第 4 章 轴测图制图与实训

目录

学习准备工作和国家制图标准

1.1 课程简介

1.1.1 工程制图概念和内容

1.1.2 课程任务

1.1.3 学习方法

1.2 制图工具

1.2.1 尺规工具

1.2.2 笔类工具

1.2.3 其他工具

1.3 房屋建筑制图统一制图标准

1.3.1 图纸幅面规格与图纸编排顺序

1.3.2 图线

1.3.3 字体

1.3.4 比例

1.3.5 符号

1.3.6 定位轴线

1.3.7 常用材料图例

1.3.8 尺寸标注

1.1 课程简介

1.1.1 工程制图概念和内容

制图是把实物或者想象物体的形状，按照一定比例和规则在平面上描绘出来。在建筑、室内、景观等行业里，图纸就是基本的沟通语言，是设计师表达设计构想，与其他设计师之间沟通的重要语言。

从草图构思、方案表现到施工与验收文件，图纸表达的方式和内容贯穿设计的整个过程。制图技能和识图方法是设计师必需的核心素质，也是学习其他设计作品的前提条件。

工程制图重要研究空间几何要素和空间形体在平面上的各种表示方法及其原理以及在平面上用投影作图的方法来解决空间问题。

1.1.2 课程任务

环境设计工程制图主要包括家具设计、室内设计、景观设计的制图范畴，是以建筑施工图为基础的制图语言。学习过程主要分为：通晓原理、熟记规范、读图识图、绘图实训，具内容体如下：

学习投影法的基本原理及应用；学习贯彻制图国家标准和有关基本规定；培养对三维形体及其相关关系的空间逻辑思维和形象思维能力；培养空间问题的图解能力；培养建筑、室内外装饰、家具的绘图基础能力；培养认真负责的工作态度和一丝不苟的工作作风，培养整体观察和理解事物的能力。

1.1.3 学习方法

从几何形体模型入手，根据模型画出投影图纸，再根据投影图想象出几何形体模型的空间情况，并画出相关图纸。经过反复训练，可以根据二维图形想出三维形状。

掌握正确地发现问题、分析问题和解决问题的方法。掌握最基本的投影制图原理及其内在关系，完成一系列由浅入深，由简到难的实训习题。

每一个习题实训需要如下几个步骤：（1）空间分析，在弄清习题训练目的的基础上，分析投影制图等图纸内在关系和相对位置；（2）理清作图步骤和看图方式，每一类型图纸里面都有合理的基本作图方法；（3）不可盲目动手做题，需要整体阅读图纸，了解图纸之间的逻辑关系和从属关系。

1.2 制图工具

学习制图前首先要了解制图工具的性能，掌握制图工具的使用方法，以提高制图的质量，加快制图速度。下面介绍制图常用工具的使用方法。

1.2.1 尺规工具

1. 丁字尺

丁字尺是绘制水平线的工具，由相互垂直的尺头和尺身构成。在使用时要注意以下几点：尺头必须沿图板的左边缘滑动使用；在画同一张图纸时，尺头不得在图板的其他各边滑动，避免图板各边不成直角，造成画线不准确；只能沿尺身上侧画线，因此要注意保护尺身上侧的平直（见图 1-1、图 1-2、图 1-3）。

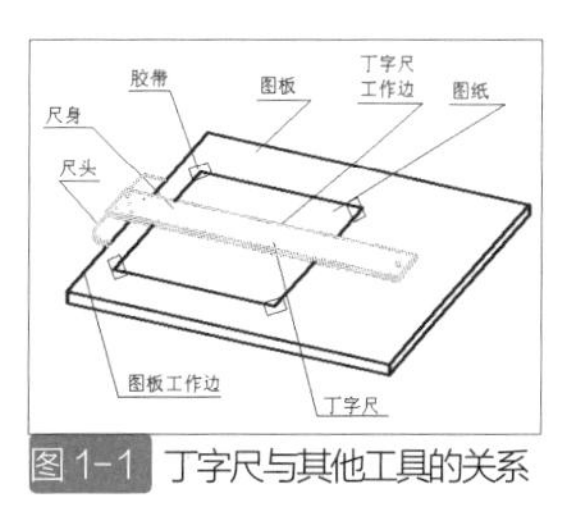

图 1-1 丁字尺与其他工具的关系

图 1-2 丁字尺

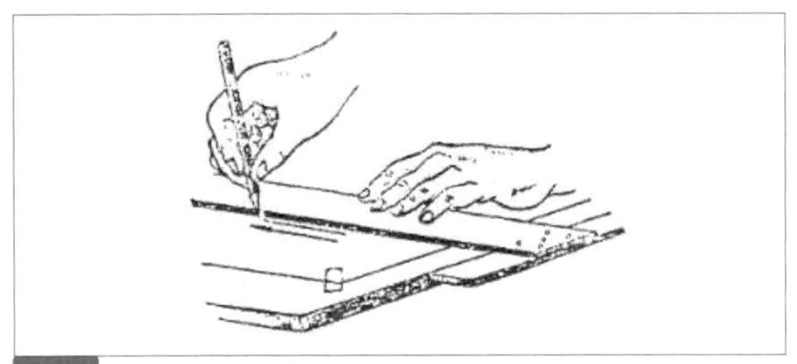

图 1-3 丁字尺描线方法

2. 三角板

三角板有 45°、45°、90° 和 30°、60°、90° 两种。绘图时制用三角板和丁字尺配合画出垂直线，也可以画出 15° 、30° 、45° 、60° 、75° 的斜线和相互平行的直线。两个三角板配合使用时，可以画出各种角度的互相平行线或垂直线(见图 1-4、图 1-5、图 1-6）。

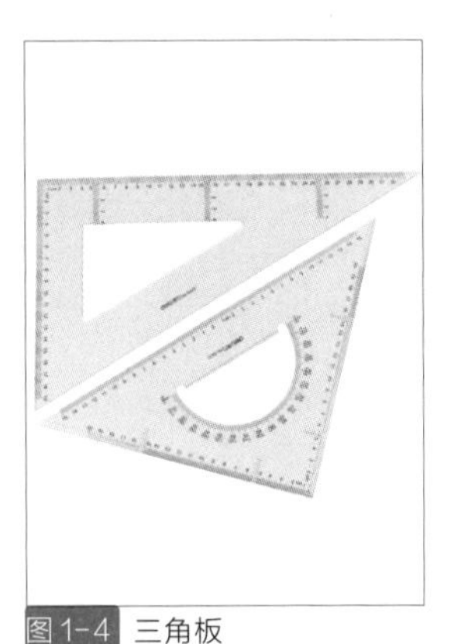

图 1-4 三角板

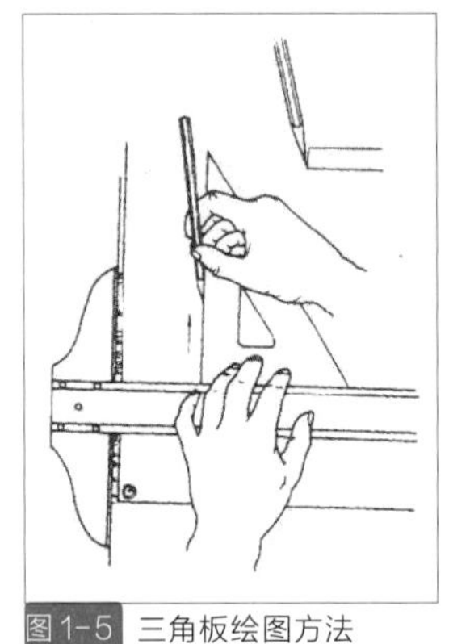

图 1-5 三角板绘图方法

图 1-6 运用三角板绘制角度

3. 比例尺

比例尺是绘制需要缩小、放大图形的制图工具，方便绘图者快速换算比例。通常比例尺做成三棱状，所以也称为三棱尺。尺上有六种常用比例刻度，分别是 1 ：100、1 ：200、1 ：300、1 ：400、1 ：500 和 1 ：600（见图 1-7、图 1-8）。

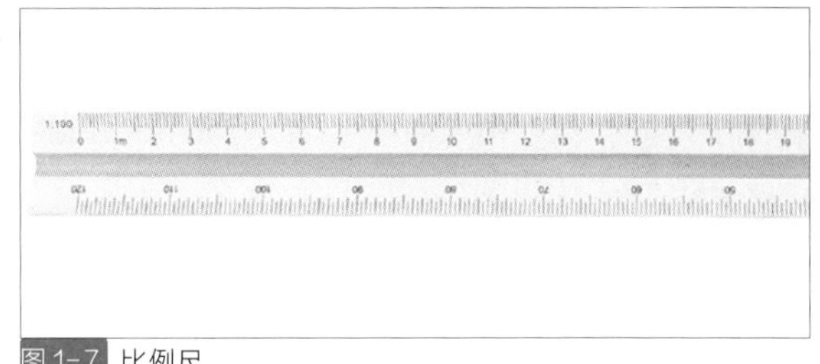

图 1-7 比例尺

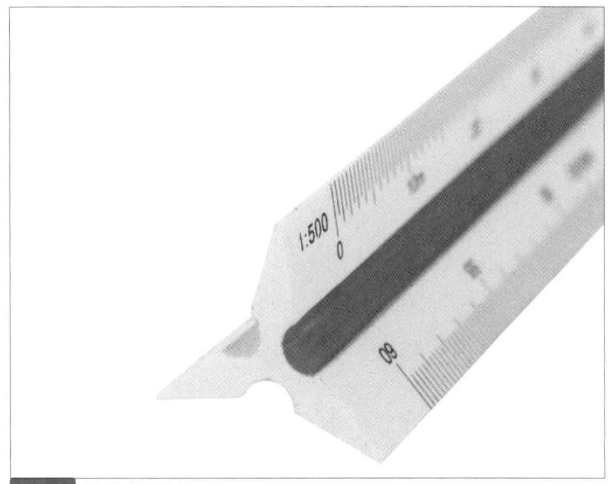

图 1-8 比例尺刻度

4. 绘图模板

在制图中，绘制各种建筑图例、符号、家具、几何图形等需要使用特殊绘图模板。一般有圆形模板、椭圆模板、家具模板、建筑模板等，有的模板还在图形旁备注了比例（见图 1-9、图 1-10、图 1-11）。

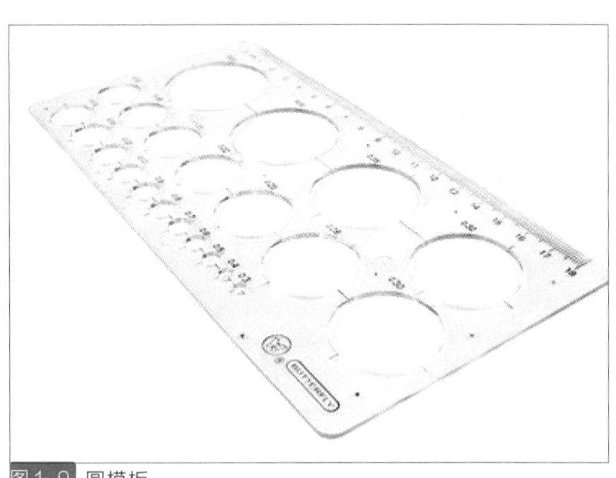

图 1-9 圆模板

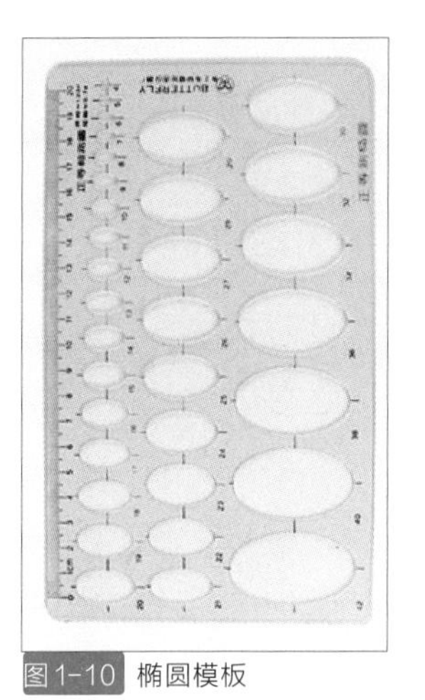

图 1-10 椭圆模板

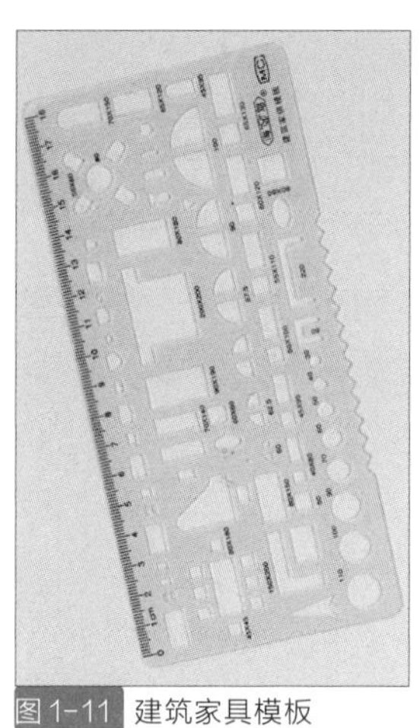

图 1-11 建筑家具模板

5. 曲线工具

曲线工具一般分为曲线板和蛇尺。蛇尺可以根据图形需要将工具随意弯曲成适合图形的曲线。曲线板是通过两点间的线条样式进行比对，查找工具与图形吻合的状态（见图 1-12）。

图 1-12 曲线板

6. 圆规

一般在直尺上确定数据后，以针尖为圆心进行画圆。有的圆规能够配套针管笔使用，方便对圆形描墨线（见图 1-13）。

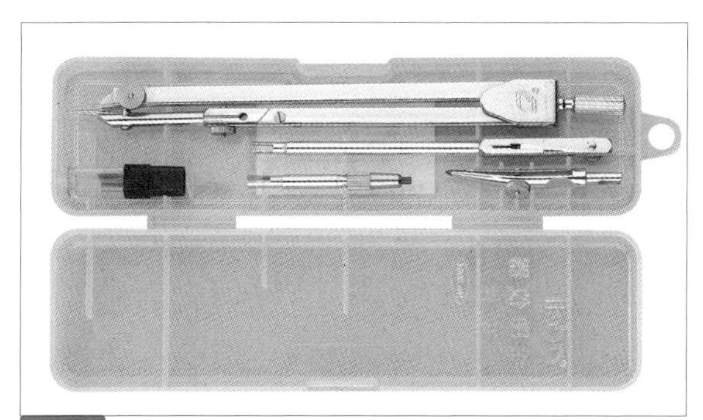

图 1-13 圆规套装

1.2.2 笔类工具

1. 铅笔

铅笔主要是用来画线。选择铅笔时要注意铅笔芯的软硬程度，一般在打草稿时用 2H、3H 等较硬的铅笔，加深颜色时，可用 H 或 HB 铅笔（见图 1-14）。

画线时需遵守从下往上画垂直线，从左往右画水平线。用笔的轻重要均匀；画长线时，可适当转动铅笔，以保持线条粗细一致；线条接头处须注意交接准确。

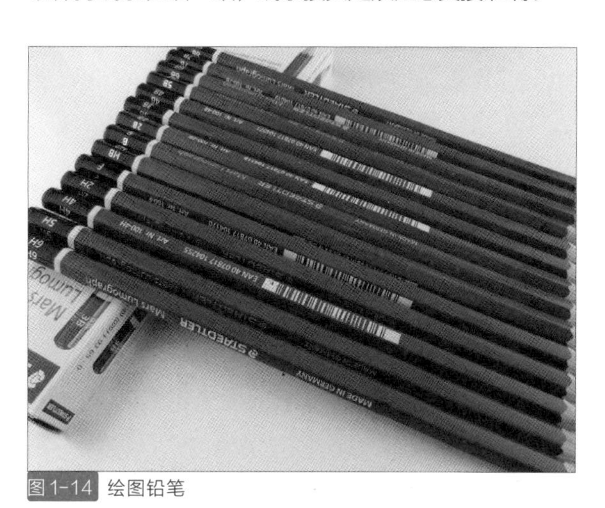

图 1-14 绘图铅笔

2. 针管笔

针管笔一般分为一次性针管笔和反复灌墨水使用的针管笔。笔头口径分别为 0.1mm、0.2mm、0.3mm、0.4mm、0.5mm、0.6mm、0.7mm、0.8mm、0.9mm 等。在实际使用中，一般选择 0.1mm、0.3mm、0.5mm（或者 0.7mm）（见图 1-15、图 1-16）。

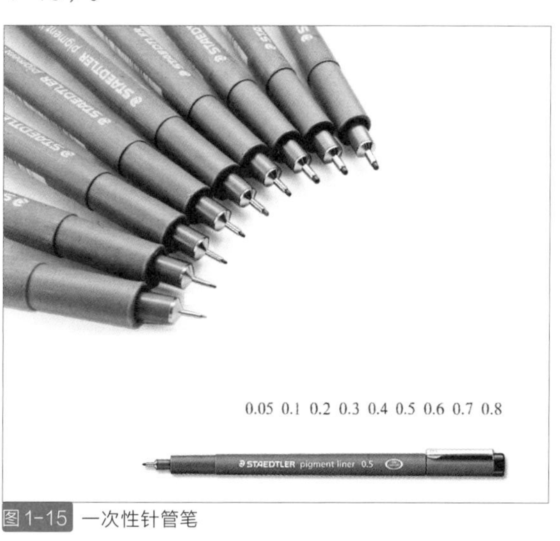

图 1-15 一次性针管笔

图1-16 可多次使用的针管笔

使用针管笔画墨线图之前，应先审查铅笔图稿是否准确，然后依靠尺规工具描绘墨线。

针管笔画墨线注意事项：

画笔须紧靠尺边，并注意笔与纸面的角度要始终保持一致。笔的移动速度要均匀，太快线条会变细，太慢线条会变粗。一条线最好一次画完，中途不要停笔。如果线太长或画长曲线，需要分几次画成时，应注意使接头准确、圆滑。

为了提高画图效率并保持图面干净整洁，可按照下列画图顺序：

先画上边，后画下边；先画左边，后画右边，这样不容易弄脏图面。先画曲线，后画直线，便于连接；先画细线，后画粗线；细线容易干，不影响上墨的进度。最后画边框，写标题。

1.2.3 其他工具

1. 粘胶带

粘胶带在使用时，剪成四个短条并斜贴在制图纸的四个角上，不易贴得面积过多，以免影响绘图效果，损坏墨线边框（见图 1-17）。

2. 绘图纸

制图纸用于绘制工程图、机械图、测绘地形图等，有别于素描纸和水彩纸，主要有表面空白、表面打印好图框两种类型，具有不透明、无斑点和高耐擦性的特点（见图 1-18）。

3. 橡皮擦与羊毛刷

橡皮擦在手绘制图中，除了擦去铅笔绘制的错误内容外，还起到擦去纸面污迹，以及墨线描图无误后擦去铅笔稿的作用（见图 1-19）。羊毛刷主要是扫去纸面上的污物，避免用嘴进行吹除（见图 1-20）。

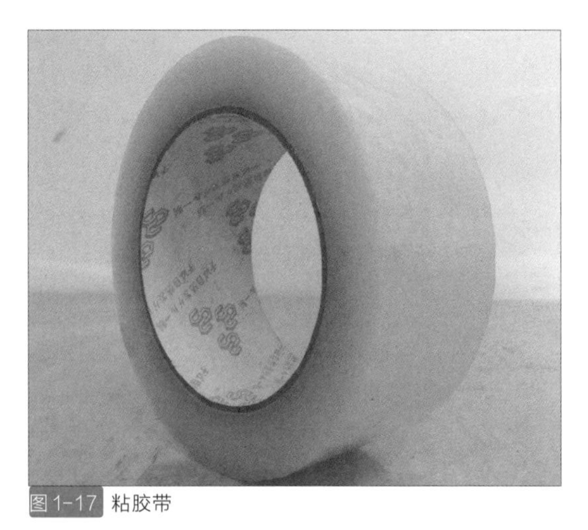

图1-17 粘胶带

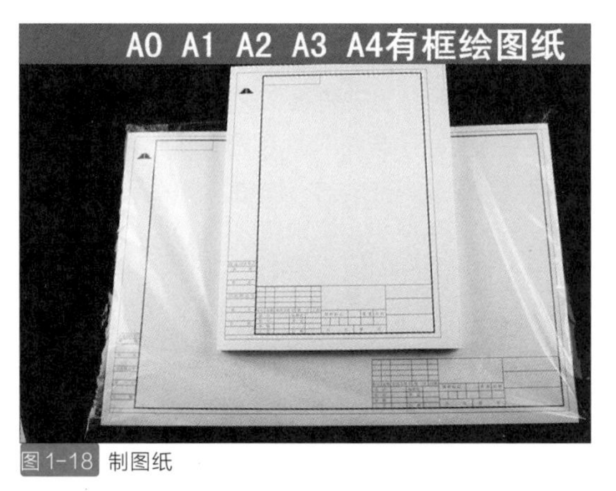

图1-18 制图纸

图1-19 橡皮擦

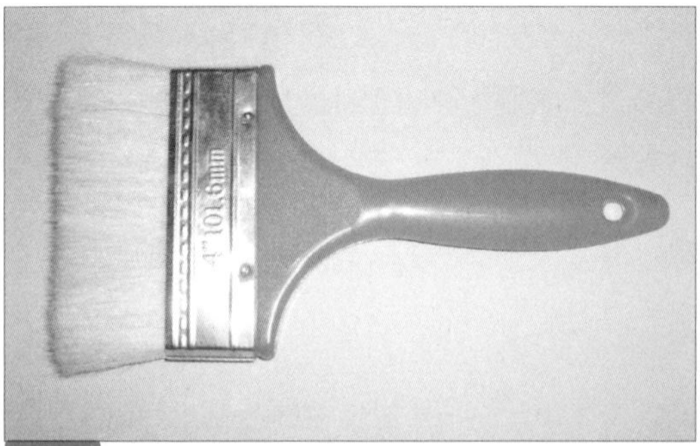

图1-20 羊毛刷

1.3 房屋建筑制图统一制图标准

环境设计工程制图都必须遵守中华人民共和国行业标准，遵从的国家标准由住房和城乡建设部和国家质量监督检验检疫总局联合发布，主要是《房屋建筑制图统一标准》（见图 1-21），编号为 GB/T50001-2017，自 2018 年 5 月 1 日起实施。室内设计制图和景观设计制图遵循此标准。除此之外，还有其他制图标准，如：《总图制图标准》《房屋建筑室内装饰装修制图标准》（见图 1-22）《建筑结构制图标准》《给排水制图标准》等。

UDC

中华人民共和国国家标准

P　　GB/T 50001-2017

房屋建筑制图统一标准

Unified standard for building drawings

2017-09-27　发布　　2018-05-01　实施

中华人民共和国住房和城乡建设部
中华人民共和国国家质量监督检验检疫总局　联合发布

图 1-21 《房屋建筑制图统一标准》封面

UDC

中华人民共和国行业标准　JGJ

P　　JGJ/T 244-2011
备案号 J 1216-2011

房屋建筑室内装饰装修制图标准

Drawing standard for interior decoration
and renovation of building

2011-07-04　发布　　2012-03-01　实施

中华人民共和国住房和城乡建设部　发布

图 1-22 《房屋建筑室内装饰装修制图标准》封面

1.3.1 图纸幅面规格与图纸编排顺序

1. 图纸幅面

图纸幅面是指图纸宽度与长度组成的图面。图纸幅面及图框尺寸应符合规定（见表 1-1）。

幅面代号 尺寸代号	A0	A1	A2	A3	A4
$b \times l$	841×1189	594×841	420×594	297×420	210×297
c	10			5	
a	25				

注：表中 b 为幅面短边尺寸，c 为图框线与幅面线间宽度，a 为图框线与装订边间宽度。

表 1-1 图纸幅面及图框尺寸

图纸短边尺寸不应加长，A0—A3 幅面长边尺寸可加长，但应符合（表 1-2）规定。

幅面代号	长边尺寸	长边加长后的尺寸				
A1	841	1051（A1+1/4l） 2102（41+3/2l）	1261（A1+1/2l）	1471（A1+3/4l）	1682（A1+l）	1892（A1+5/4l）
A2	594	743（A2+1/4l） 1486（A2+3/2l）	891（A2+1/2l） 1635（A2+7/4l）	1041（A2+3/4l） 1783（A2+2l）	1189（A2+l） 1932（A2+9/4l）	1338（A2+5/4l） 2080（A2+5/2l）
A3	420	630（A3+1/2l） 1682（A3+3l）	841（A3+l） 1892（A3+7/2l）	1051（A3+3/2l）	1261（A3+2l）	1471（A3+5/2l）

注：有特殊需要的图纸，可采用 $b \times l$ 为 841mm×891mm 与 1189mm×1261mm 的幅面

表 1-2 图纸长边加长尺寸（mm）

图纸以短边作为垂直边应为横式，以短边作为水平边应为立式。A0—A3 图纸易横式使用，必要时也可立式使用。一个工程设计中，每个专业所使用的图纸，不宜多于两种幅面，不含目录及表格所采用的 A4 幅面。

2. 标题栏

图纸中应有标题栏、图框线、幅面线、装订边线和对中标志。通过标题栏和目录中的图号对应，可以在需要时快速查到图纸。图纸的标题栏及装订边的位置，应符合下列规定：横式使用的图纸，应按照规定的形式布置（见图 1-23、图 1-24、图 1-25）。

立式使用的图纸，应按照规定的形式布置（见图 1-26、图 1-27、图 1-28）。

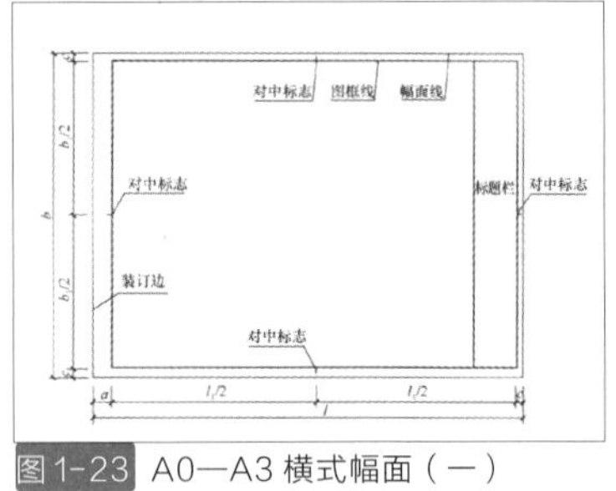

图 1-23 A0—A3 横式幅面（一）

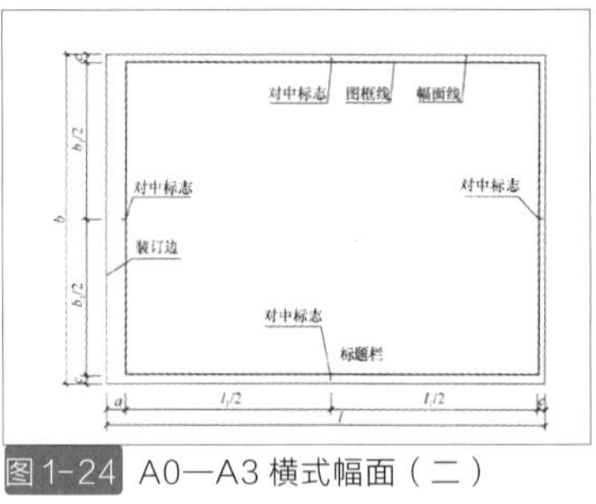

图 1-24 A0—A3 横式幅面（二）

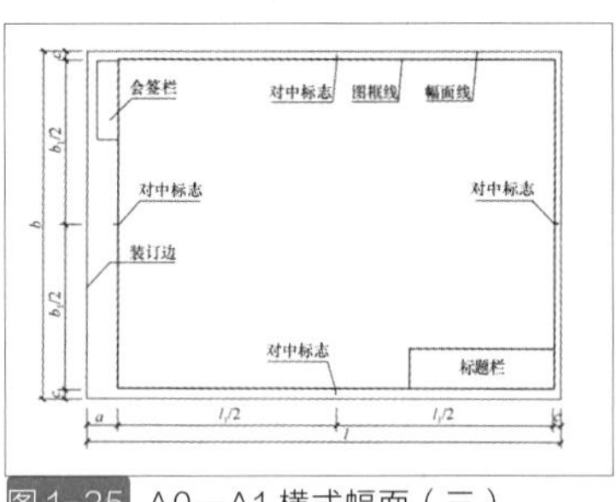

图 1-25 A0—A1 横式幅面（三）

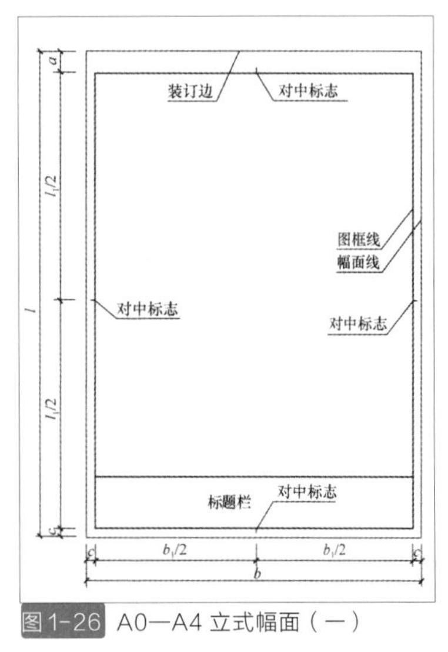

图 1-26 A0—A4 立式幅面（一）

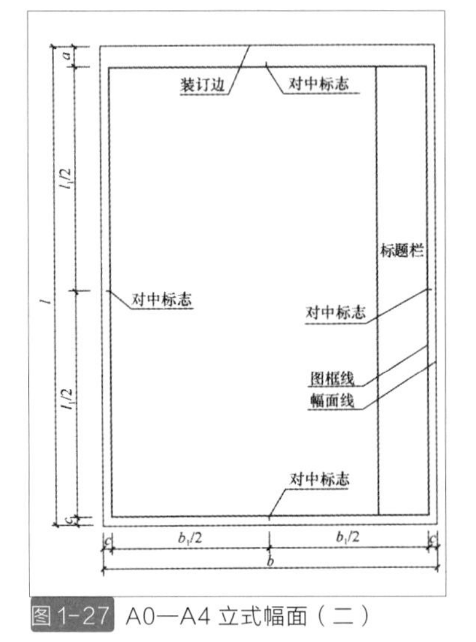

图 1-27 A0—A4 立式幅面（二）

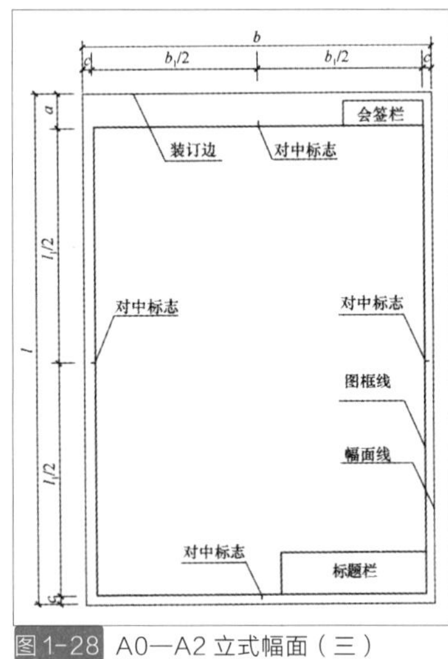

图 1-28 A0—A2 立式幅面（三）

应根据工程的需要选择确定标题栏、会签栏的尺寸、格式及分区。当采用图 1-23- 图 1-27 布置时，标题栏应按照图 1-29、图 1-30 所示布局；当采用图 1-25、图 1-28 布置时，标题栏、签字栏应按照图 1-31、图 1-32、图 1-33 所示布局。签字栏应包括实名列和签名列。

工程名称是指某个工程的名字；项目是指工程中的某一施工或者设计的部分；图名是本张图纸的主要内容；设计号是设计部门对该工程的编号，有时也是工程代号；图别是本图纸所属的工种和专业设计阶段；图号也称工程图纸编号，是用于表示图纸的图样类型和排列顺序的编号。

3. 图纸编排顺序

工程图纸应按专业顺序编排，应为图纸目录、设计说明、总图、建筑图、结构图、给水排水图、暖通空调图、电气图等。各专业的图纸，应按图纸内容的主次关系、逻辑关系进行分类，做到有序排列。

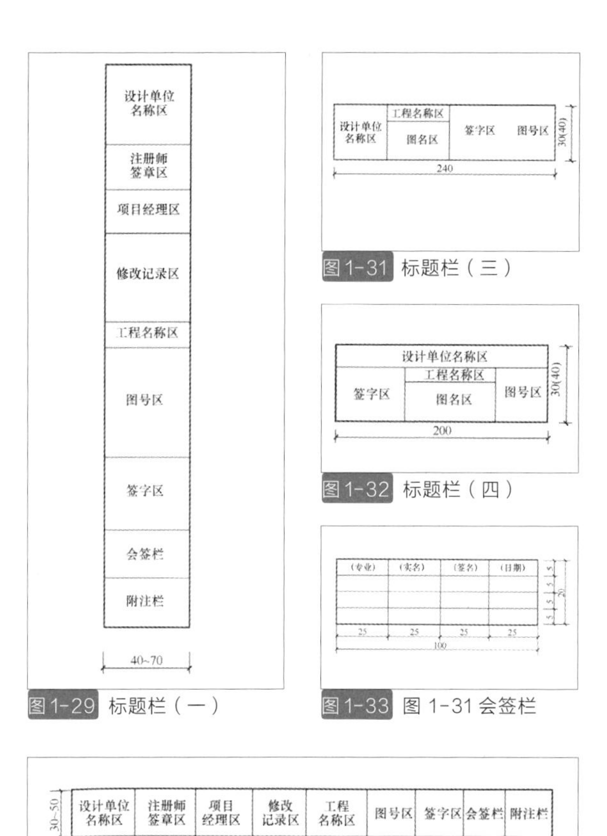

图 1-29 标题栏（一）

图 1-30 标题栏（二）

图 1-31 标题栏（三）

图 1-32 标题栏（四）

图 1-33 图 1-31 会签栏

1.3.2 图线

图线是指起点和终点间以任何方式连接的一种几何图形，形状可以是直线或曲线，连续或不连续线。

1. 线宽组

图线的基本线宽 b，宜按照图纸比例及图纸性质从 1.4mm、1.0mm、0.7mm、0.5mm 线宽系列中选取。每个图样，应根据复杂程度及比例大小，先选定基本线宽 b，在选用表 1-3 相应的线宽组。同一张图纸内，相同比例的各图样应选用相同的线宽组。图纸的图框和标题栏线可采用表 1-4 的线宽。

线宽比	线宽组			
b	1.4	1.0	0.7	0.5
0.7*b*	1.0	0.7	0.5	0.35
0.5*b*	0.7	0.5	0.35	0.25
0.25*b*	0.35	0.25	0.18	0.13

注：1 需要缩微的图纸，不宜采用 0.18mm 及更细的线宽。
2 同一张图纸内，个不同线宽中的细线，可统一采用较细的线宽组的细线。

表 1-3 线宽组（mm）

幅面代号	图框线	标题栏外框线对中标志	标题栏分格线幅面线
A、A1	*b*	0.5*b*	0.25*b*
A2、A3、A4	*b*	0.7*b*	0.35*b*

表 1-4 图框和标题栏线的宽度（mm）

2. 图线用途

工程建设制图应选用表 1-5 所示的图线。

名称		线型	线宽	用途
实线	粗		*b*	主要可见轮廓线
	中粗		0.7*b*	可见轮廓线、变更云线
	中		0.5*b*	可见轮廓线、尺寸线
	细		0.25*b*	图例填充线、家具线
虚线	粗		*b*	见各有关专业制图标准
	中粗		0.7*b*	不可见轮廓线
	中		0.5*b*	不可见轮廓线、图例线
	细		0.25*b*	图例填充线、家具线
单点长画线	粗		*b*	见各有关专业制图标准
	中		0.5*b*	见各有关专业制图标准
	细		0.25*b*	中心线、对称线、轴线等
双点长画线	粗		*b*	见各有关专业制图标准
	中		0.5*b*	见各有关专业制图标准
	细		0.25*b*	假想轮廓线、成型前原始轮廓线
折断线	细		0.25*b*	断开界线
波浪线	细		0.25*b*	断开界线

表 1-5 图线

3. 注意事项

相互平行的图例线，其净间隙或线中间隙不宜小于 0.2mm；虚线单点长画线或双点长画线的线段长度和间隔，宜各自相等；单点长画线或双点长画线在较小图形中绘制有困难时，可用实线代替；单点长画线或双点长画线的两端不应采用点。点画线与点画线交接或者点画线与其他图线交接时，应采用线段交接；虚线与虚线交接或者虚线与其他图线交接时，应采用线段交接。虚线为实线的延长线时，不得与实线相接；图线不得与文字、数字或者符号重叠、混淆，不可避免时应首先保证文字的清晰。

1.3.3 字体

1. 汉字规格

图纸上所需书写的文字、数字或者符号等，均应笔画清晰、字体端正、排列整齐，标点符号应清楚正确。文字的字高应从表 1-6 中选用。字高大于 10mm 的文字宜采用 True type 字体。

字体种类	汉字矢量字体	True type字体及非汉字矢量字体
字高	1、5、5、7、10、14、20	3、4、6、8、10、14、20

表 1-6 文字的字高

图样及说明中的文字，宜优先采用 True type 字体中的宋体字型，采用矢量字体时应为长仿宋体字体。同一图纸字体种类不应超过两种。

矢量字体的宽高比宜为 0.7 ： 1，且应符合表 1-7 的规定，打印线宽宜为 0.25—0.35mm；True type 字体宽高比宜为 1。大标题、图册封面、地形图等的汉字，也可书写成其他字体，但应易于辨认，其宽高比宜为 1 ： 1。

汉字的简化字体书写应符合国家有关汉字简化方案的规定。

字高	3.5	5	7	10	14	20
字宽	2.5	3.5	5	7	10	14

表 1-7 长仿宋体字高宽关系

2. 数字、字母的规定

图样及说明中的字母、数字，宜优先采用 True type 字体中的 Roman 字体，书写规则应符合表 1-8 的规定。

书写格式	字体	窄字体
大写字母高度	*h*	*h*
书写格式	字体	窄字体
小写字母高度（上下均无延伸）	7/10*h*	10/14*h*
小写字母伸出的头部或尾部	3/10*h*	4/14*h*
笔画宽度	1/10*h*	1/14*h*
字母间距	2/10*h*	2/14*h*
上下行基准线的最小间距	15/10*h*	21/14*h*
词间距	6/10*h*	6/14*h*

表 1-8 字母及数字的书写规则

当字母及数字需写成斜体字时，其斜度应是从字的底线逆时针向上倾斜 75° 。斜体字的高度和宽度应与相应的直体字相等。字母及数字的字高不应小于 2.5 mm。数量的数值注写，应采用正体阿拉伯数字。当注写的数字小于 1 时，应写出各位的“0”，小数点应采用圆点，齐基准线书写。

3. 制图中通常字高使用范围

3.5mm 和 5mm：详图的数字标题、标题的比例数字、剖面编号、一般说明性文字。5mm 和 7mm：表格名称、详图以及附注的标题。7mm 和 10mm：各种图的标题。14mm 和 20mm：大标题或者封面标题。

1.3.4 比例

图样的比例，应为图样与实物相对应的线性尺寸之比。比例的符号应为“：”，比例应以阿拉伯数字表示。比例宜注写在图名的右侧，字的基准线应取平；比例的字高宜比图名的字高小一号或二号（见图 1-34）。

绘图所用的比例应根据图样的用途与被绘对象的复杂程度，从表 1-9 中选用，并应优先采用表中常用比例。

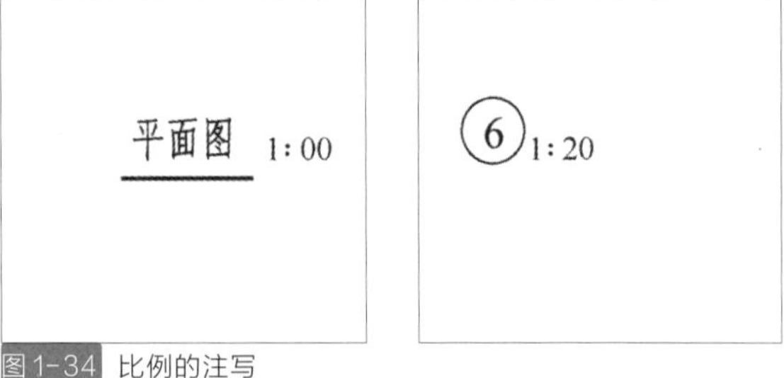

图 1-34 比例的注写

一般情况下，一个图样应选用一种比例，根据专业制图需要，同一图样可选用两种比例。特殊情况下也可自选比例，这时除应注出绘图比例外，还应在适当位置绘制出相应的比例尺。

常用比例	1∶1、1∶2、1∶5、1∶10、1∶20、1∶30、1∶50、1∶100、1∶150、1∶200、1∶500、1∶1000、1∶2000
可用比例	1∶3、1∶4、1∶6、1∶15、1∶25、1∶40、1∶60、1∶80、1∶250、1∶300、1∶400、1∶600、1∶5000、1∶10000、1∶20000、1∶50000、1∶100000、1∶200000

表 1-9 绘图所用的比例

1.3.5 符号

1. 剖切符号

剖切符号宜优先选择国际通用方法表示（见图1-35），也可以采用常用方法表示（见图1-36），同一套图纸应采用一种表示方法。

剖切符号标注的位置应符合下列规定：

建（构）筑物剖面图的剖切符号应注在 ±0.000 标高的平面图或者首层平面图上；采用国际通用剖视表示方法时，剖面及断面的剖切符号应符合下列规定：局部剖切图（不含首层）、断面图的剖切符号应注在包含剖切部位的最下面一层的平面图上。

（1）剖面剖切索引符号应由直径为 8—10mm 的圆和水平直径以及两条相互垂直且外切圆的线段组成，水平直径上方应为索引编号，下方应为图纸编号，线段与圆之间应填充黑色并用箭头表示剖视方向，索引符号应位于剖线两端；断面及剖视详图剖切符号的索引符号应位于平面图外侧一端，另一端为剖视方向线，长度宜为 7mm—9mm，宽度宜为 2mm。

（2）剖切线与符号线的线宽为 0.25b。

（3）需要转折的剖切位置线应连续绘制。

（4）剖号的编号宜由左至右、由下向上连续编排。

采用常用方法表示时，剖面的剖切符号应由剖切位置线及剖视方向线组成，均应以粗实线绘制，线宽宜为 b。剖面的剖切符号应符合下列规定：

剖切位置线的长度宜为 6—10mm；剖视方向线应垂直于剖切位置线，长度应短于剖切位置线，宜为 4—6mm。绘制时，剖视剖切符号应与其他图线相接触。

剖视剖切符号的编号宜采用粗阿拉伯数字，按剖切顺序由左至右、由下向上连续编排，并应写在剖视方向线的端部（见图 1-36）。

需要转折的剖切位置线，应在转角的外侧加注与该符号相同的编号。

断面的剖切符号应仅用剖切位置线表示，其编号应注写在剖切位置线的一侧；编号所在的一侧应为该断面的剖视方向，其余同剖面的剖切符号致（见图 1-37）。

当与被剖切图样不在同一张图内时，应在剖切位置线的另一侧注明其所在图纸的编号（图 1-38），也可在图上集中说明。

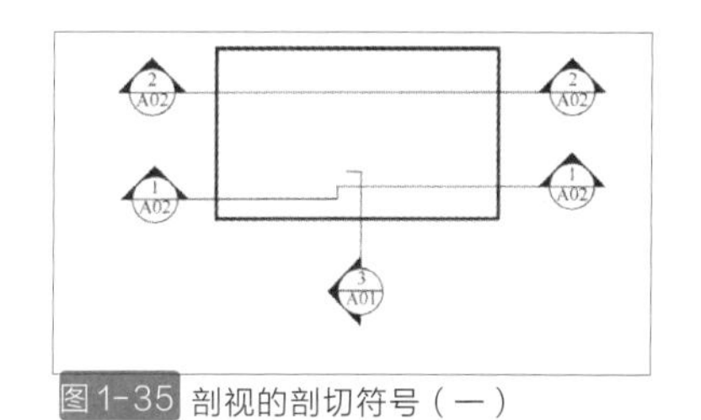

图1-35 剖视的剖切符号（一）

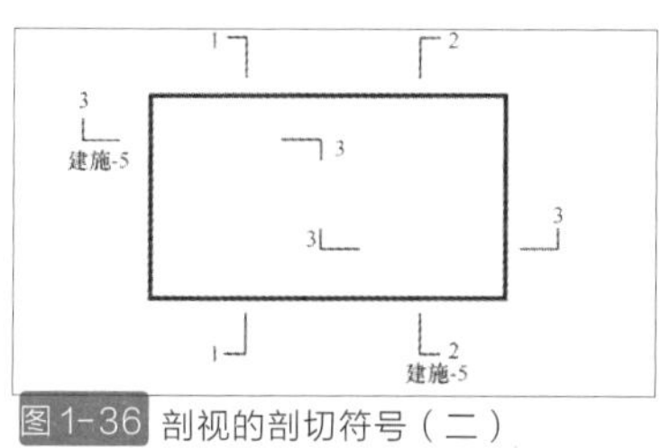

图1-36 剖视的剖切符号（二）

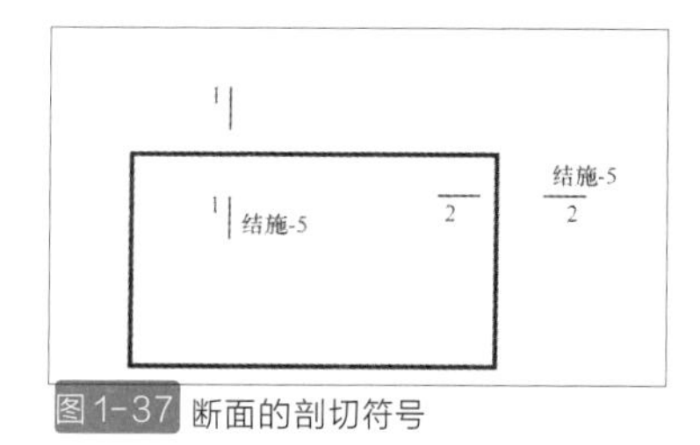

图1-37 断面的剖切符号

2. 索引符号与详图符号

图样中的某一局部或构件，如果需另见详图，应以索引符号索引（见图 1-38a）。索引符号应由直径为 8—10mm 的圆和水平直径组成，圆及水平直径线宽宜为 0.25b。索引符号编写应符合下列规定：

当索引出的详图与被索引的详图同在一张图纸内，应在索引符号的上半圆中用阿拉伯数字注明该详图的编号，并在下半圆中间画一段水平细实线（见图 1-38b）。

当索引出的详图与被索引的详图不在同一张图纸中，应在索引符号的上半圆中用阿拉伯数字注明该详图的编号，在索引符号的下半圆用阿拉伯数字注明该详图的编号（见图 1-38c）。数字较多时，可加文字标注。

当索引出的详图采用标准图时，应在索引符号水平直径的延长线上加注该标准图集的编号（见图 1-38d）。需要标注比例时，应在文字的索引符号右侧或延长线下方与符号下对齐。

当索引剖符号用于索引剖视详图时，应在被剖切的部位绘制剖切位置线，并以引出线引出索引符号，引出线所在的一侧应为剖视方向（见图 1-39）。

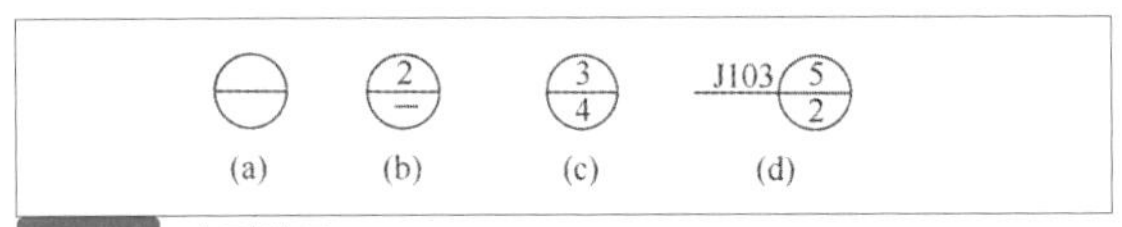

图 1-38 索引符号

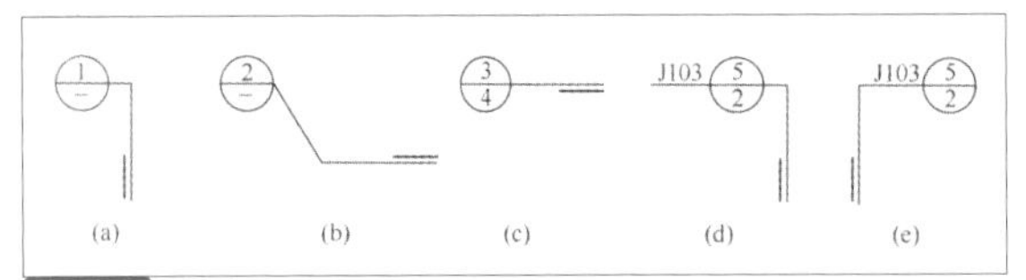

图 1-39 用于索引剖视详图的索引符号

消火栓、配电箱、管井等设备的编号宜以直径为 4—6mm 的圆表示，圆线宽为 0.25b，同一图样应保持一致，其编号应用阿拉伯数字按顺序编写（见图 1-40）。

详图的位置和编号应以详图符号表示。详图符号的圆直径应为 14mm，线宽为 b。详图编号应符合下列规定：

当详图与被索引的图样同在一张图纸内时，应在详图符号内用阿拉伯数字标明详图的编号（见图 1-41）。

当详图与被索引的图样不在同一张图纸内时，应用细实线在详图符号内画一水平直径，在上半圆中注明详图编号，在下半圆中注明被索引的图纸的编号（见图 1-42）。

图 1-40 设备的编号

图 1-41 与索引图同在一张图纸内的详图索引

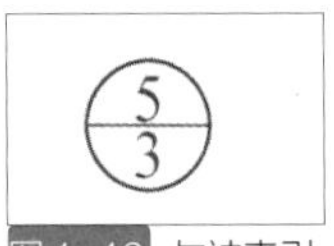

图 1-42 与被索引图样不在 同一张图纸内的详图索引

3. 引出线

引出线线宽应为 0.25b，宜采用水平方向的直线，或与水平方向成 30°、45°、60°、90° 的直线，并经上述角度裁折成水平线。文字说明宜注写在水平线上方（见图 1-43a），也可注写在水平线的端部（见图 1-43b）。索引详图的引出线，应与水平直径线相连接（见图 1-43c）。

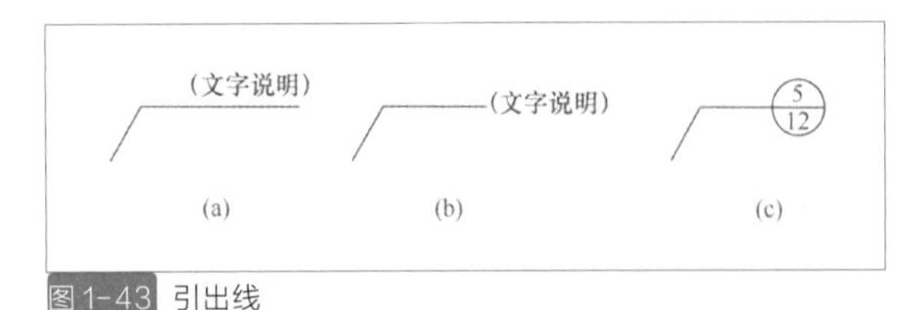

图 1-43 引出线

同时几个相同部分的引出线，宜互相平行（见图 1-44a），也可画成集中于一点的放射线（见图 1-44b）。

图 1-44 共用引出线

多层构造或多层管道共用引出线，应通过被引出的各层，用圆点示意对应各层次。文字说明宜注写在水平线的上方，或注写在水平线的端部，说明的顺序应由上至下，并应与被说明的层次对应一致：如层次为横向顺序，则由上至下的说明顺序应与由左至右的层次对应一致（见图 1-45）。

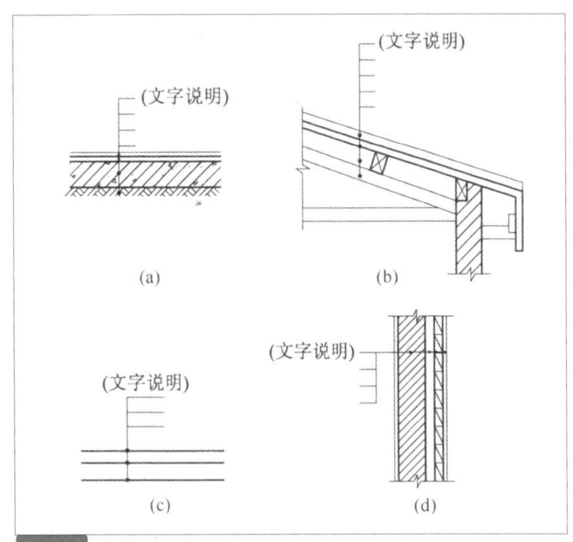

图 1-45 多层引出线

4. 其他符号

对称符号应由对称线和两端的两对平行线组成。对称线应用单点长画线绘制，线宽宜为 0.25b；平行线应用实线绘制，其长度宜为 6—10mm，每对的间距宜为 2—3mm，线宽宜为 0.5b；对称线应垂直平分于两对平行线，两端超出约平行线宜为 2—3mm（见图 1-46）。

连接符号应以折断线表示需连接的部分。两部位相距过远时，折断线两端靠图样一侧应标注大写英文字母表示连接编号。两个被连接的图样应用相同的字母编号（见图 1-47）。

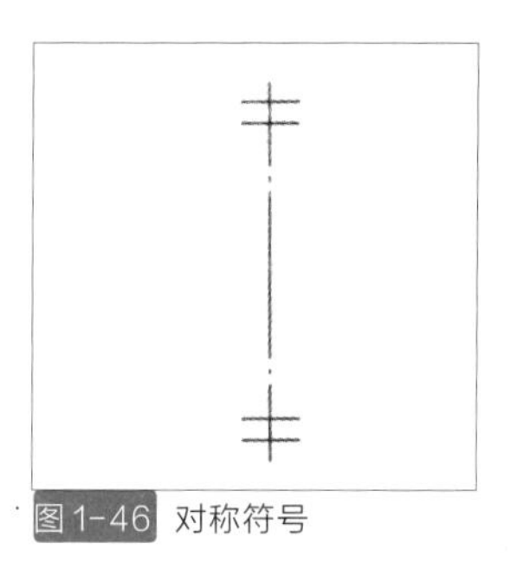

图1-46 对称符号

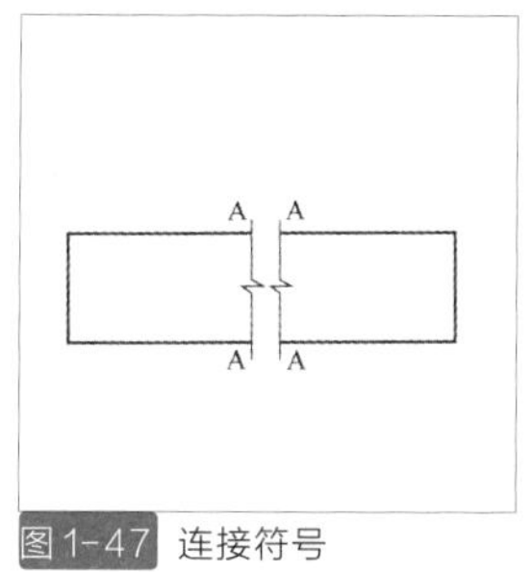

图1-47 连接符号

指北针的形状宜符合规定（见图 1-48），其圆的直径宜为 24mm，用细实线绘制；指针尾部的宽度宜为 3mm，指针头部应注“北”或“N”字。需用较大直径绘制指北针时，指针尾部的宽度宜为直径的 1/8。

指北针与风玫瑰结合时宜采用相互垂直的线段，线段两端应超出风玫瑰轮廓线 2—3mm，垂点宜为风玫瑰中心，北向应注“北”或“N”字，组成风玫瑰所有线宽均宜为 0.5b（见图 1-49）。

对图纸中局部变更部分宜采用云线，并宜标明修改版次。修改版次符号宜为边长 0.8cm 的正等边三角形，修改版次应采用数字表示（见图 1-50）。变更云线的线宽宜按 0.7b 绘制。

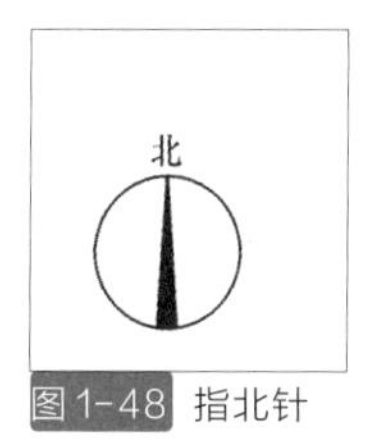

图1-48 指北针

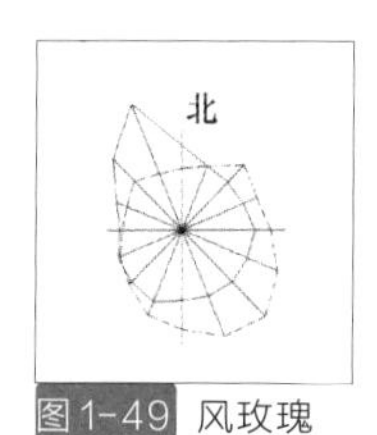

图1-49 风玫瑰

图1-50 变更云线（注：符号 1 为修改次数）

1.3.6 定位轴线

定位轴线应用 0.25b 线宽的单点长画线绘制。定位轴线应编号，编号应注写在轴线端部的圆内。圆应用 0.25b 线宽的实现绘制，直径宜为 8—10mm。定位轴线圆的圆心应在定位轴线的延长线上或延长线的折线上。

除较复杂需要采用分区编号或圆形、折线形外，平面图上定位轴线的编号，宜标注在图样的下方及左侧，或者在图样的四面标注。横向编号应用阿拉伯数字，从左至右顺序编号；竖向编号应用大写英文字母，从下至上顺序编写（见图 1-51）。

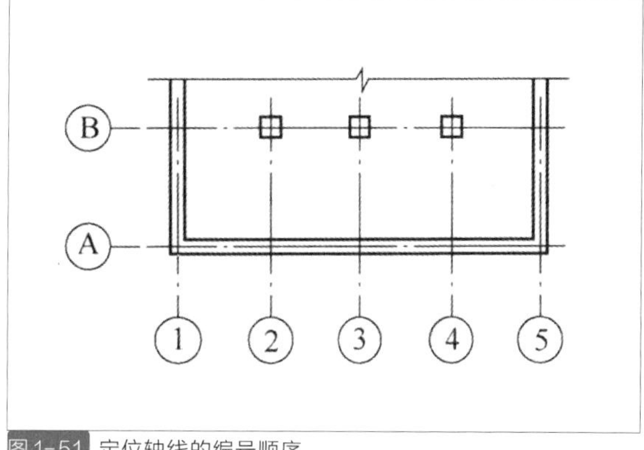

图1-51 定位轴线的编号顺序

英文字母作为轴线号时，应全部采用大写字母，不应用同一字母的大小写来区别轴线号。英文字母的 I、O、Z 不得用作轴线编号。当字母数量不够使用时，可增用双字母或者单字母加数字注脚。组合较复杂的平面图中的定位轴线可采用分区编号（见图 1-52）。

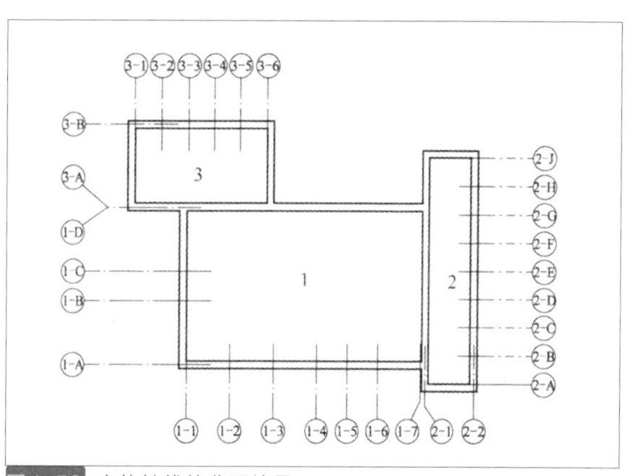

图1-52 定位轴线的分区编号

附加定位轴线的编号应以分数形式表示，并应符合下列规定：

（1）两根轴线的附加轴线，应以字母表示前一轴线的编号，分子表示附加轴线的编号，编号宜用阿拉伯数字顺序编写；

（2）1 号轴线或 A 号轴线之前的附加轴线的分母应以“01”或“0A”表示；

（3）一个详图适用于几根轴线时，应同时标明各有关轴线的编号（见图 1-53）；

（4）通用详图中的定位轴线应只画圆，不注写轴线编号。

（5）折线形平面图中定位轴线的编号可按（图 1-54）的形式编写。

图 1-53 详图的轴线编号

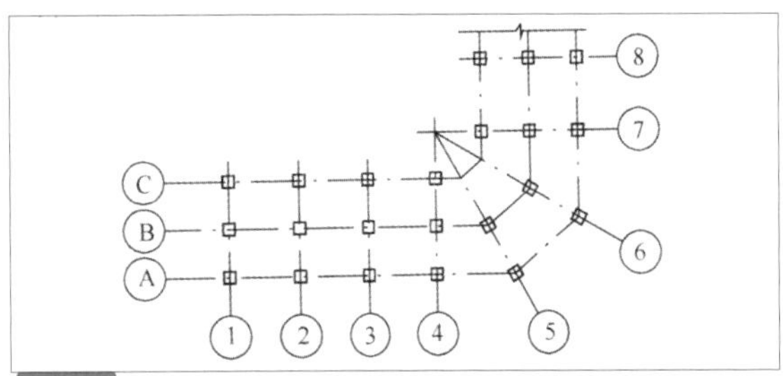

图 1-54 折线形平面定位轴线的编号

1.3.7 常用材料图例

标准只规定常用建筑材料的图例画法，对其尺度比例不做具体规定。使用时，应根据图样大小而定，并应符合下列规定：

图例线应间隔均匀、疏密适度，做到图例正确、表示清楚；不同品种的同类材料使用同一图例时，应在图上附加必要的说明；两个相同的图例相接时，图例线宜错开或使倾斜方向相反（见图 1-55）；两个相邻的填黑或灰的图例应留有空隙，其净宽度不得小于 0.5mm（见图 1-56）。

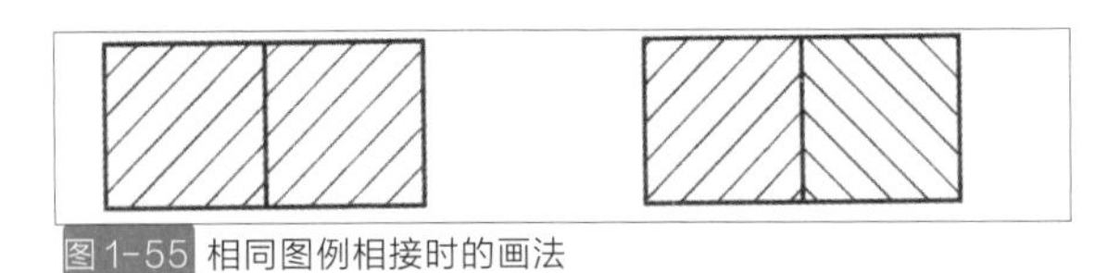
图 1-55 相同图例相接时的画法

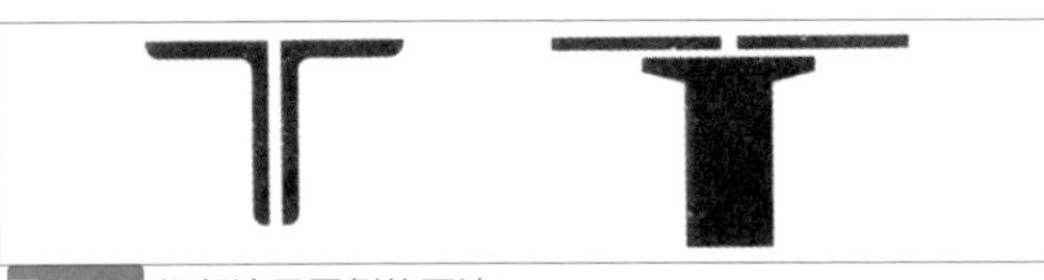
图 1-56 相邻涂黑图例的画法

下列情况可不绘制图例，但应增加文字说明：

一张图纸内的图样只采用一种图例时；图形较小无法绘制表达建筑材料图例时；需画出的建筑材料图例面积过大时，可在断面轮廓线内，沿轮廓线作局部表示（见图 1-57）。

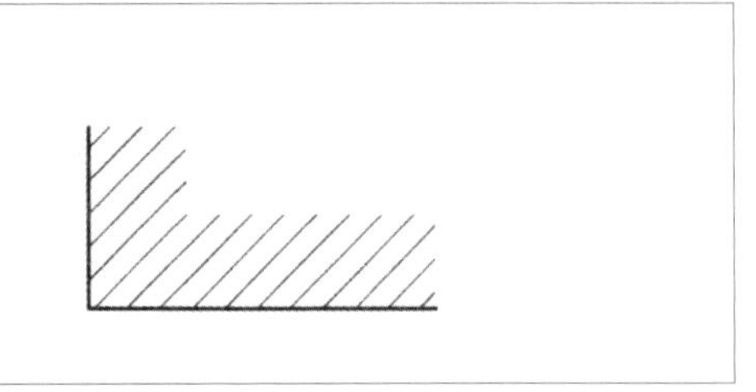
图 1-57 局部表示图例

图例通常在 1 ： 50 及以上比例的详图中绘制表达常用建筑材料图例（表 1-10）。

如需表达砖、砌块等砌体墙的承重情况时，可通过在原有建筑材料图例上增加填灰等方式进行区分，灰度宜为 25% 左右。

序号	名称	图例	备注
1	自然土壤		包括各种自然土壤
2	夯实土壤		
3	砂、灰土		
4	砂砾石、碎砖三合土		
5	石材		
6	毛石		
7	实心砖、多孔砖		包括普通转、多孔砖、混凝土砖等砌体
8	耐火砖		包括耐酸砖等砌体
9	空心砖、空心砌块		包括空心砖、普通或轻骨料混凝土小型空心砌块等砌体
10	加气混凝土		包括加气混凝土砌块砌体、加气混凝土墙板及加气混凝土材料制品
11	饰面砖		包括铺地砖、玻璃马赛克、陶瓷锦砖、人造大理石等
12	焦渣、矿渣		包括与水泥、石灰等混合而成的材料
13	混凝土		包括各种强度等级、骨料、添加剂的混凝土
14	钢筋混凝土		在剖面图上绘制表达钢筋时，则不需绘制图例线 断面图形较小，不易绘制表达图例线时，可填黑或深灰（灰度宜70%）
15	多孔材料		包括水泥珍珠岩、沥青珍珠岩、泡沫混凝土、软木、蛭石制品等
16	纤维材料		包括矿棉、岩棉、玻璃棉、麻丝、木丝板、纤维板等
17	泡沫塑料材料		包括聚苯乙烯、聚乙烯、聚氨酯等多聚合物类材料
18	木材		上图为横断面，左上图为垫木、木砖或木龙骨 下图为纵断面
19	胶合板		应注明为×层胶合板

（续表）

序号	名称	图例	备注
20	石膏板		包括圆孔或方孔石膏板、防水石膏板、硅钙板、防火石膏板等
21	金属		包括各种金属 图形较小时，可填黑或者深灰（灰度宜70%）
22	网状材料		包括金属、塑料网状材料 应注明具体材料名称
23	液体		应注明具体液体名称
24	玻璃		包括平板玻璃、磨砂玻璃、夹丝玻璃、钢化玻璃、中空玻璃、夹层玻璃、镀膜玻璃等
25	橡胶		
26	塑料		包括各种软、硬塑料及有机玻璃等
27	防水材料		构造层次多或绘制比例大时，采用上面的图例
28	粉刷		本图例采用较稀的点

表 1-10 常用建筑材料图例

1.3.8 尺寸标注

1. 尺寸界线、尺寸线及尺寸起止符号

图样的尺寸应包括尺寸界线、尺寸线、尺寸起止符号和尺寸数字（见图 1-58）。

尺寸界线应用细实线绘制，应与被注长度垂直，其一端应离开图样轮廓线不小于 2mm, 另一端宜超出尺寸线 2—3mm。图样轮廓线可用作尺寸界线（见图 1-59）。

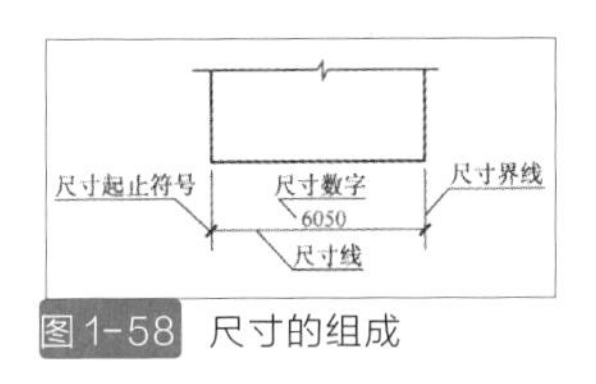

图 1-58 尺寸的组成

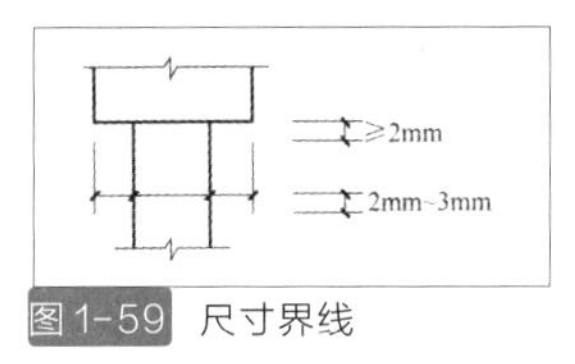

图 1-59 尺寸界线

尺寸线应用细实线绘制，应与被注长度平行，两端宜以尺寸界线为边界，也可超出尺寸界线 2—3mm。任何图样中均不得用作尺寸线。

尺寸起止符号中粗斜短线绘制中，其倾斜方向应与尺寸界线成顺时针 45° 角，长度宜为 2—3mm。轴测图中用小圆点表示尺寸起止符号，小圆点直径 1mm（见图 1-60a）。半径、直径、角度与弧长的尺寸起止符号，宜用箭头表示，箭头宽度 b 不宜小于 1mm（见图 1-60b）。

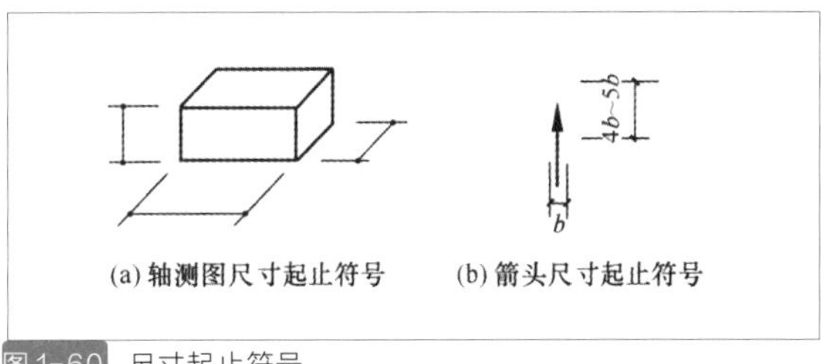

图 1-60 尺寸起止符号

2. 尺寸数字

图样上的尺寸应以尺寸数字为准，不应从图上直接量取。图样上的尺寸单位，除标高及总平面以米为单位外，其他必须以毫米为单位。

尺寸数字的方向，应按图 1-61a 的规定注写。若尺寸数字在 30 °斜线区内，也可按图 1-61b 的形式注写。

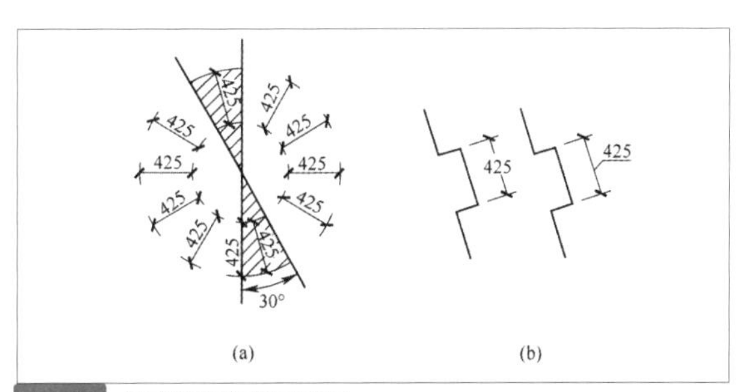

图 1-61 尺寸数字的注写方向

尺寸数字应依据其方向注写在靠近尺寸线的上方中部。如没有足够的注写位置，最外边的尺寸数字可注写在尺寸界线的外侧，中间相邻的尺寸数字可上下错开注写，可用引出线表示标注尺寸的位置（见图 1-62）。

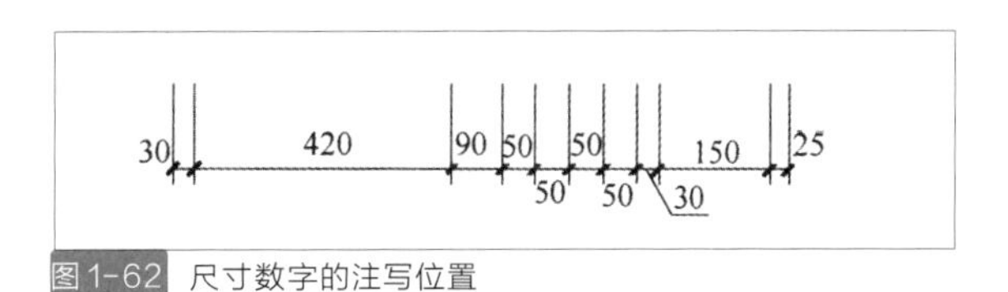

图 1-62 尺寸数字的注写位置

3. 尺寸的排列与布置

尺寸宜标注在图样轮廓以外，不宜与图线、文字及符号等相交（见图 1-63）。

互相平行的尺寸线应从被注写的图样轮廓线中由近向远整齐排列，较小尺寸应离轮廓线较近，较大尺寸应离轮廓线较远。图样轮廓线以外的尺寸界线，距图样最外轮廓之间的距离不宜小于 10mm。平行排列的尺寸线的间距宜为 7—10mm，并应保持一致。总尺寸的尺寸界线应靠近所指部位，中间的分尺寸的尺寸界线可稍短，但其长度应相等（见图 1-64）。

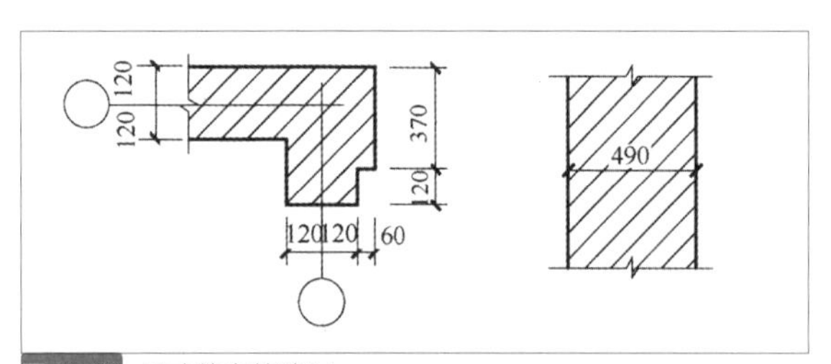

图 1-63 尺寸数字的注写

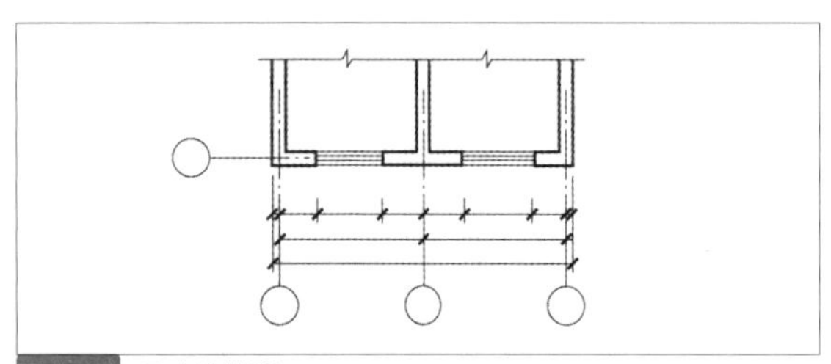

图 1-64 尺寸的排列

4. 半径、直径、球的尺寸标注

半径的尺寸线一端应从圆心开始，另一端画箭头指向圆弧。半径数字前应加注半径符号“R”（见图 1-65）。

较小圆弧的半径可按（图 1-66）的形式标注。较大圆弧的半径可按（图 1-67）的形式标注。标注圆的直径尺寸时，直径数字前应加直径符号“∅”。在圆内标注的尺寸线应通过圆心，两端画箭头指至圆弧（见图 1-68）；较小圆的直径尺寸，可标注在圆外（见图 1-69）。

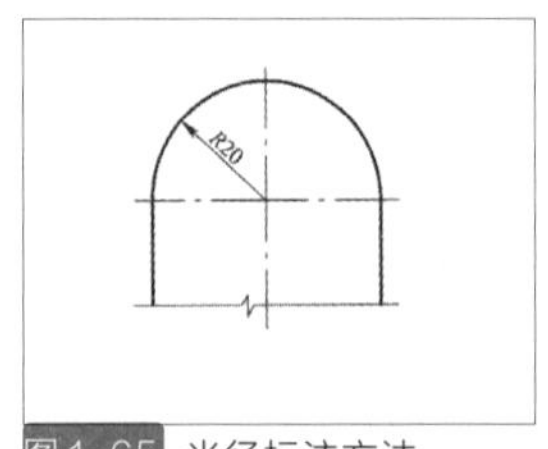

图 1-65 半径标注方法

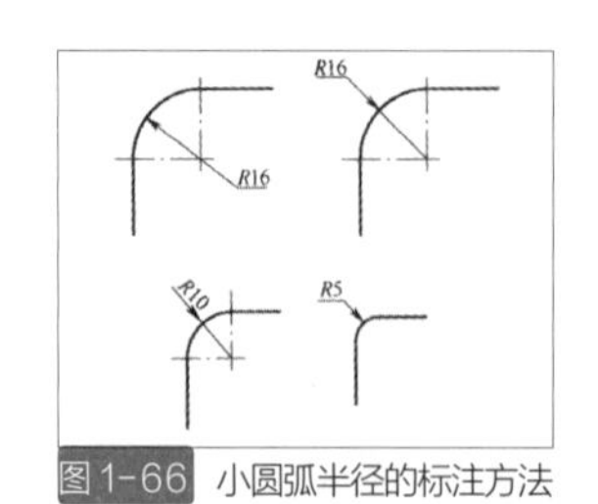

图 1-66 小圆弧半径的标注方法

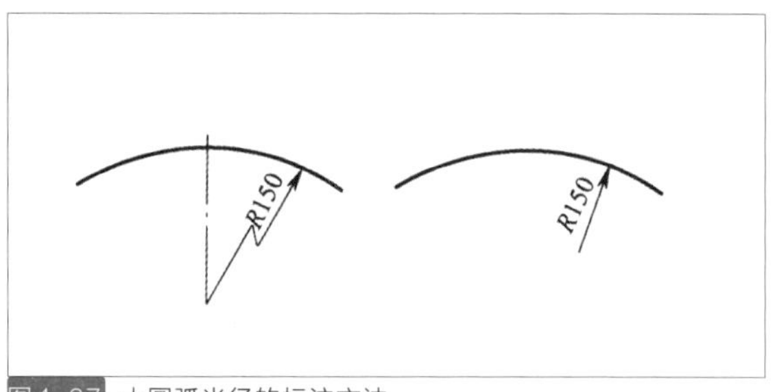

图 1-67 大圆弧半径的标注方法

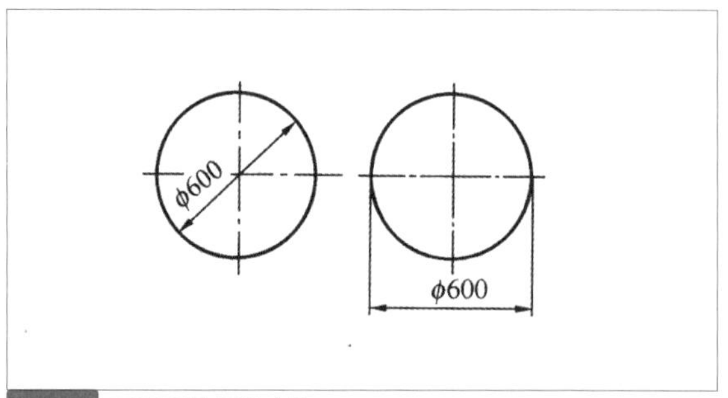

图 1-68 圆直径的标注方法

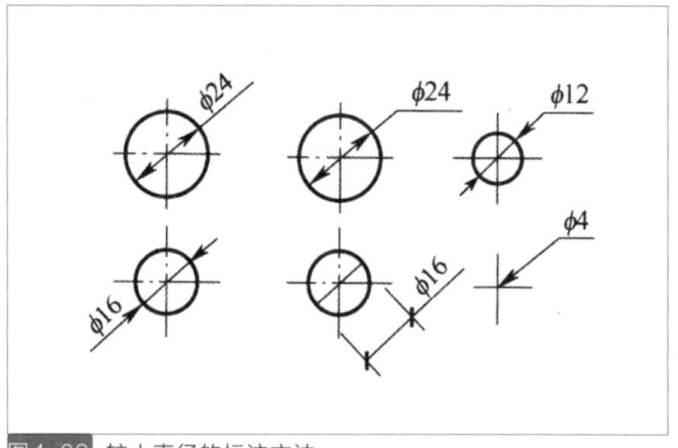

图 1-69 较小直径的标注方法

5. 角度的标注

角度的尺寸线应以圆弧表示。该圆弧的圆心应是该角的顶点，角的两边为尺寸界线。起止符号应以箭头表示，如没有足够位置画箭头，可用圆点代替，角度数字应沿尺寸线方向注写（见图 1-70）。

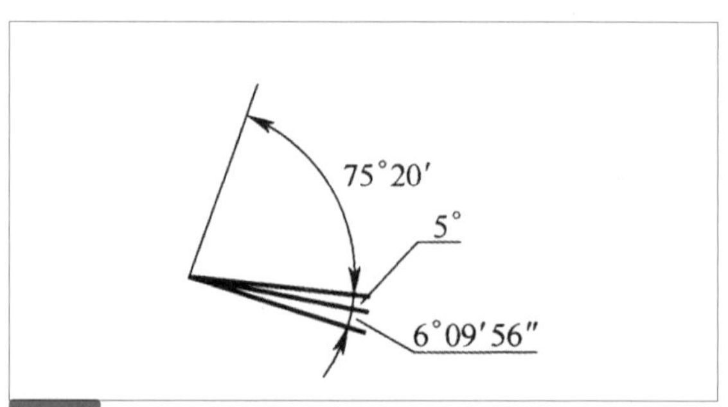

图 1-70 角度标注方法

6. 坡度等尺寸标注

标注坡度时，应加注坡度符号“←”（见图 1-71a、图 1-71b），箭头应指向下坡方向（见图 1-71c、图 1-71d）。坡度也可用直角三角形的形式标注（见图 1-71e、图 1-71f）。复杂的图形，可用网格形式标注尺寸（见图 1-72）。

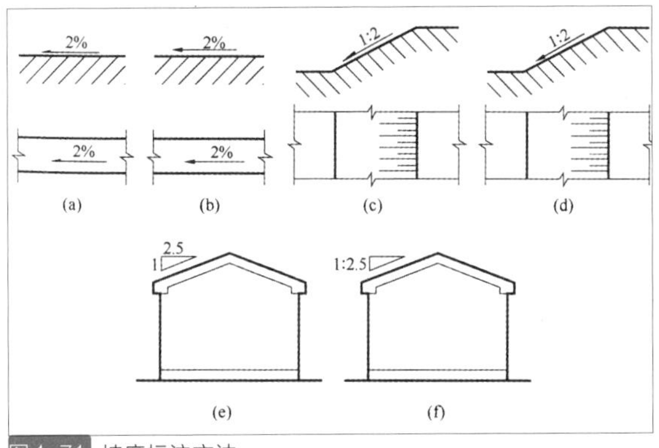

图 1-71 坡度标注方法

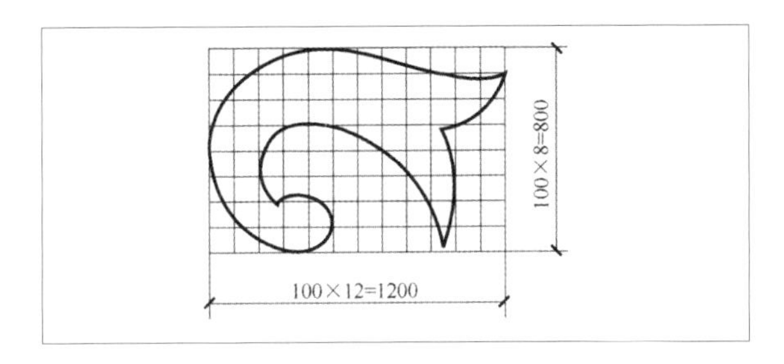

图 1-72 网格法标注曲线尺寸

7. 尺寸的简化标注

杆件或管线的长度在单线图上可直接将尺寸数字沿杆件或者管线的一侧注写（见图 1-73）。

连续排列的等长尺寸，可用“等长尺寸 × 个数 = 总长”（见图 1-74a）或“总长（等分个数）”（见图 1-74b）的形式标注。

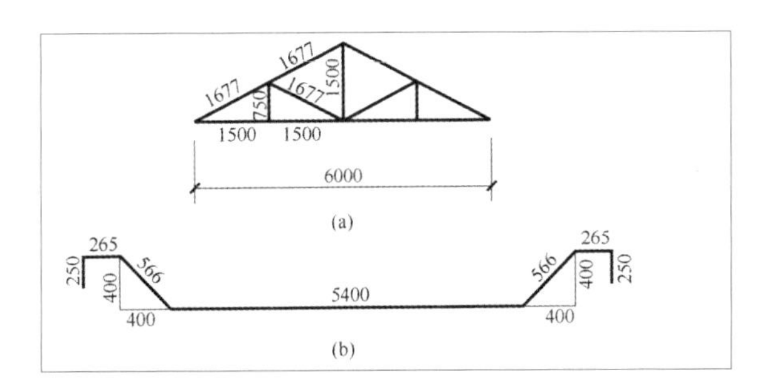

图 1-73 单线图尺寸标注方法

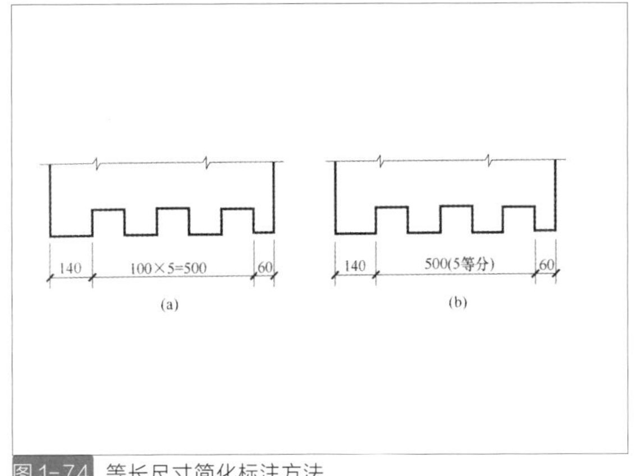

图 1-74 等长尺寸简化标注方法

8. 标高

标高符号应以等腰三角形表示，小三角的高度约为 3 毫米，并应按（图 1-75a）用细实线绘制，如果标注位置不够，也可以按（图 1-75b）绘制。标高符号的具体画法可参照（图 1-75c、1-75d）。

总平面图室外地坪标高符号宜用标黑的三角形“▼”表示，具体画法可参照（图 1-76）。

标高符号的尖端应指至被注高度的位置，尖端宜向下，也可向上。标高数字应注写在标高符号的上侧或下侧（见图 1-77）。

标高数字应以米为单位，注写到小数点后第三位。在总平面图中，可注写到小数点后第二位。零点标高应注写成 ±0.000，正数标高不注“+”，负数标高应注“—”。在图样的同一位置需表示几个不同的标高时，标高数字可按（图 1-78）的形式注写。

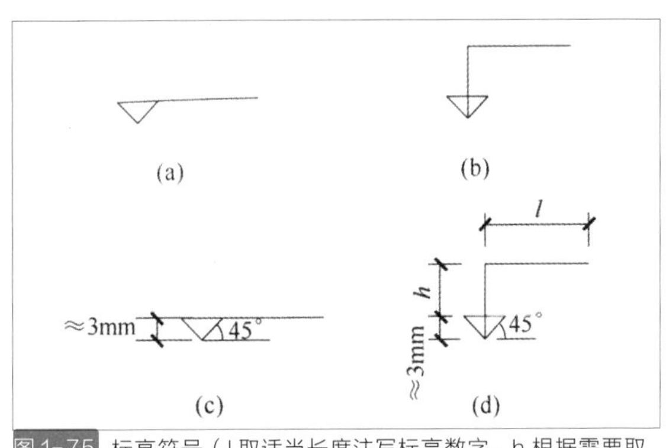

图 1-75 标高符号（l 取适当长度注写标高数字，h 根据需要取适当高度）

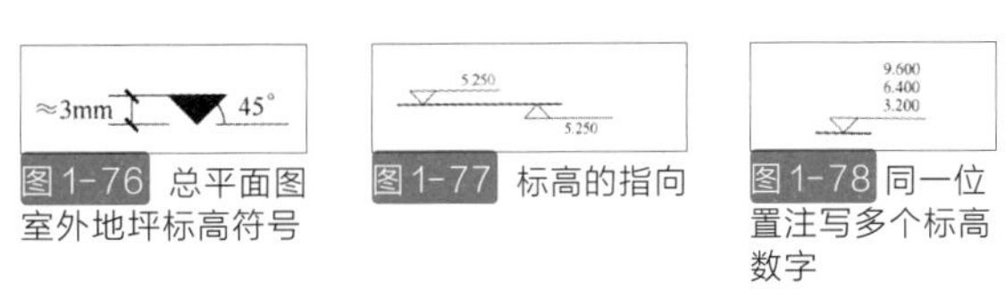

图 1-76 总平面图室外地坪标高符号

图 1-77 标高的指向

图 1-78 同一位置注写多个标高数字

投影的基本概念

生活中看到的图画一般都是立体图，这种图和看实际物体所得到的印象比较一致，容易看懂。但是这种图画不能把物体的真实形状、大小准确地表示出来，不能满足工程制作、材料制作、施工等要求，更不能全面地表达设计意图。

各种工程使用的图纸大多是采用投影法，用几个投影图综合起来表示一个物体，这种图能够准确地反映物体的真实形状和大小。投影原理是绘制正投影图的基础，掌握投影原理，才能学会正确的识图和制图方法。

2.1 投影的原理和分类

2.1.1 投影图的原理

生活中看到的图画一般都是立体图，这种图和看实际物体产生的印象比较一致，容易看懂。但是这种图画不能把物体的真实形状、大小准确地表示出来，不能满足工程制作、材料制作、施工等要求，更不能全面地表达设计意图。

各种工程使用的图纸大多是采用平行投影法，用几个投影图综合起来表示一个物体，这种图能够准确地反映物体的真实形状和大小。投影原理是绘制正投影图的基础，掌握投影原理，才能学会正确的识图和制图方法。

投影法原理是通过光线照射物体，在墙面或地面上产生影子，当光线照射角度或距离改变时，影子的位置、形状也随之改变。人们从这些现象中认识到光线、物体和影子之间存在着一定的对应关系。例如灯光照射桌面，在地上产生的影子比桌面大，如果灯的位置在桌面的正中上方，它与桌面的距离愈远，则影子愈接近桌面的实际大小。可以设想，把灯移到无限远的高度，即光线相互平行并与地面垂直，这时影子的大小就和桌面一样。

投影原理是从这些概念中总结出来的规律，作为制图方法的理论依据。在制图中把表示光线的线称为投射线，把阴影平面称为投影面，把所产生的影子称为投影图（见图 2-1）。

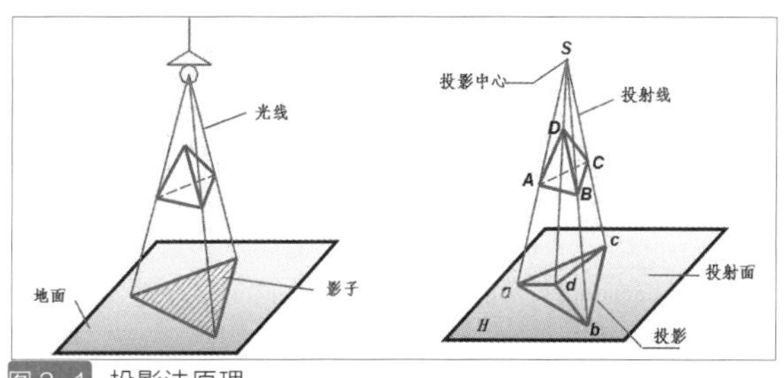

图 2-1 投影法原理

投影方式有中心投影和平行投影两种。由一点放射的投射线所产生的投影称为中心投影。由相互平行的投射线所产生的投影称为平行投影（见图 2-2）。根据投射线与投影面的角度关系，平行投影又可分为两种：平行投射线与投影面斜交的称为斜投影；平行投射线垂直于投影面的称为正投影。

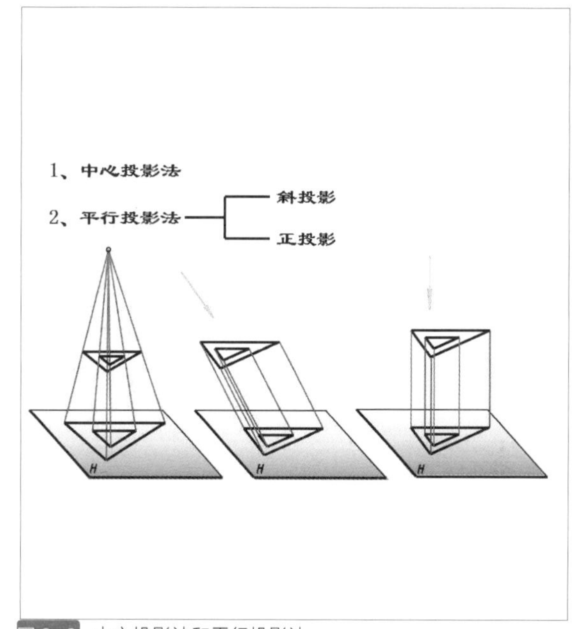

图 2-2 中心投影法和平行投影法

2.1.2 投影图的性质

平行投影具有全等性、从属性、定比性、积聚性、类似性、重合性等特性（见图 2-3）。

平行投影的全等性：平行投影里，平行于投影面的直线，其正投影大小与物体一致。

投影的从属性：一个面与投影面垂直，其正投影为一条直线，这个面上的任意一点或其他图形的投影也都一起聚在这一条线上。

投影的定比性：在直线上两线段长度之比等于其投影长度之比。

投影的积聚性：一条直线与投影面垂直，它的正投影成为一点，这条线上的任意一点的投影也都落在这一点上（见图 2-4）。

投影的类似性：当平面图形倾斜于投影面时，其投影的形状与原平面图形相比，保持平行关系不变、边数不变。

投影的重合性：两个或两个以上的点、线、面的投影，叠合在同一投影上（见图 2-5）。

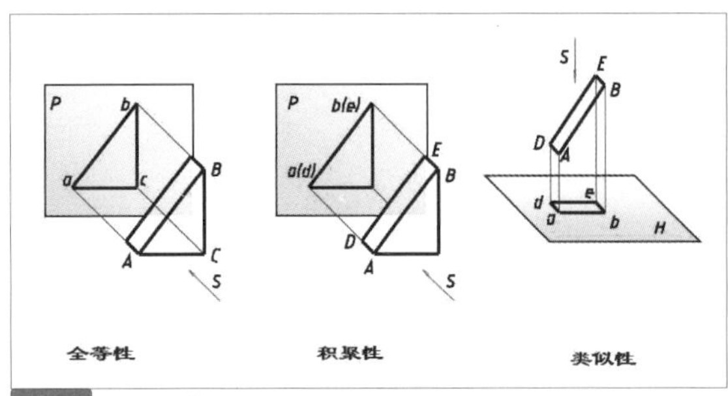

图 2-3 投影的特性

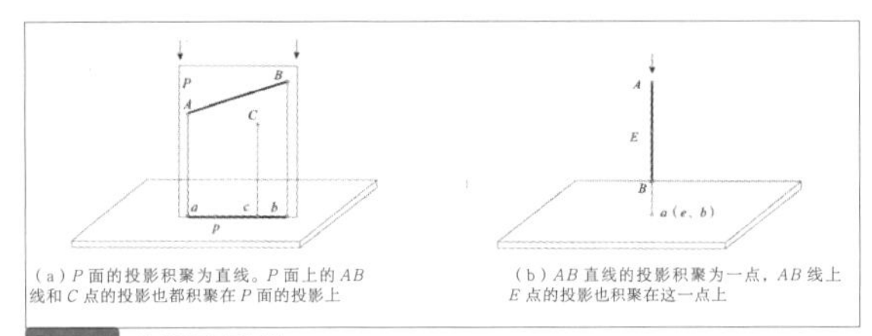

图 2-4 投影积聚性

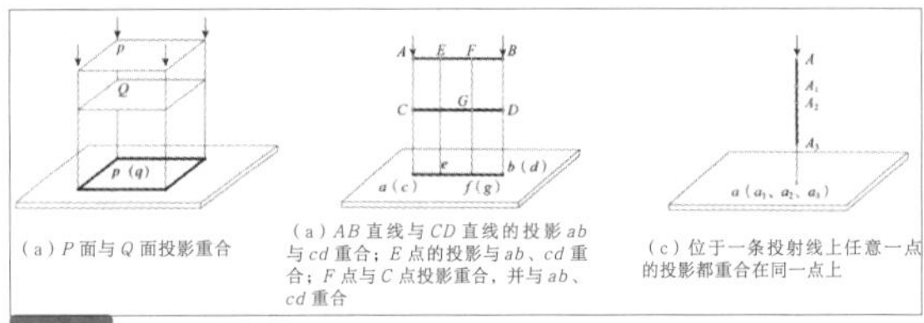

图 2-5 投影重合性

2.1.3 投影图的分类

工程上常用的投影图有多面正投影图、轴测投影图、透视图和标高投影图（见图 2-6）。正投影图一般为多面正投影图，即设立几个投影面，使它们分别平行于工程形体的几个主要面，以便能在图中反映实际形状。轴测投影图是在一个投影面上反映形体的三个相互垂直方向尺度的平行投影图。透视图是形体在一个投影面上的中心投影。标高投影图是在一个水平投影面上标有高度数字的正投影图。

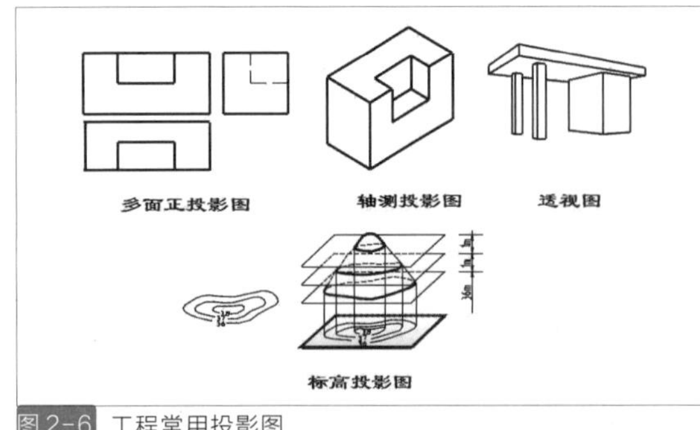

图 2-6 工程常用投影图

2.2.1 三面正投影图的成因

制图首先要解决的矛盾是如何将立体实物的形状和尺寸准确地反映在平面图纸上，一个正投影图能够准确地表现出物体的一个侧面形状，但不能表现出物体的全部形状，并会产生错误阅读（见图 2-7）。

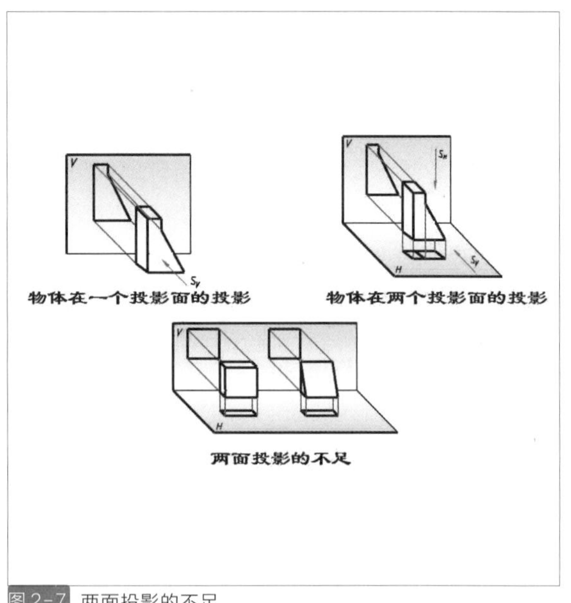

图 2-7 两面投影的不足

2.2.2 三面正投影图的形成

如果将物体放在三个相互垂直的投影面之间，用三组分别垂直于三个投影面的平行投影线投影，就能得到这个物体三个方面的正投影图，一般物体用三个方面的正投影图结合起来，就能反映他的全部形状和大小。

三个互相垂直的平面 V、H、W 把空间分为八个部分，称为八个分角（见图 2-8）。目前国际上使用两种投影面体系，第一分角和第三分角。我国采用的是第一分角画法（见图 2-9）。

平行投影线由前向后垂直于 V 面，在 V 面上产生的投影叫作正立面投影图；平行投影线由上向下垂直于 H 面，在 H 面上产生的投影叫作水平面投影图。平行投影线由左向右垂直 W 面，在 W 面上产生的投影叫作左侧立面投影图。三个投影面相交的三条凹棱线叫作投影轴。OX、OY、OZ 是三条相互垂直的投影轴（见图 2-10）。

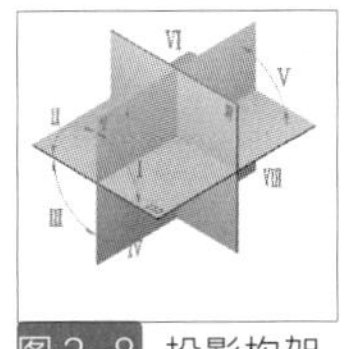
图 2-8 投影构架体系

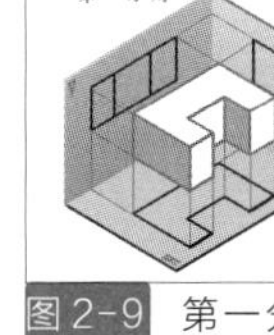
图 2-9 第一分角投影体系

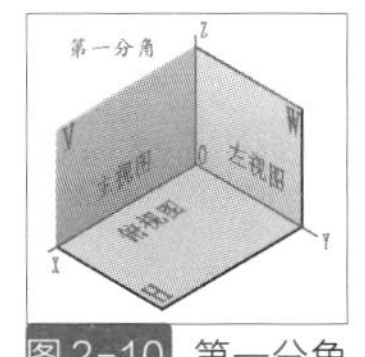

图 2-10 第一分角视图关系

2.2.3 三面正投影图的展开

三个正投影图分别在 V、H、W 三个相互垂直的投影面上，需要把它展开表现并在一张图纸上（见图 2-11）。

设想 V 面保持不动，把 H 面绕 OX 轴向下旋转 90°，把 W 面绕 OZ 轴向右旋转 90°，这样它们就和 V 面处在同一个平面上，这样三个投影面就能画在一张图上（见图 2-12）。

三个投影面展开后，三条投影轴成为两条垂直相交的直线，原 OX，OZ 轴位置不变，原 OY 轴分为 OY1、OY2 两条轴线（见图 2-13）。

实际作图时不必画投影面的边框线。

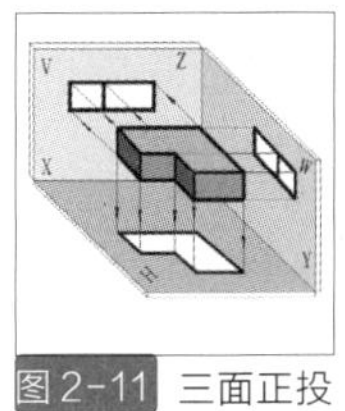

图 2-11 三面正投影原型

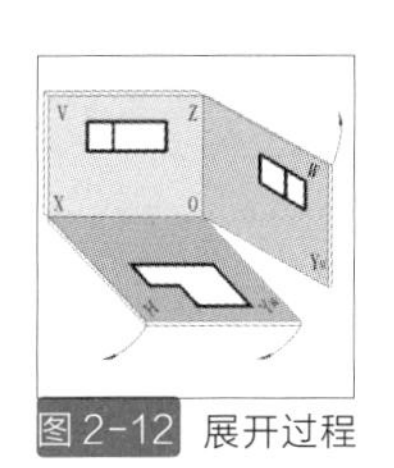
图 2-12 展开过程

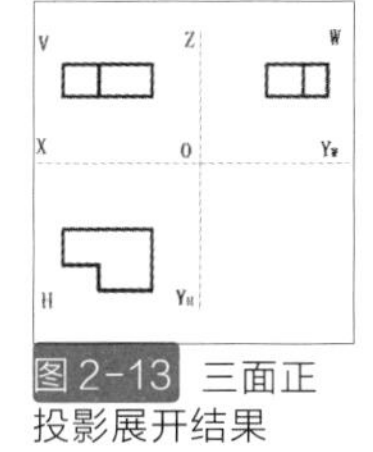
图 2-13 三面正投影展开结果

2.2.4 三面正投影图的关系

三面投影图之间应保持“长对正”“高平齐”“宽相等”的“三等关系”。即形状的 V 面投影和 H 面投影上反映的长度相等；形状的 V 面投影和 W 面投影上反映的高度相等；形状的 H 面投影和 W 面投影上反映的宽度相等（见图 2-14）。

三面投影图不仅反映物体各部分的大小，同时可以知道各部分的相互位置关系，切记不要混淆（见图 2-15）。

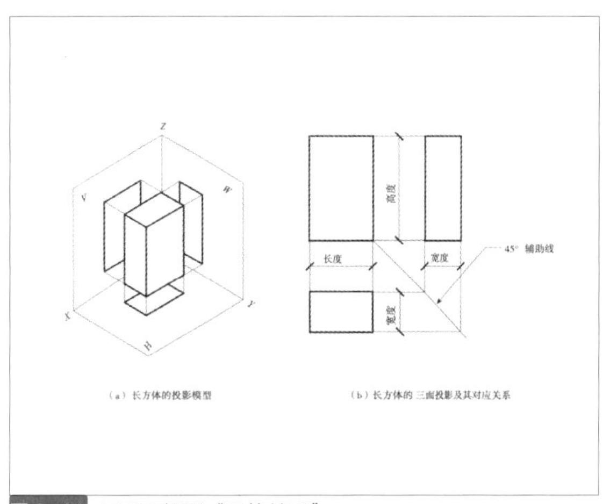

图 2-14 三面正投影“三等关系”

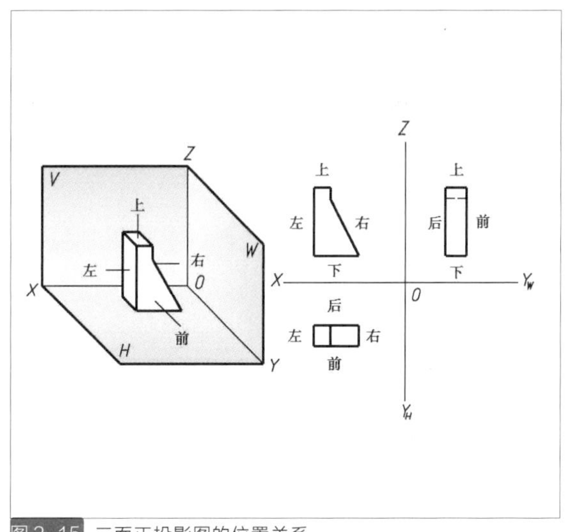

图 2-15 三面正投影图的位置关系

任何形体的表面都是由点、线、面等几何元素组成的，因此必须先学习点、线、平面投影的基本规律。

2.3.1 点的投影规律

点的正投影仍是点（见图 2-16）。点的三面投影是将空间点 A 置于 H、V、W 三投影面体系中，过点 A 分别向 H、V、W 作垂直投影线 AA、AA'、AA"，所得垂足分别为点 A 的水平投影 a、正面投影 a' 和侧面投影 a "，并将三个投影展平在同一个平面上。

点的三面投影的规律：

点的水平投影 A 与正面投影 A' 的连线垂直于 OX 轴；

点的正面投影 A" 与侧面投影 A" 的连线垂直于 OZ 轴；

点的水平投影 a 到 OX 轴的距离等于侧面投影 a" 到 OZ 轴的距离（见图 2-17）。

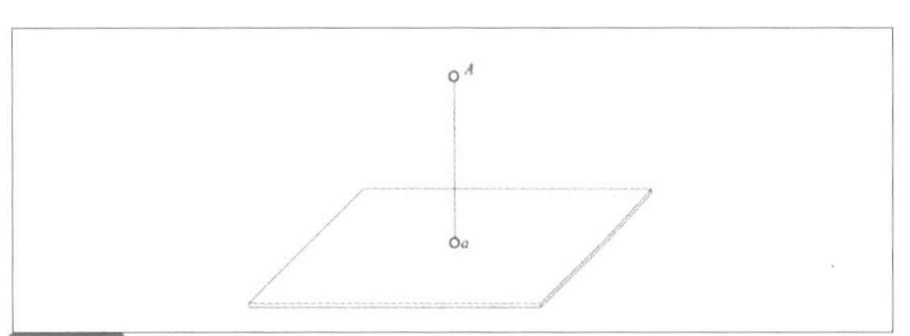

图 2-16　点的正投影

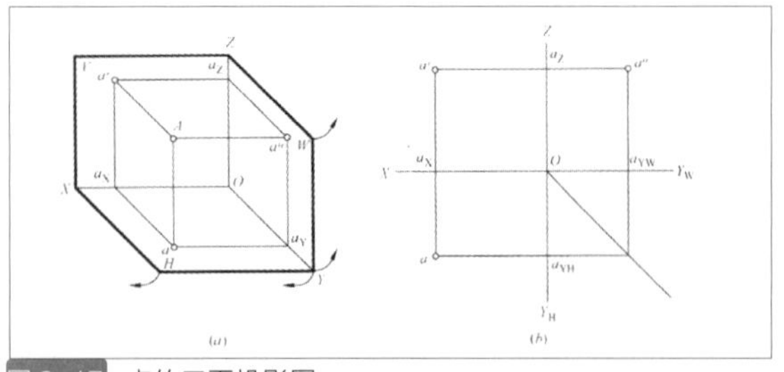

图 2-17　点的三面投影图

两点的相对位置指两点之间的上下、左右、前后位置的关系。在投影图中，判断两点的相对位置，是读图中的重要问题。在三面投影中，V 面投影能反映出上下、左右关系，H 面投影能反映出左右、前后关系，W 面投影能反映出上下、前后关系（见图 2-18）。

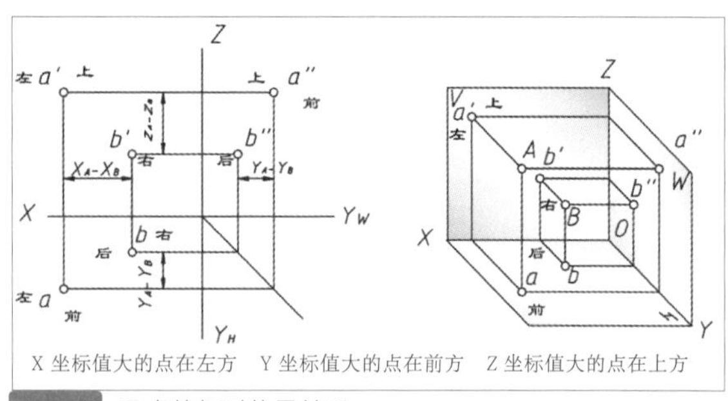

图 2-18　两点的相对位置关系

重影点是当空间两点对某投影面位于同一条投影线上时，该两点在投影面上的投影重合。两点重影必有一点被“遮挡”，就产生了可见与不可见的现象，需要判断可见性。一般距投影面远的点是可见的，在投影图中不可见的投影点需要加小括号表示（见图 2-19）。

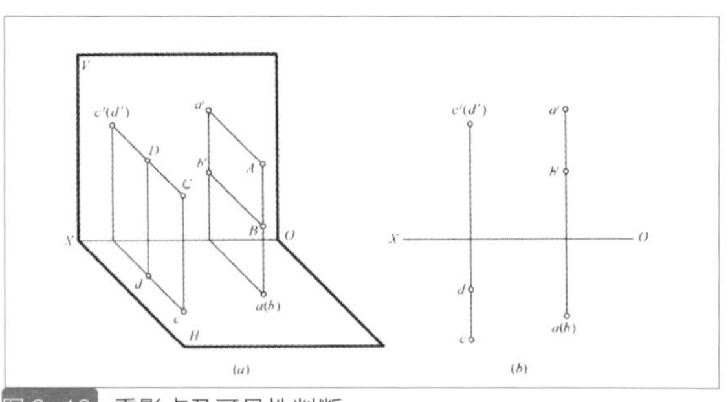

图 2-19　重影点及可见性判断

2.3.2 直线的投影规律

直线的投影是由直线的两个端点的三面投影分别连接形成（见图 2-20）。

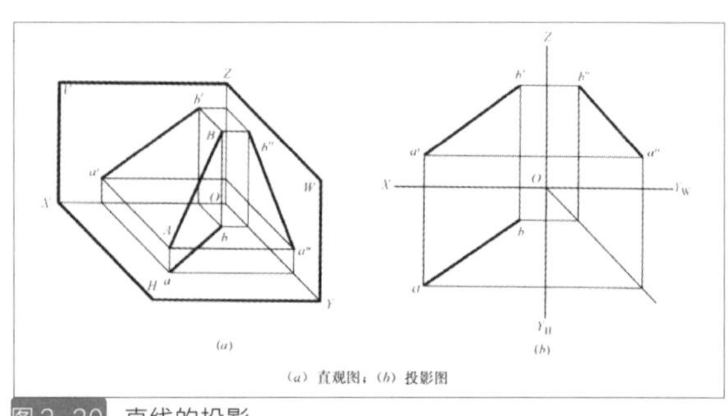

图 2-20　直线的投影

直线根据其投影面相对位置的不同分为以下几种：

（1）投影面平行线（见图 2-21）：平行于某一个投影面、但倾斜于另外两个投影面的直线。投影面平行线共有三种：

水平线——平行于H面的直线，并在H面反映实长；

正平线——平行于V面的直线，并在V面反映实长；

侧平线——平行于 W 面的直线，并在 W 面反映实长。

（2）投影面垂直线（见图 2-22）：垂直于某一个投影面的直线。投影面垂直线共有三种：

铅垂线——垂直于 H 面的直线，并在 H 面积聚为一点，在另外两个投影面反映实长；

正垂线——垂直于 V 面的直线，并在 V 面积聚为一点，在另外两个投影面反映实长；

侧垂线——垂直于 W 面的直线，并在 W 面积聚为一点，在另外两个投影面反映实长。

投影面的平行线

名称	立体图	投影图	投影特性
水平线	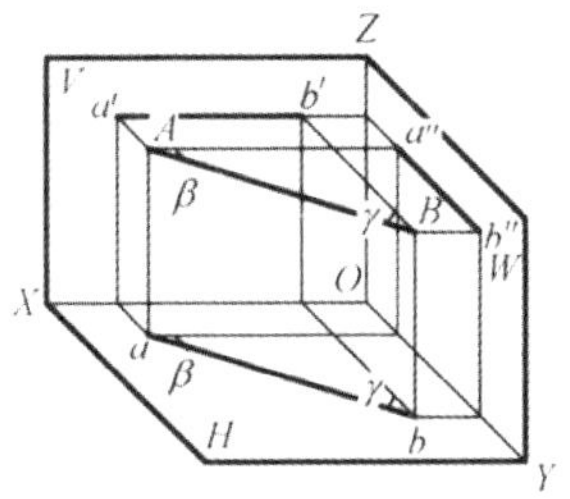	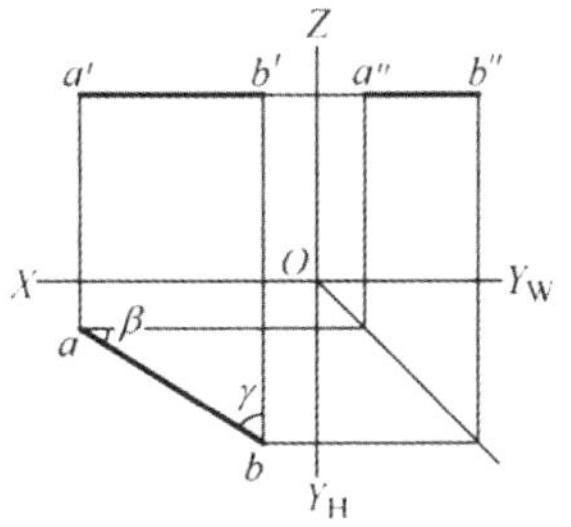	(1)水平投影 ab 反映实长，并反映倾角 β 和 γ (2)正面投影 $a'b'$ // OX 轴，侧面投影 $a''b''$ // OY_W 轴
正平线	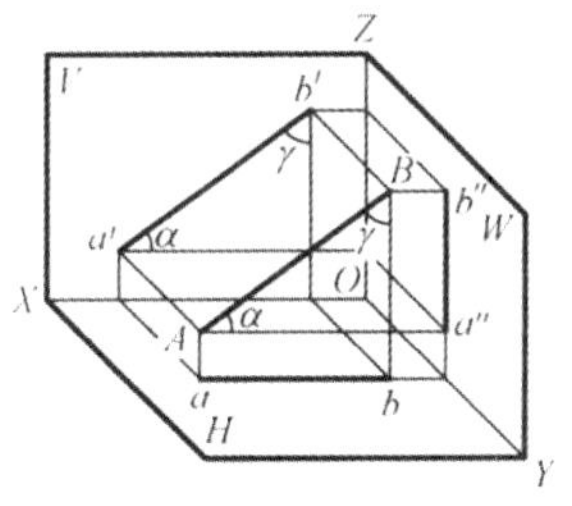	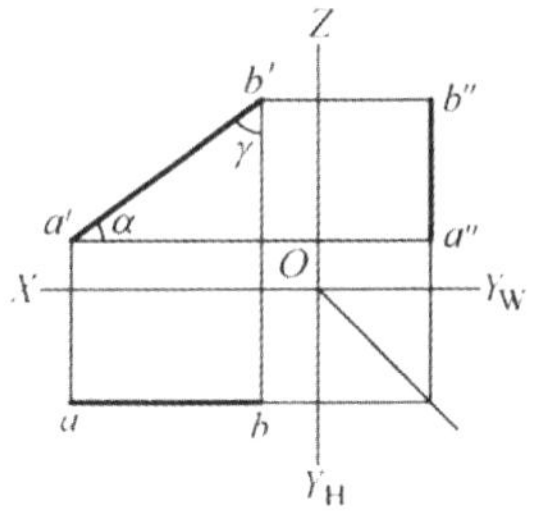	(1)正投影面 $a'b'$ 反映实长，并反映倾角 α 和 γ (2)水平投影 ab // OX 轴，侧面投影 $a''b''$ // OZ 轴
侧平线	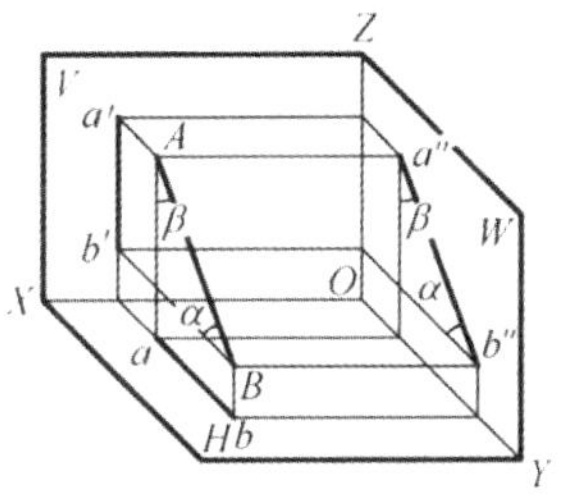	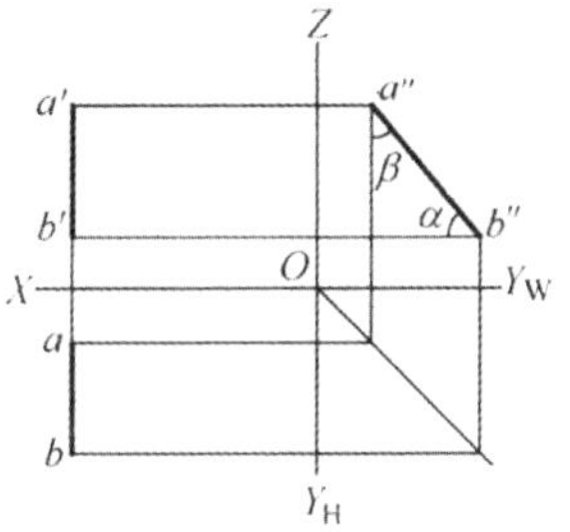	(1)侧面投影 $a''b''$ 反映实长，并反映倾角 α 和 β (2)正面投影 $a'b'$ // OZ 轴，水平投影 ab // OY_H 轴

图 2-21 投影面平行线

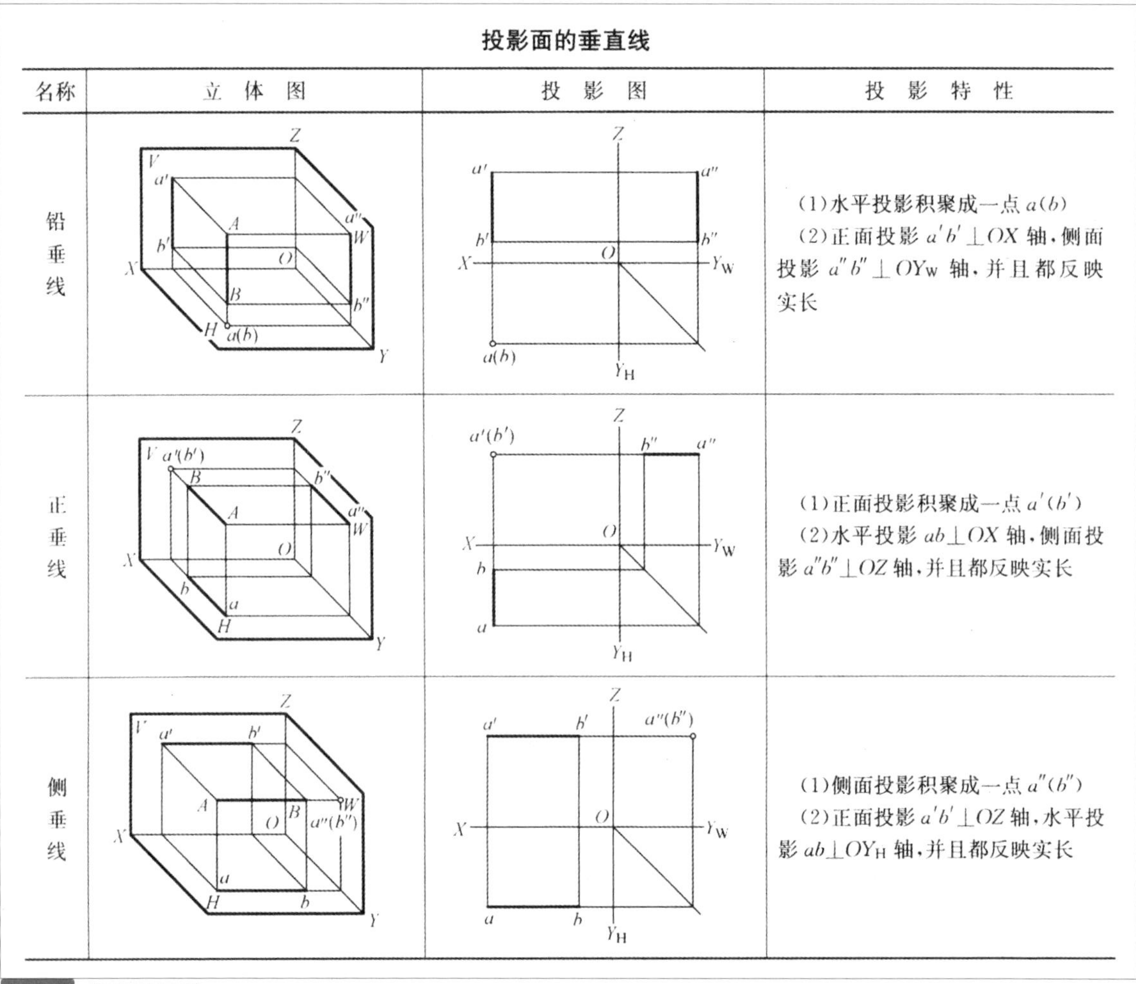

投影面的垂直线

名称	立体图	投影图	投影特性
铅垂线			(1)水平投影积聚成一点$a(b)$ (2)正面投影$a'b' \perp OX$轴，侧面投影$a''b'' \perp OY_W$轴，并且都反映实长
正垂线			(1)正面投影积聚成一点$a'(b')$ (2)水平投影$ab \perp OX$轴，侧面投影$a''b'' \perp OZ$轴，并且都反映实长
侧垂线			(1)侧面投影积聚成一点$a''(b'')$ (2)正面投影$a'b' \perp OZ$轴，水平投影$ab \perp OY_H$轴，并且都反映实长

图2-22 投影面垂直线

（3）一般位置直线：与各投影面均倾斜的直线，在投影图上各投影均不反映线段的实长及其与投影面的倾角。

直线上的点的特性：

从属性，由平行投影的特性决定，点在直线上，则点的投影必在直线的同名投影上；从平行投影中定比性的投影特性确定，点分线段成某一比例，则该点的投影也分线段的同名投影成相同比例（见图2-23）。

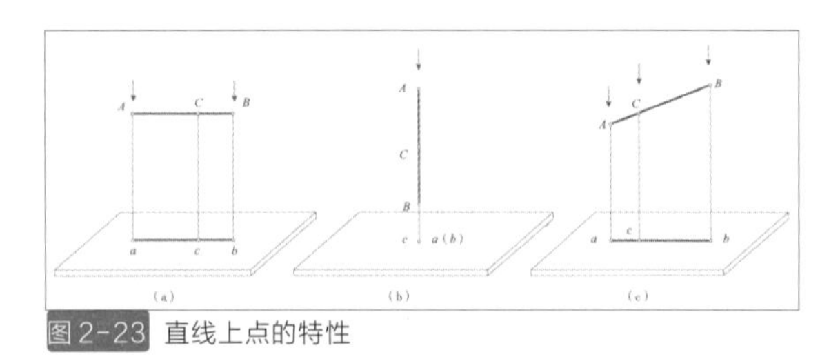

图2-23 直线上点的特性

两直线的相对位置：

（1）两直线平行：空间两直线相互平行，则它们的各同名投影必相互平行。反之，两直线的各投影相互平行，则两直线在空间一定相互平行（见图2-24）。

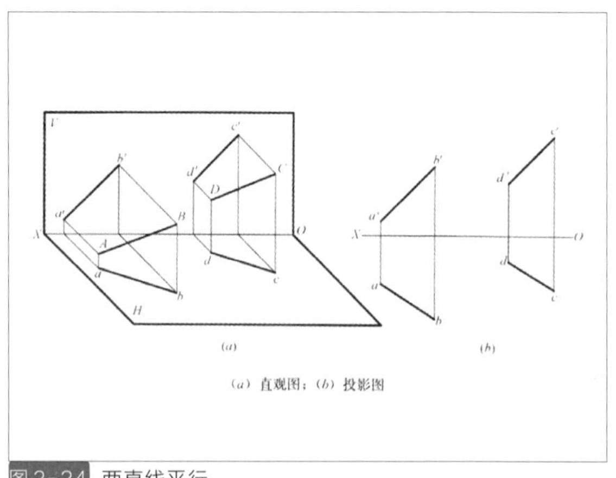

图2-24 两直线平行

（2）两直线相交：空间两直线相交，则它们的各同名投影必定相交，且交点的连线垂直于相应的投影轴（见图 2-25）。

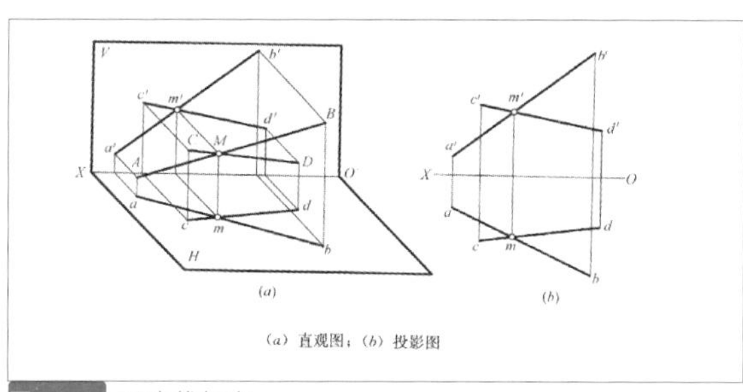

（a）直观图；（b）投影图

图 2-25 两直线相交

（3）两直线交叉：空间两直线既不平行也不相交时，成为交叉两直线。交叉两直线的同名投影可能相互平行，但其在三个投影面上的同名投影不会全部相互平行。交叉两直线的同名投影可能相交，但其同名投影的交点不符合点的投影规律，即交点的连线不垂直于相应的投影轴（见图 2-26）。

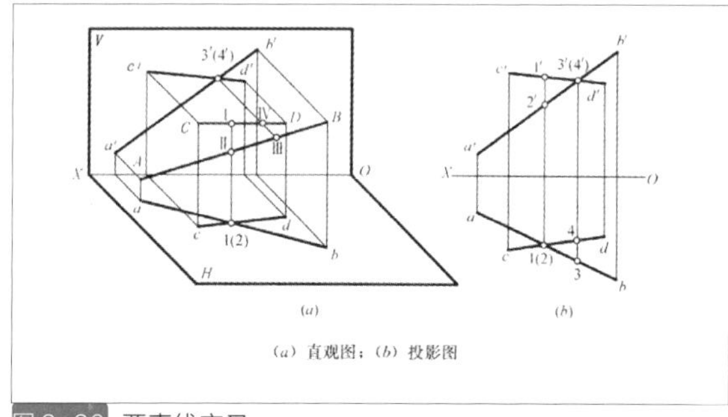

（a）直观图；（b）投影图

图 2-26 两直线交叉

2.3.3 平面的投影规律

平面在空间的位置可用下列几何元素来确定和表示：

不在同一条直线上的三点；一直线和线外一点；相交两直线；平行两直线；平面图形。

平面投影首先求出它的端点的两面投影，再分别将各同名投影连接起来即可得出。最后根据平面的两面投影求出第三面投影（见图 2-27）。

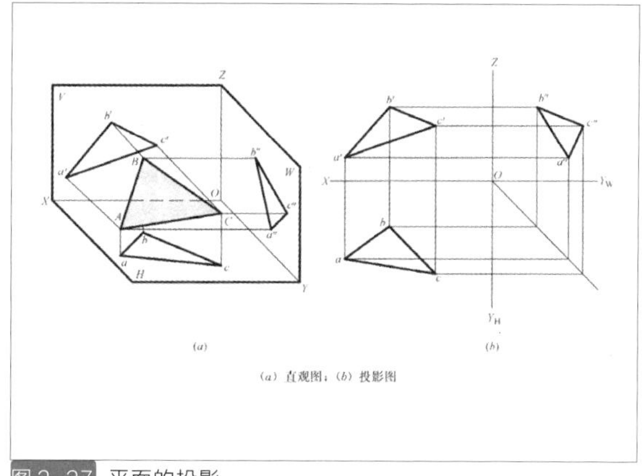

（a）直观图；（b）投影图

图 2-27 平面的投影

平面与投影面的相对位置：

（1）投影面垂直面（见图 2-28）：垂直于某一个投影面，但倾斜于另外两个投影面的平面。

铅垂面——垂直于 H 面的平面，在 H 面投影积聚为一条直线，该直线与投影轴的夹角等于空间平面与相应投影面的倾角，其在 V 和 W 面的投影小于实形，只反映该平面的类似形。

正垂面——垂直于 V 面的平面，在 V 面投影积聚为一条直线，该直线与投影轴的夹角等于空间平面与相应投影面的倾角，其在 V 面和 W 面的投影小于实形，只反映该平面的类似形。

侧垂面——垂直于 W 面的平面，在 W 面投影积聚为一条直线，该直线与投影轴的夹角等于空间平面与相应投影面的倾角，其在 V 和 W 面的投影小于实形，只反映该平面的类似形。

（2）投影面平行面（见图 2-29）：平行于某一投影面的平面。

水平面——平行于 H 面的平面，在 H 面投影反映实形，垂直于 V 和 W 面，并积聚为直线，平行于相对应的投影轴。

正平面——平行于 V 面的平面，在 V 面投影反映实形，垂直于 H 和 W 面，并积聚为直线，平行于相对应的投影轴。

侧平面——平行于 W 面的平面，在 W 面投影反映实形，垂直于 V 和 H 面，并积聚为直线，平行于相对应的投影轴。

投影面的垂直面

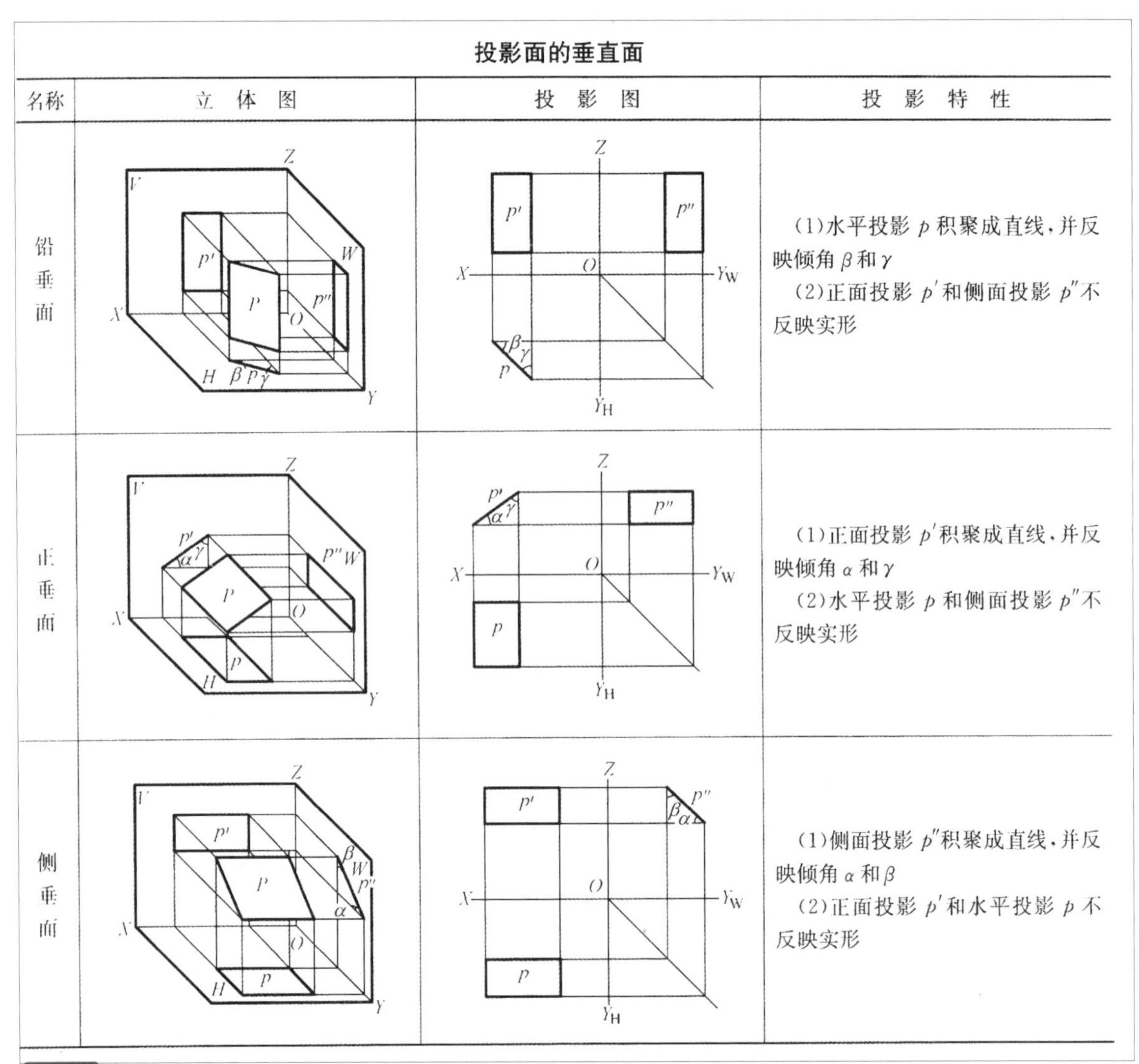

名称	立体图	投影图	投影特性
铅垂面			（1）水平投影 p 积聚成直线，并反映倾角 β 和 γ （2）正面投影 p' 和侧面投影 p'' 不反映实形
正垂面			（1）正面投影 p' 积聚成直线，并反映倾角 α 和 γ （2）水平投影 p 和侧面投影 p'' 不反映实形
侧垂面			（1）侧面投影 p'' 积聚成直线，并反映倾角 α 和 β （2）正面投影 p' 和水平投影 p 不反映实形

图 2-28 投影面的垂直面

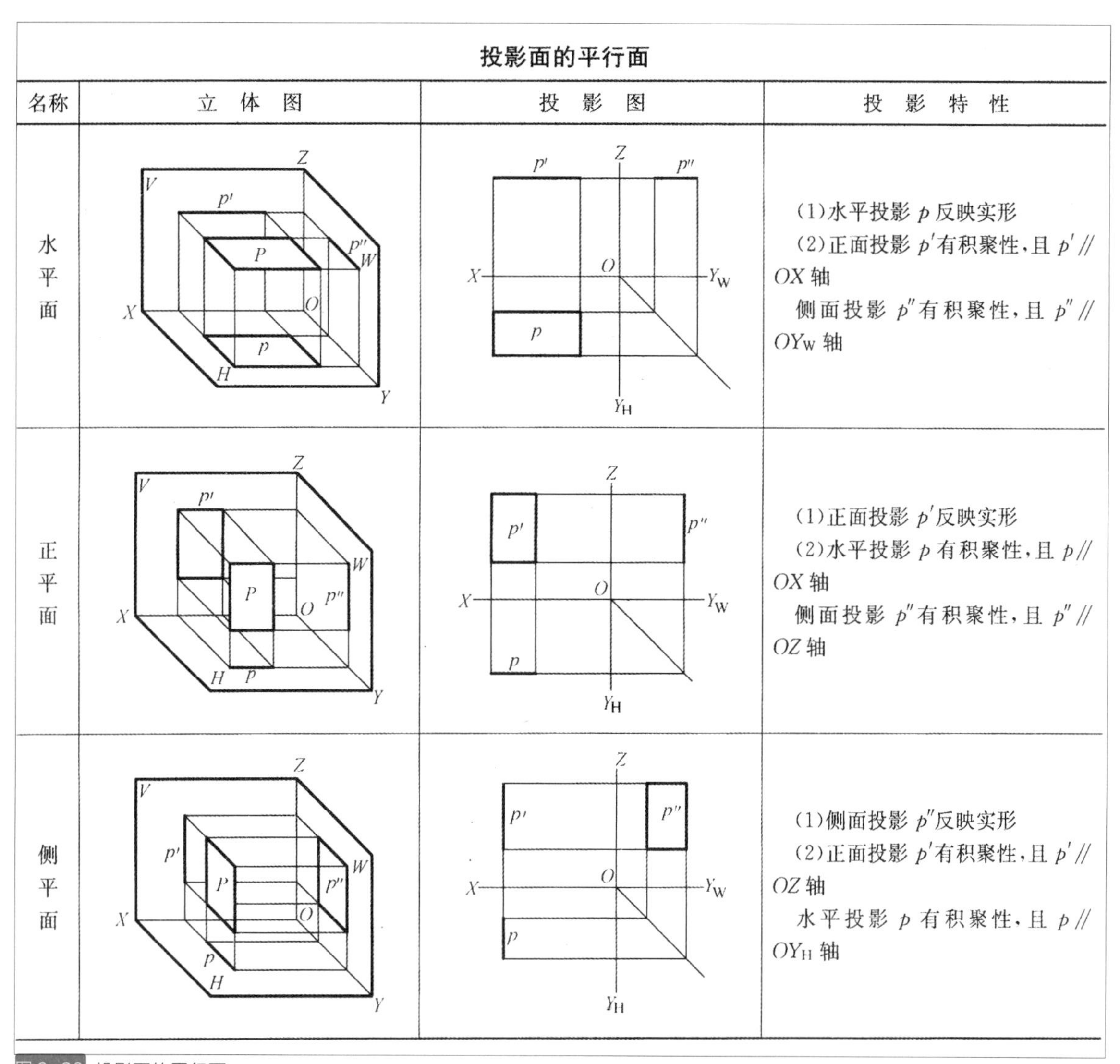

投影面的平行面			
名称	立体图	投影图	投影特性
水平面			(1)水平投影 p 反映实形 (2)正面投影 p' 有积聚性，且 p' // OX 轴 侧面投影 p'' 有积聚性，且 p'' // OY_W 轴
正平面			(1)正面投影 p' 反映实形 (2)水平投影 p 有积聚性，且 p // OX 轴 侧面投影 p'' 有积聚性，且 p'' // OZ 轴
侧平面			(1)侧面投影 p'' 反映实形 (2)正面投影 p' 有积聚性，且 p' // OZ 轴 水平投影 p 有积聚性，且 p // OY_H 轴

图 2-29 投影面的平行面

（3）一般位置平面

与 H、V、W 三投影面均倾斜的平面，在三个投影面上的投影均不反映实形，但为类似形。

平面上的直线：若一条直线通过平面上的两个点，则此直线在该平面上。若一条直线通过平面上的一点，又平行于平面上的任一直线，则此直线在该平面上（见图 2-30）。

平面上的点：若点在平面上的某一条直线上，则此点在该平面上（见图 2-31）。

图 2-30 平面上的直线

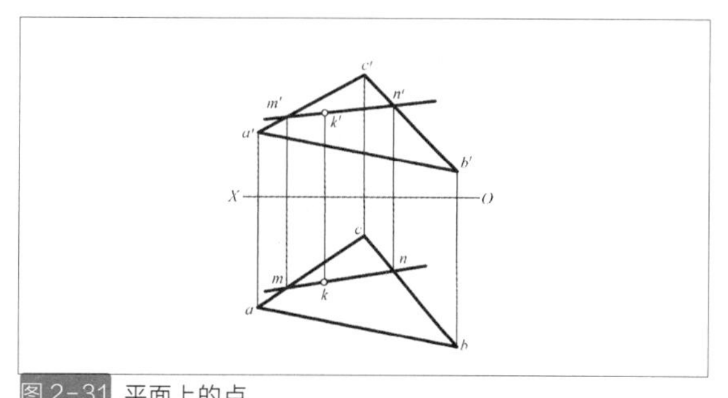

图 2-31 平面上的点

03 基本形体的投影与实训

在建筑工程中，经常会遇到各种形状的物体，它们的形状虽然复杂多样，但是加以分析，都可以看作是各种简单几何体的组合（见图 3-1）。学习制图，首先要掌握各种简单形体的投影特点和分析方法。

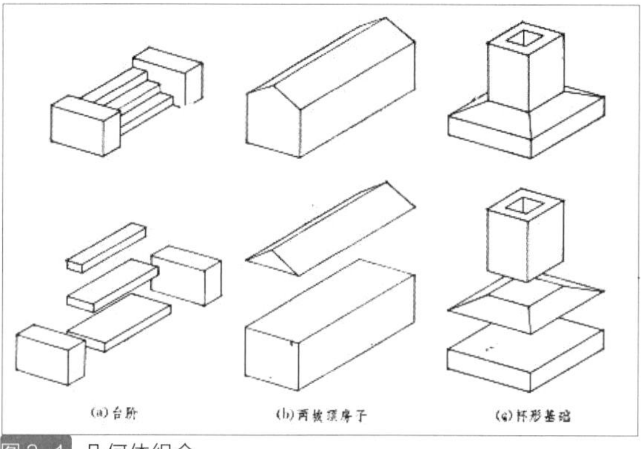

图 3-1 几何体组合

平面体指物体的表面由平面组成。建筑工程中绝大部分物体都属于这一种。组成这些物体的简单形体有：正方体、长方体（统称为长方体）；棱柱、棱锥、棱台（统称为斜面体）（见图 3-2）。

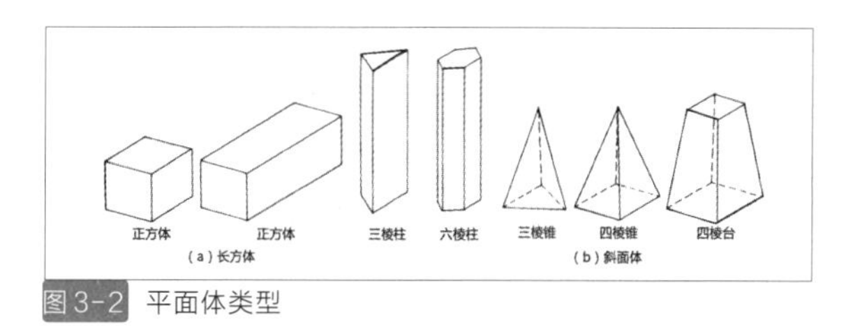

图 3-2 平面体类型

投影理论的研究对象是空间形体的形状、大小及其图示方法，各种建筑物都可看成是一些比较复杂的形体，通过细心观察就会发现，无论多么复杂的建筑形体都可以看成是若干个简单的基本形体的组合。

3.1.1 长方体的投影

（1）长方体三面投影图

长方体的表面是由六个正四边形（正方形或矩形）平面组成的，面与面之间以及两条棱线之间都是互相平行或垂直的。例如一块砖就是一个长方体，它是由上下、前后、左右三对互相平行的矩形平面组成，相邻的两个平面都互相垂直，棱线之间也都是互相平行或垂直。建筑工程中的各种梁、板、柱和的台阶等，大部分都是长方体的组合体。

把长方体放在三个相互垂直的投影面之间，方向位置摆正，即长方体的前面、后面与 V 面平行；左面、右面与 W 面平行；上面、下面与 H 面平行。这样所得到的长方体的三面正投影图，反映了长方体的三个方面的实际形状和大小，综合起来，就能说明它的全部形状（见图 3-3）。

一个长方体，它的顶面和底面为水平面，前后两个面为正立面，左右两个面为侧立面。

长方体的三面投影图，H 面投影是一个矩形，为长方体顶面和底面投影的重合，顶面可见，底面不可见，反映了他们的实形。矩形的四边是顶面和底面上各边的投影，反映实长，也是四个棱面积聚性的投影。矩形的四个顶点是顶面和底面对应的四个顶点投影的重合，也是四条垂直于 H 面的测棱积聚性的投影。用同样的方法，还可以分析出该长方体的 V 面和 W 面投影的结果，也分别是一个矩形。

投影图中将不再画出投影轴，这是因为在立体的投影图中，投影轴的位置只反映空间立体与投影面之间的距离，与立体的投影形状和大小无关。

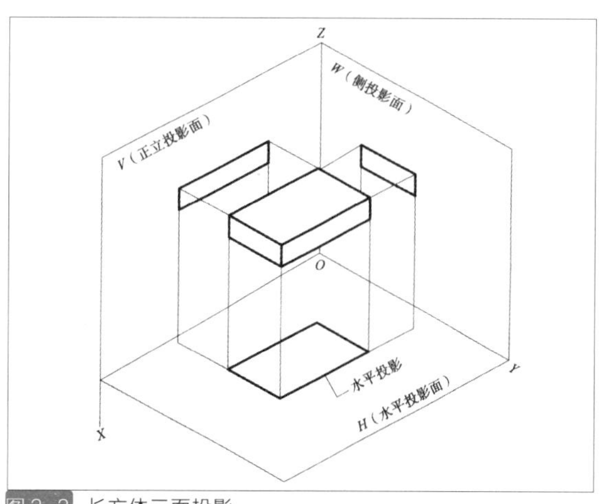

图 3-3 长方体三面投影

（2）平面体表面上的点

长方体上的每一个棱角都可以看作是一个点，每一个点在三个投影图中都有它对应的三个投影（见图 3-4）。

例如 A 点的三个投影为 a、a＂、a＂。

A 点的正立投影 a' 和侧投影 a＂，共同反映 A 点在物体上的上下位置（高、低）以及 A 点与 H 面的垂直距离（Z 轴坐标），所以 a' 和 a＂一定在同一条水平线上。

A 点的正立投影 a' 和水平投影 a，共同反映 A 点在物体上的左右位置以及 A 点与 W 面的垂直距离（X 轴坐标），所以 a 和 a' 一定在同一条铅垂线上。

A 点的水平投影 a 和侧投影 a＂，共同反映 A 点在物体上的前后位置以及 A 点与 V 面的垂直距离（Y 轴坐标），所以 a 和 a＂一定互相呼应。

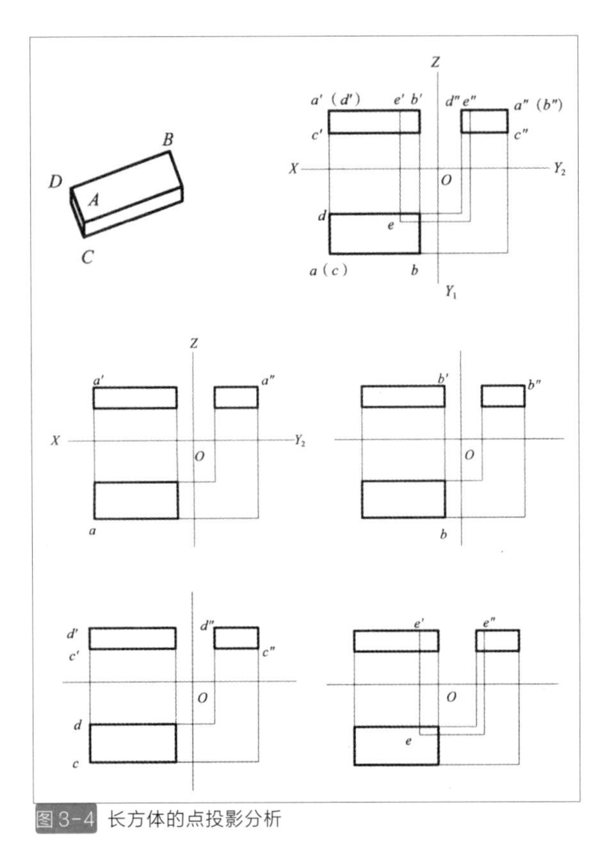

图 3-4 长方体的点投影分析

（3）平面体表面上的直线

长方体上有三组方向不同的棱线，每组四条棱线互相平行，各组棱线之间又互相垂直。当长方体在三个投影面之间的方向与位置摆正时，每条棱线都垂直于一个投影面，平行于另外两个投影面（见图 3-5）。

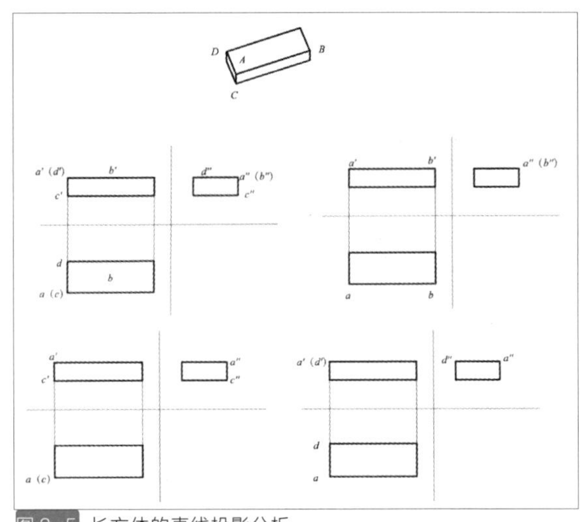

图 3-5 长方体的直线投影分析

以棱线 AB 为例，它平行于 V 面和 H 面，垂直于 W 面，所以这条棱线的侧投影积聚为一点，而正立投影和水平投影为直线，并反映棱线实长。同时可以看出，互相平行的直线的投影也互相平行。

（4）平面体表面上的面

以长方体 P 面为例，P 面平行于 V 面，垂直于 H 面和 W 面。其正立投影 p’反映 P 面的实形（形状、大小均相同），水平投影和侧投影都积聚成直线。长方体其他各面和投影的关系，也都是平行于一个投影面，垂直于另外两个投影面。各个面的三个投影图都有一个反映实形，两个积聚成一条直线（见图 3-6）。

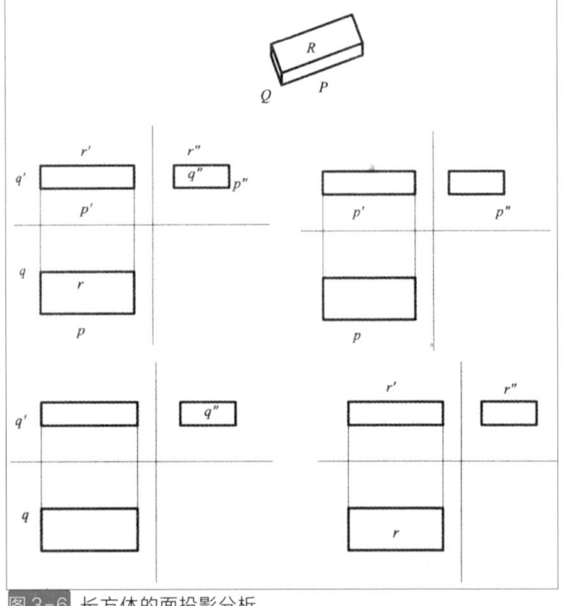

图 3-6 长方体的面投影分析

3.1.2 斜面体的投影

凡是带有斜面的平面体，统称为斜面体。建筑工程中，有坡顶的房屋，有斜面的构件都可看作是斜面体的组合体（见图 3-7、图 3-8、图 3-9）。

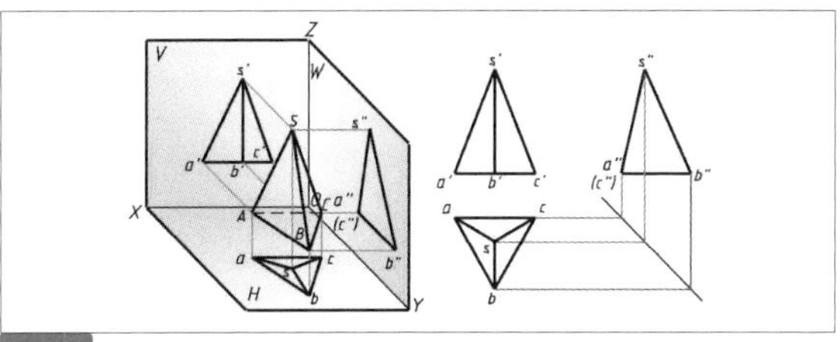

图 3-7 三棱锥投影图

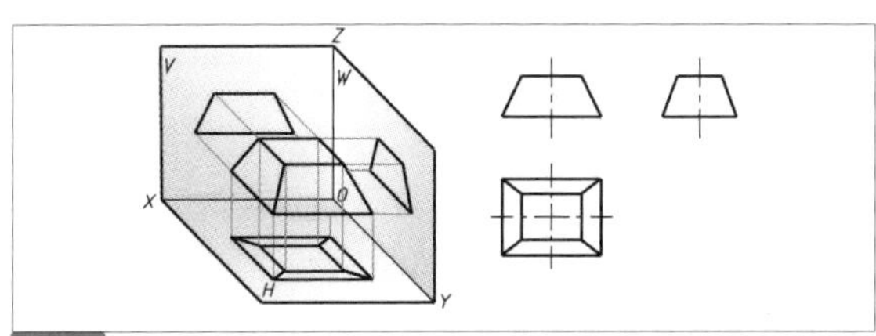

图 3-8 四棱台投影图

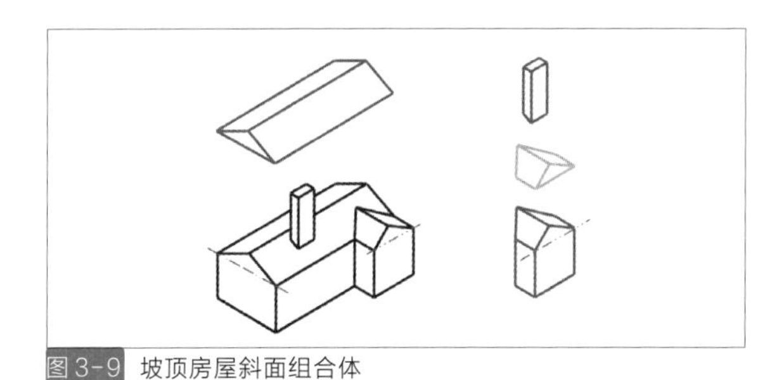

图 3-9 坡顶房屋斜面组合体

3.1.3 组合体的投影画法

长方体组合体的投影画法主要有三个：

（1）直接作图法

适用于两立体相贯时，有一立体的相贯表面在某投影面上有积聚性投影的情况（见图 3-10）。

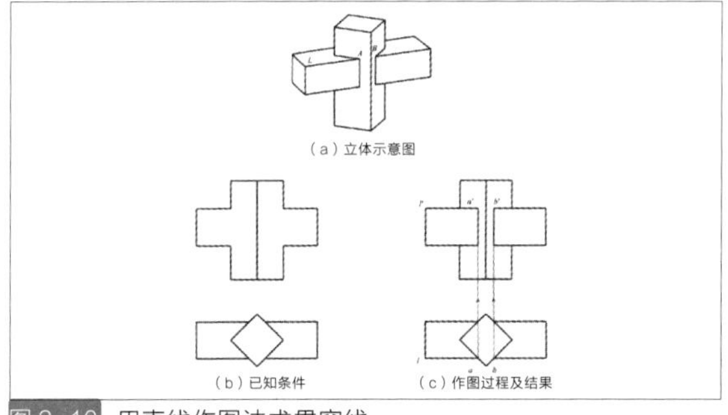

图 3-10 用直线作图法求贯穿线

（2）辅助直线法

适用于已知相贯线上某点的一个投影、求其他两个投影情况（见图 3-11）。

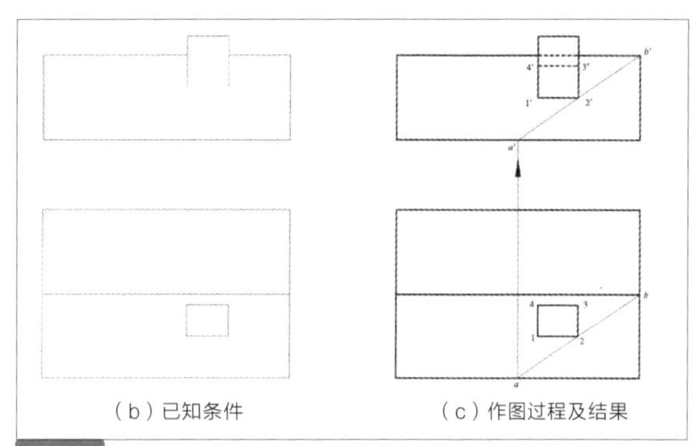

图 3-11 辅助直线法

（3）辅助平面法

适用于两个相贯立体均无积聚性投影或其他情况（见图 3-12）。

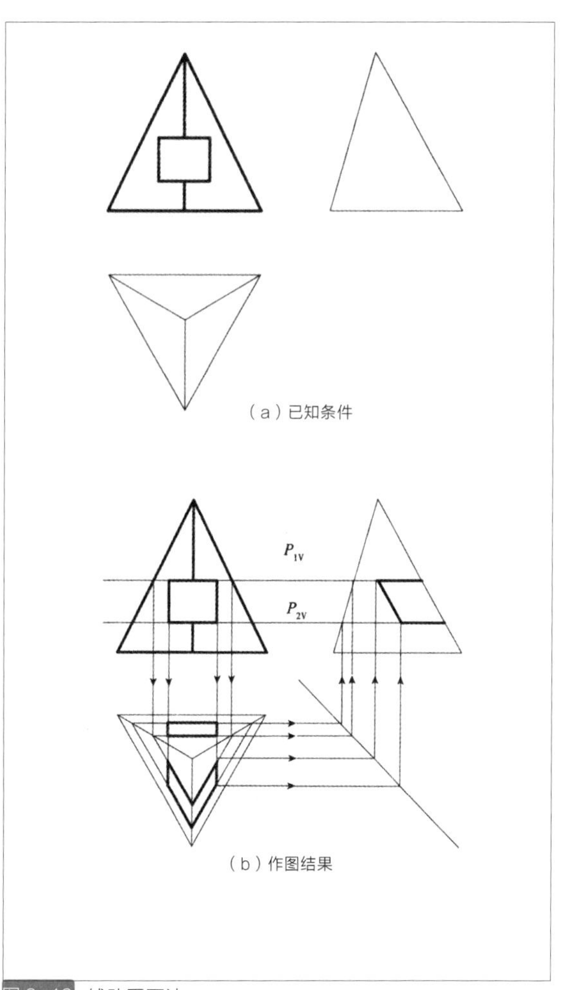

图 3-12 辅助平面法

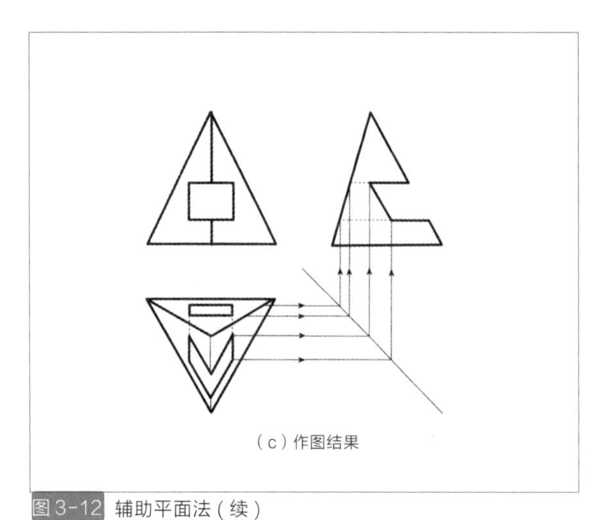

（c）作图结果

图 3-12 辅助平面法（续）

3.1.4 可见线和不可见线

平面组合体的投影有不可见线和交线。两个简单体上的平面，组合后相接成一个平面时，他们之间没有交线（见图 3-13）。

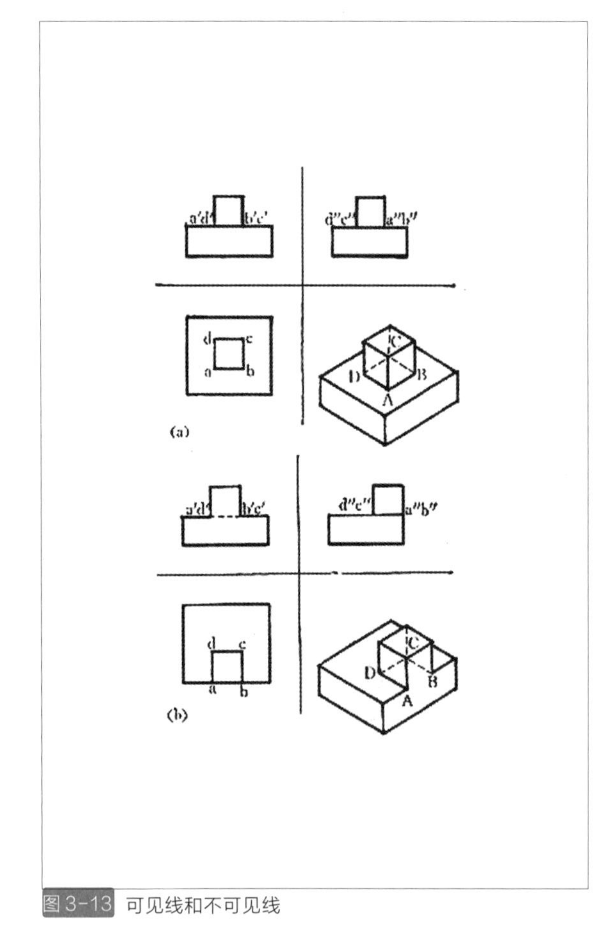

图 3-13 可见线和不可见线

3.2 曲面体的投影

在建筑工程中，常会见到圆形柱子、球形屋顶等，因此要掌握曲面体的投影作图方法。

在曲面体中，回转曲面体的使用较广泛，因为它是由一条母线（直线或者曲线）绕一固定轴回转所形成的曲面。母线在曲面上的任一位置处，成为素线。因此，回转曲面是由无数的素线所组成。

在回转曲面上的任意一点，都随着母线一起回转，点的回转轨迹是一个圆，这个圆称为纬圆，纬圆的圆心在回转轴上，纬圆平面与回转轴垂直，由于回转曲面的母线是由无数点组成，所以回转曲面也是由无数纬圆组成。曲面体常见的基本形体有圆柱、圆锥、圆球。

3.2.1 圆柱体投影及体表面的点

两条相互平行的直线，以一条为轴线，另一条为母线，母线绕轴线回转即为圆柱面。由圆柱面和上、下底面围成的形体是圆柱体。

圆柱体的三面投影：圆柱体的两个底面为圆平面并反映实形，圆周曲线是圆柱曲面的积聚投影。其他两个投影面的矩形表示半个圆柱面的投影，前半柱面可见，后半柱面不可见，两条直线表示圆柱体的轮廓素线（见图 3-14）。

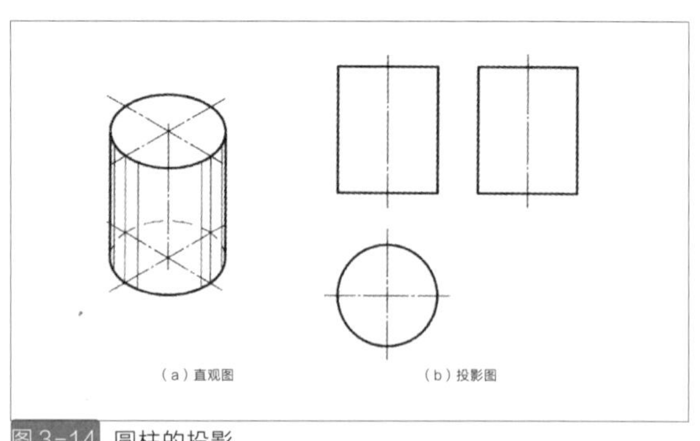

（a）直观图　（b）投影图

图 3-14 圆柱的投影

直立圆柱面上的点的投影，可以利用圆柱面的积聚性求得。通过点的垂线与各自所在的圆柱面取得积聚投影点，然后通过两个投影面上点的位置推导出第三个投影（见图 3-15）。

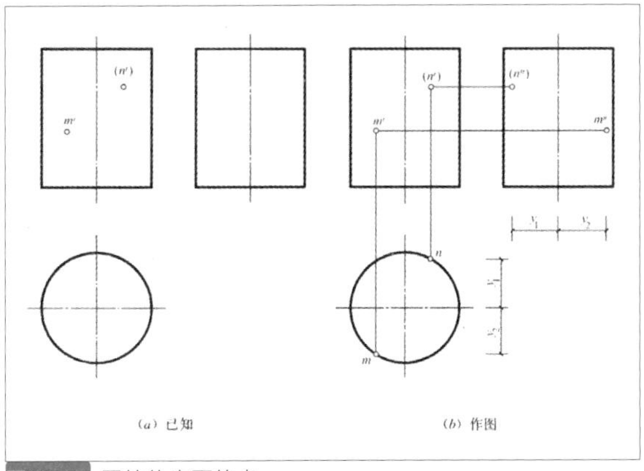

图 3-15 圆柱体表面的点

3.2.2 圆锥体投影及体表面的点

两条相交的直线，以一条为轴线，一条为母线，母线绕轴线为回转即得圆锥面。圆锥面和底面组成的形体是圆锥体。

圆锥体的三面投影中，圆锥面无积聚性，且圆锥面可见，底面不可见。其他两个投影中，三角形表示半个圆锥面和外轮廓素线（见图 3-16）。

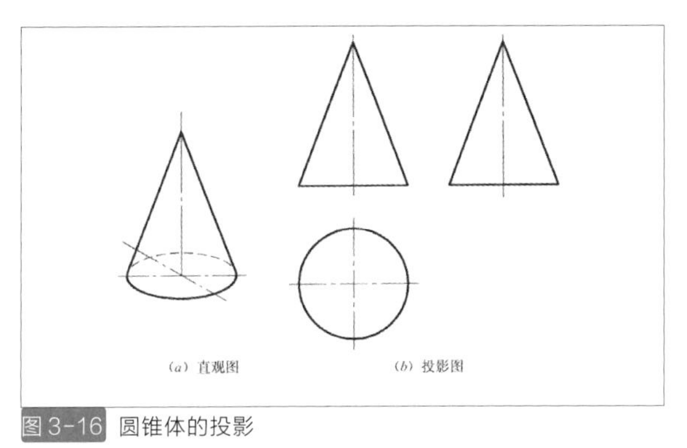

图 3-16 圆锥体的投影

圆锥体表面上的点用素线法或者纬圆法推导。素线法是将点看作是在圆锥体的某一条素线上，纬圆法将点看作是在圆锥体的某一纬圆上（见图 3-17）。

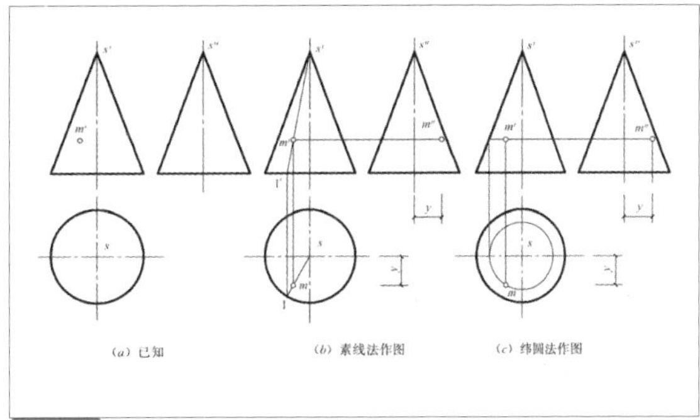

图 3-17 圆锥体表面上的点

3.2.3 球体投影及体表面的点

球体的表面可以看作是一个圆绕着圆本身的一条直径旋转而成。球体的三面投影是各投影的轮廓均为同样大小的圆（见图 3-18）。

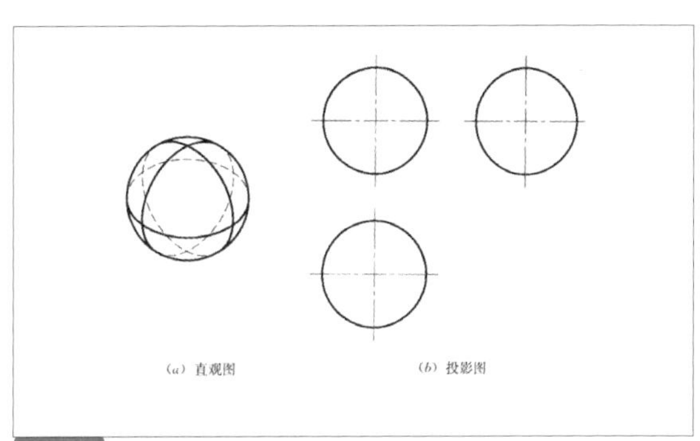

图 3-18 球体的投影

球体表面的点的投影应使用纬圆法推导，将点看作在某一个纬圆上（见图 3-19）。

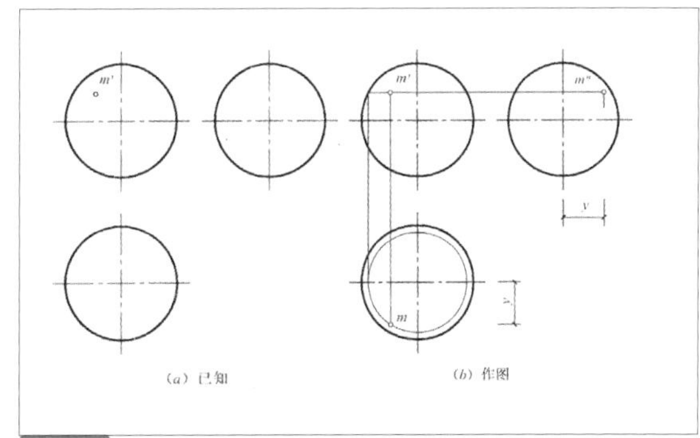

图 3-19 球体表面的点

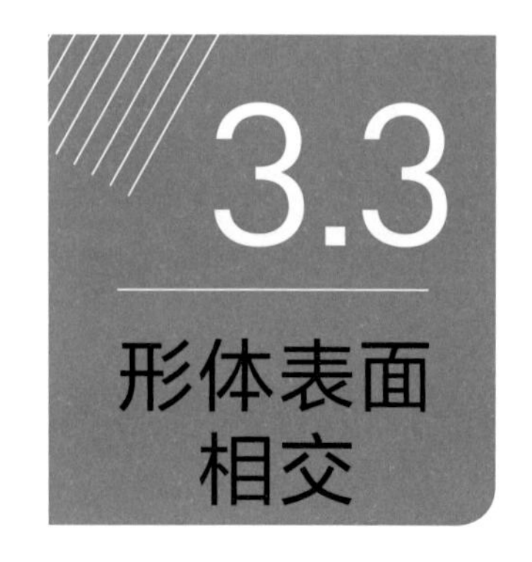

3.3 形体表面相交

3.3.1 直线与形体表面相交

直线与形体表面相交即直线贯穿形体，形成的交点称为贯穿点。贯穿点是直线与形体表面的共有点，当直线或形体表面的投影有积聚性时，贯穿点的投影也积聚在直线或者形体表面的积聚投影上（见图3-20）。

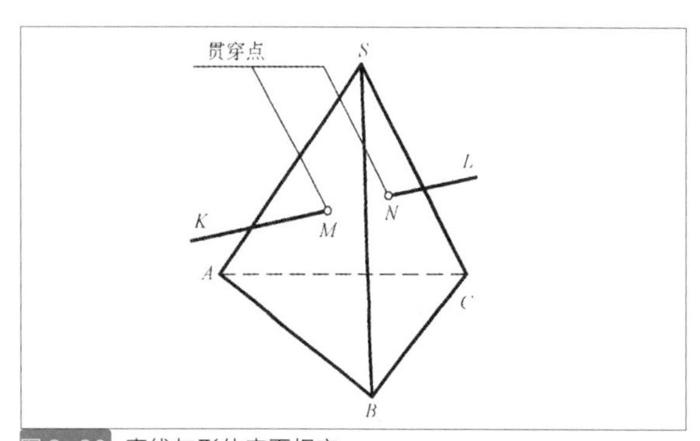

图3-20 直线与形体表面相交

求得贯穿点的方法是辅助平面法，经过直线作一辅助平面，得出辅助平面与已知形体表面的辅助截交线，辅助截交线与已知直线的交点为贯穿点（见图3-21）。

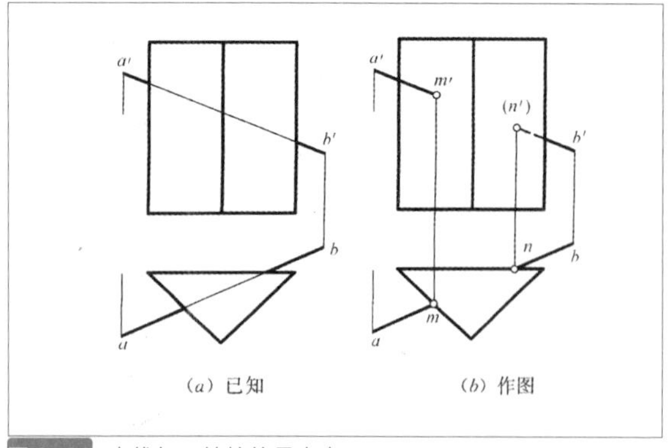

图3-21 直线与三棱柱的贯穿点

3.3.2 平面与平面体表面相交

平面与形体表面相交，犹如平面切割形体，此平面称为截平面，截平面与形体表面的交线称为截交线，由截交线围成的平面图形称为断面或者截面，形体被一个或者几个截平面截割后留下的部分称为切割体（见图3-22）。

截交线的基本特征：

共有性，即截交线是截平面和形体表面的共有线，它既在截平面上，又在形体的表面上；

封闭性，即形体是由表面围成的完整体，因此截交线是封闭的。

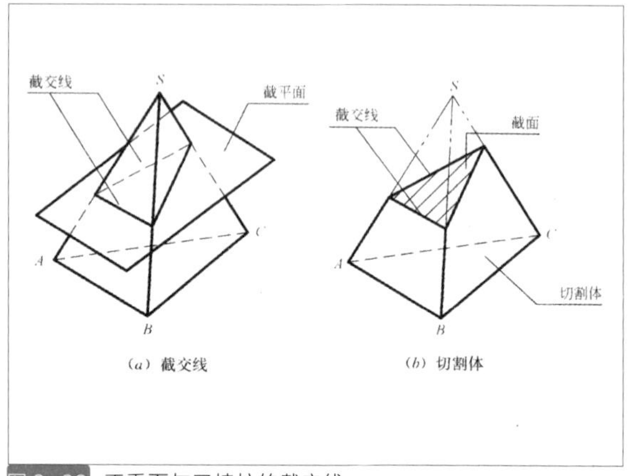

图3-22 正垂面与三棱柱的截交线

平面体的截交线是一个平面多边形，多边形的顶点即平面体的棱线与截平面的交点，多边形的各条边是棱面与截平面的交线。平面体的截交线可以通过直线与平面的交点求得，或者是平面与平面的交线。

交线法：直接求出截平面与相交棱面的交线。

交点法：求出截平面与棱线的交点，然后把位于同一棱面上的两交点相连即得截交线（见图3-23）。

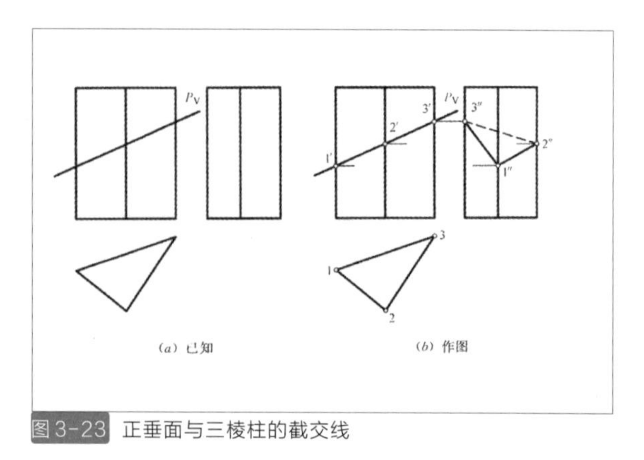

图3-23 正垂面与三棱柱的截交线

3.3.3 平面与曲面体表面相交

平面与曲面体相交所得的截交线，一般情况下称为平面曲线。当截平面截割到曲面体的曲表面的同时，又截割到曲面体的平面部分时，则截交线由平面曲线和直线在结合点处连接成封闭的平面图形（见图3-24）。

1. 平面与圆柱相交

当截平面与圆柱的轴线处于不同的位置时，就可得出不同形状的截交线。当截平面垂直于圆柱轴线时，截交线为一纬圆；当截平面倾斜于圆柱轴线时，截交线为一椭圆；当截交线通过圆柱轴线或者平行于圆柱轴线时，截交线为一矩形（见图3-25）。

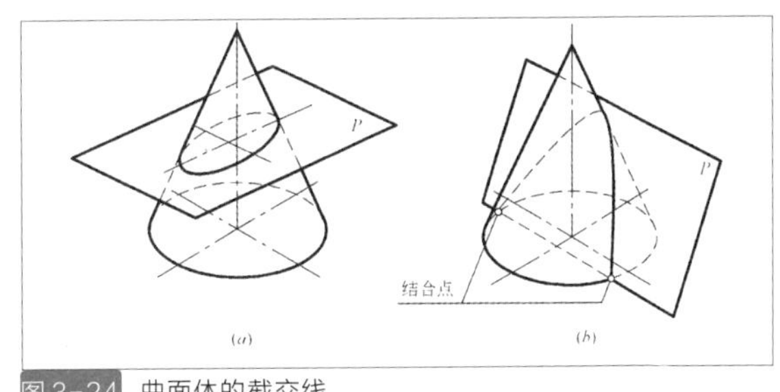

图3-24 曲面体的截交线

圆柱的截交线

截平面倾斜于圆柱轴线	截平面垂直于圆柱轴线	截平面平行于圆柱轴线
椭圆	圆	矩形

图3-25 平面与圆柱相交

2. 平面与圆锥相交

当截平面垂直于圆锥轴线时，截交线是一个纬圆；当截平面与圆锥上所有的素线都相交时，截交线是一个椭圆；当截平面平行于圆锥上一条素线时，截交线是一条抛物线；当截平面平行于圆锥上两条素线时，截交线是双曲线；当截平面通过圆锥顶时，截交线是三角形（见图3-26）。

3. 平面与球相交

平面截割球体，截交线是圆。截平面靠球心越近，截交线的圆越大；截平面通过球心时，截交线是最大的圆。当截平面是投影面的平行面时，截交线在该投影面上的投影有显实性，其余投影有积聚性；当截平面是投影面的垂直面时，截交线在该投影面上的投影有积聚性，其余两个投影为椭圆，椭圆的长轴长度与截交线圆的直径相等，短轴由投影确定（见图3-27）。

圆锥的截交线

截平面垂直于圆锥轴线	截平面与圆锥面上所有素线相交	截平面平行于圆锥面上一条素线	截平面平行于圆锥面上两条素线	截平面通过锥顶
圆	椭圆	抛物线	双曲线	三角形
P	P	P	P	P
P_V	P_V	P_V	P_H	P_V

图 3-26 平面与圆锥相交

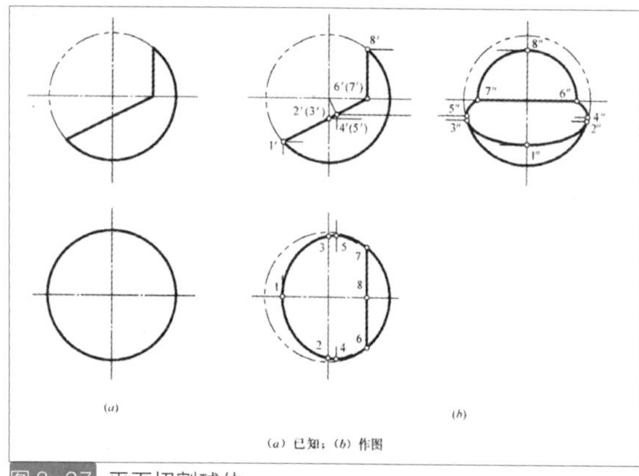

(a) 已知；(b) 作图

图 3-27 平面切割球体

3.3.4 两形体表面相交

两形体相交也称为两形体相贯。相交的形体称为相贯体，形体表面的交线称为相贯线（见图 3-28）。两形体相交可分为：两平面体相交、平面体与曲面体相交以及两曲面体相交三种。

当两形体的相对位置不同时，相贯分为全贯以及互贯两种。全贯是指一形体的表面全部与另一形体相交。互贯是一形体的表面只有一部分与另一形体的一部分相交。

相贯线的基本特征：

共有性。相贯线是两形体表面的交线，也是两形体表面的分界线。因此相贯线的投影不得超出两形体的外形轮廓线。

封闭性。因为形体都有一定的范围，相贯线一般由封闭的空间折线或者空间曲线组成。

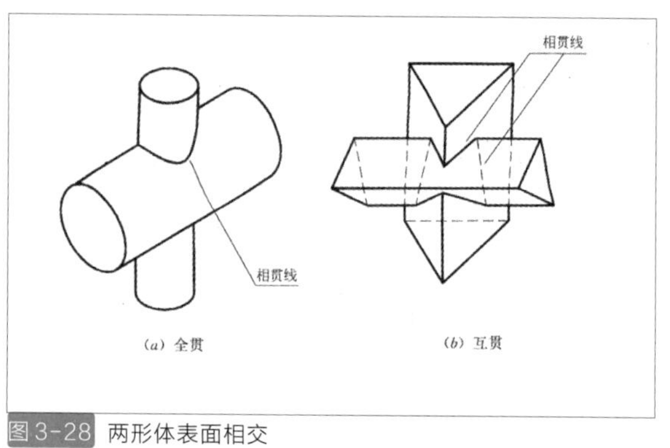

(a) 全贯　　(b) 互贯

图 3-28 两形体表面相交

3.3.5 两平面体相交

两平面体的相贯线一般为封闭的空间折线，在特殊情况下相贯线为平面折线。相贯线的每一折线段都是两平面体上某两个棱面的交线，每一个折点都是一平面体的某条棱线与另一平面体的某个棱面的交点。

求取两平面体的相贯线，主要通过以下两个方法：

求出两平面体的有关棱面的交线，即组成相贯线；分别求出各平面体的有关棱线对另一平面体棱面的交点，即贯穿点。然后将位于一形体的同一棱面又位于另一形体的同一棱面上的两点顺次进行直线连接，组成贯穿线（见图 3-29）。

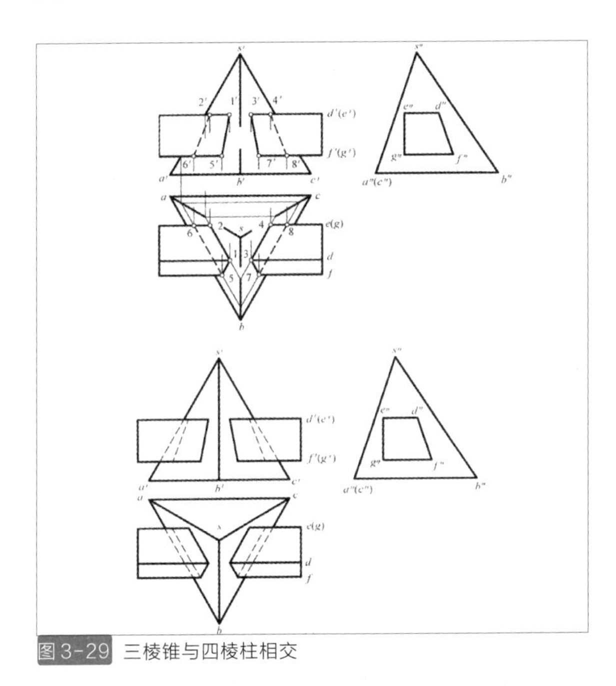

图 3-29 三棱锥与四棱柱相交

3.3.6 平面体与曲面体相交

平面体和曲面体相交所得到的相贯线的形状，一般是由几段平面曲线所组成的封闭的空间曲线。每段平面曲线都是平面体上某一棱面截割曲面体的截交线，而相邻两段平面曲线的连接点就是平面体的棱线与曲面体的贯穿点。在特殊情况下，相贯线也可以由直线段与若干平面曲面组成，如平面体的棱面与曲面体上的平面部分相交，或者平面体与曲面体相交于直素线时，相贯线都有直线部分（见图 3-30）。

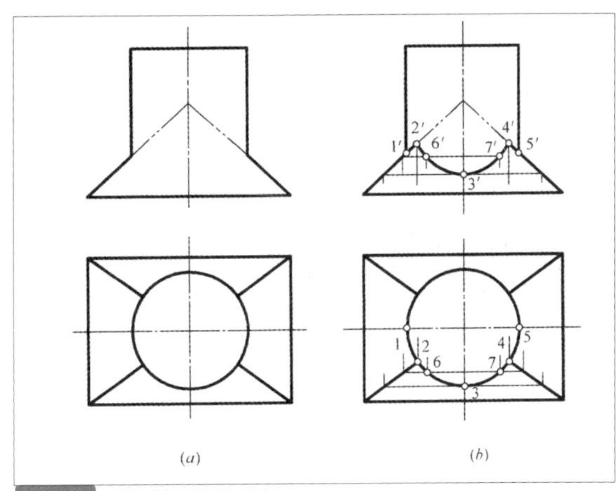

图 3-30 四棱锥与圆柱相交

3.3.7 两曲面体相交

两曲面体相交形成的相贯线，一般是封闭的空间曲线，在特殊情况下为平面曲线。当两个曲面体的表面都有平面部分并且相交时，相贯线还会出现直线段。

绘制两曲面体的相贯线，实质是绘出两曲面体上的若干共有点，然后依次连接而成。这些共有点是一个曲面体上的某些素线与另一曲面体表面的贯穿点（见图 3-31）。

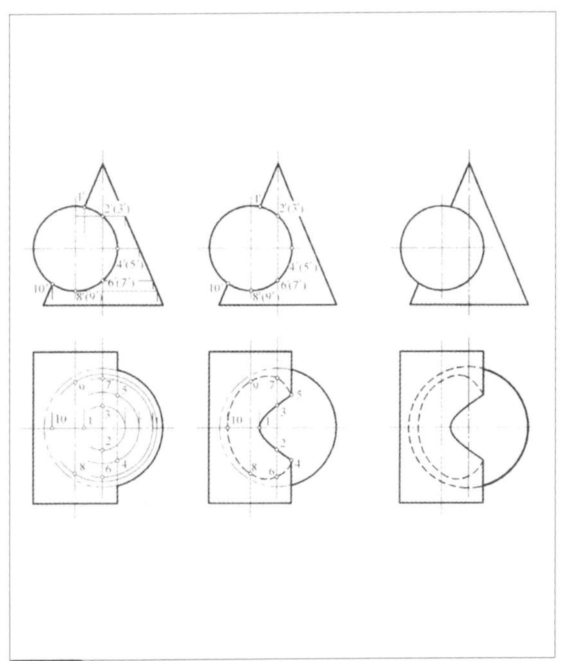

图 3-31 圆柱与圆锥相交

3.4 家具投影图应用

3.4.1 家具设计草图

家具设计草图是家具的原始设计图，主要用来表达家具的造型、尺度比例、装饰五金等外观效果。设计草图一般用透视图的表达方式，其比例一般为1 ：8；并需注明产品的形体规格及特殊要求（见图3-32、图3-33）。

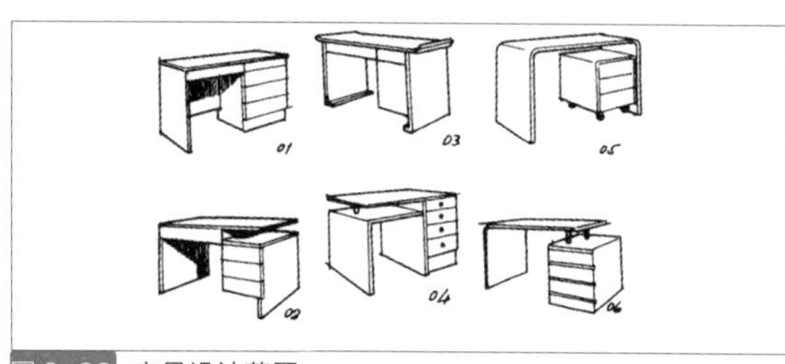

图3-32 家具设计草图

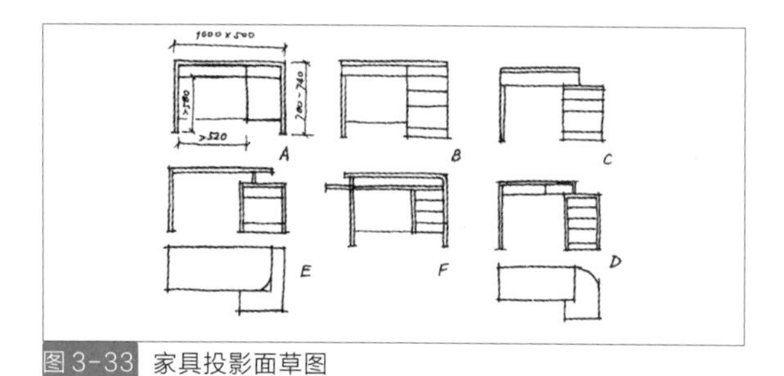

图3-33 家具投影面草图

3.4.2 家具设计图

家具设计图是在设计草图的基础上整理而成的。家具设计图统称之为大样图。出口家具的设计图一般使用英制，国内家具设计图一般为公制。设计图主要用于样板的开发及刀具、模具的制作和结构设计时的依据。家具设计图要求用比例绘制，要有详尽的三面投影图表示清楚家具图形的外观形状及结构要求，对于在视图中无法表达清楚的地方，需使用局部视图和向视图表示，适当配以文字描述，表述家具所用材料、技术要求及修改记录等（见图3-34）。

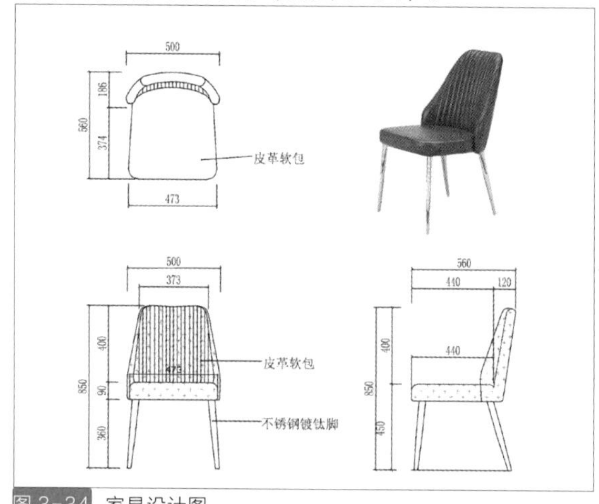

图3-34 家具设计图

3.4.3 家具结构装配图

家具结构装配图是表达家具内外详细结构的图样。在满足设计图所表达的尺寸、形状、结构条件下，详细表达材料、尺寸、功能及零、部件间的装配关系。结构装配图主要用于指导家具产品的装配，要求把各零部件的装配尺寸在图上用完整的尺寸表达出来。

装配图包括一组基本视图、结构的局部详图和某些零件的局部视图。基本视图反映家具的整体状况，一般不少于两个视图，为完整表达内部结构常用剖视图或局部详图。装配图上要标注零、部件间装配所需的尺寸，尤其是影响产品功能的尺寸。装配图应有一个包括所有零、部件在内的明细栏，明细栏在装配图的标题栏上方。零、部件在装配图中要对应明细表中编号，按编号规则标明。装配图上还要注明装配的注意事项等技术要求（见图3-35、图3-36）。

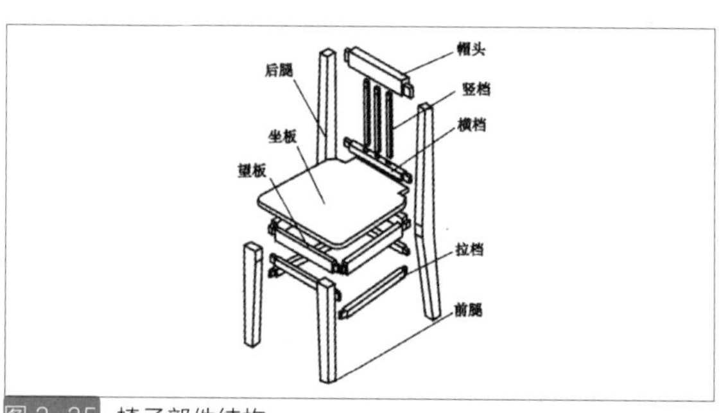

图3-35 椅子部件结构

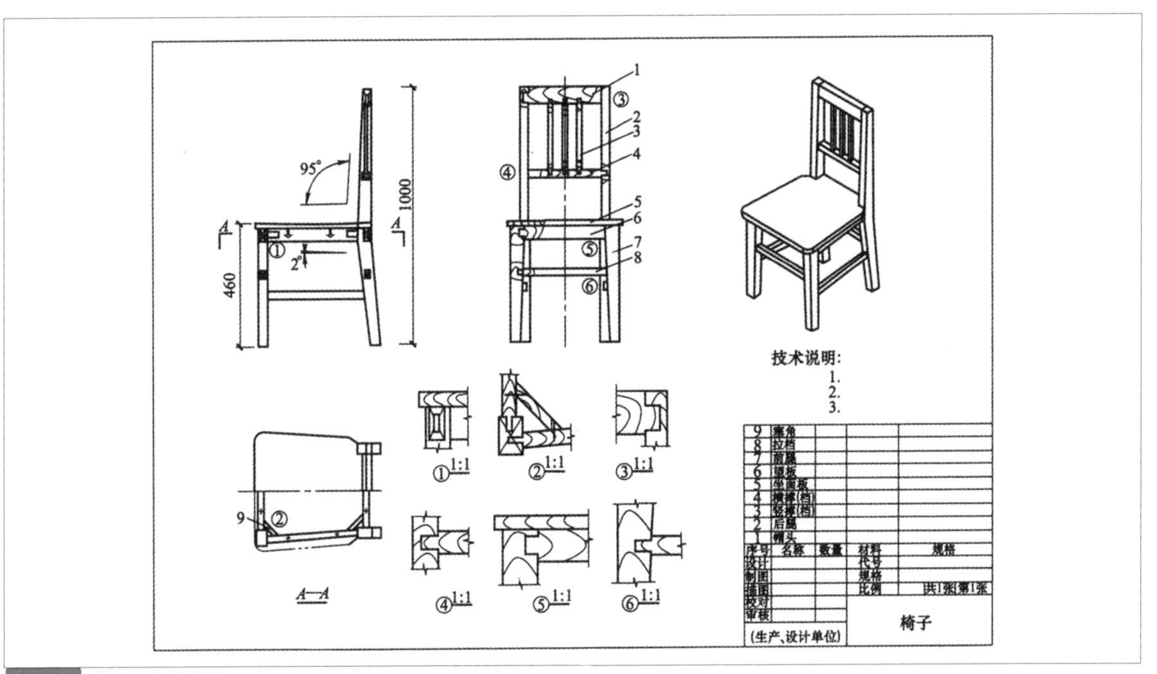

图 3-36 家具结构装配图

3.4.4 家具部件图

家具部件图是表达零、部件装配关系的图样。部件图用来指导部件的加工及装配，图样要有部件加工及装配所必需的尺寸依据及技术要求（见图 3-37）。

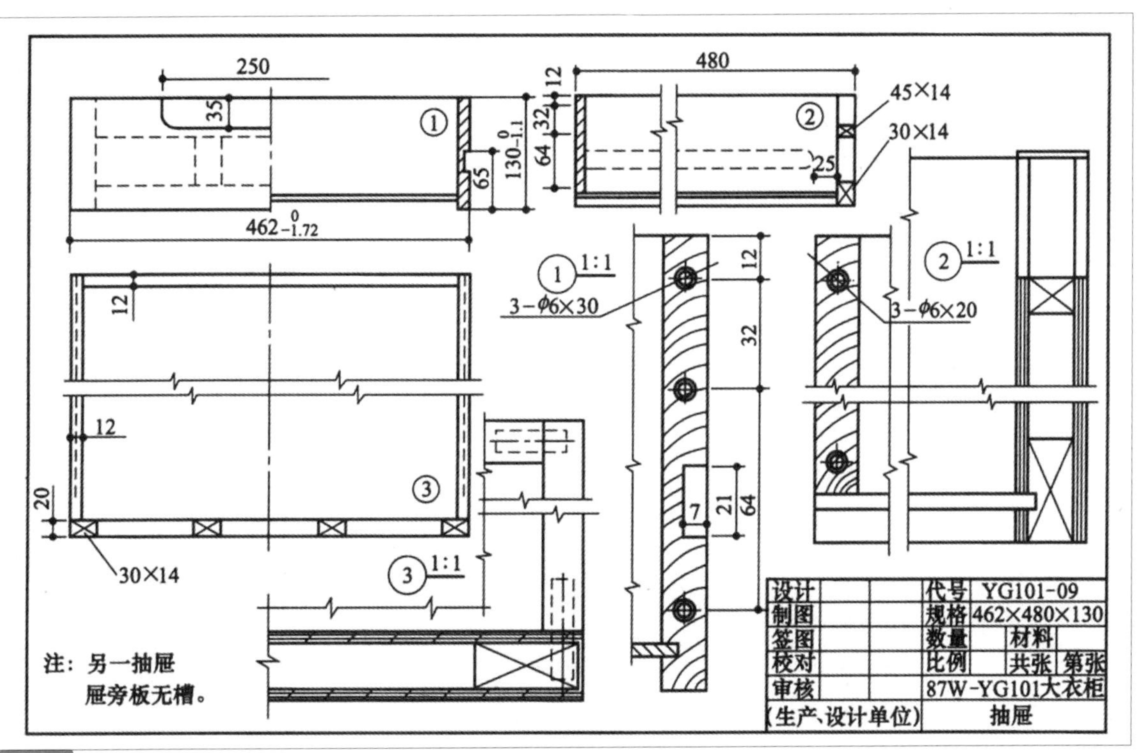

图 3-37 家具部件图

04 轴测图制图与实训

4.1 轴测投影图原理

4.1.1 轴测投影图的基本概念

轴测投影图是一种画法比较简单的立体图，简称轴测图。三面正投影图是用水平投影、正立投影、侧投影三个图形共同反映一个物体的形状，不易看懂。而轴测图则是用一个图形直接表现物体的立体形状，有立体感，容易看懂。

三面正投影图是将物体放在三个相互垂直的投影面之间，用三组分别垂直于各投影面的平行投射线进行投影而得。轴测投影图则是用一组平行投射线将物体连同三个坐标轴一起投在一个新的投影面上得到的。在轴测投影图里，物体三个方向的面都能同时反映出来（见图 4-1）。

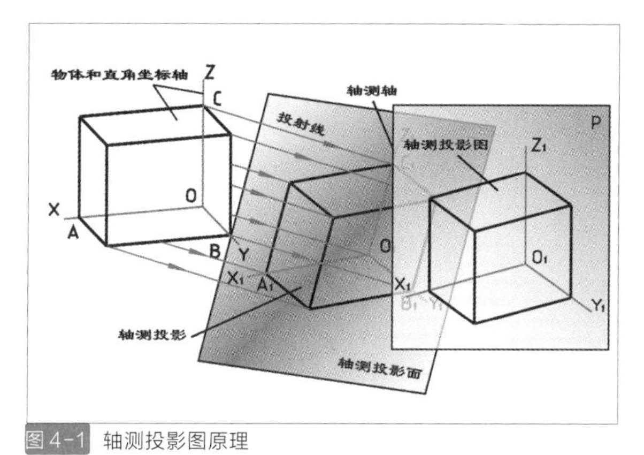

图 4-1 轴测投影图原理

4.1.2 轴测投影图基本术语

轴测轴：OX 轴、OY 轴、OZ 轴。

轴间角：∠XOY、∠XOZ、∠YOZ（见图 4-2）。

轴测：形体的投影所反映的长、宽、高数值是沿轴测轴来测量的。

轴向变形系数：沿轴测轴线段方向的投影长度与其真实长度之比。

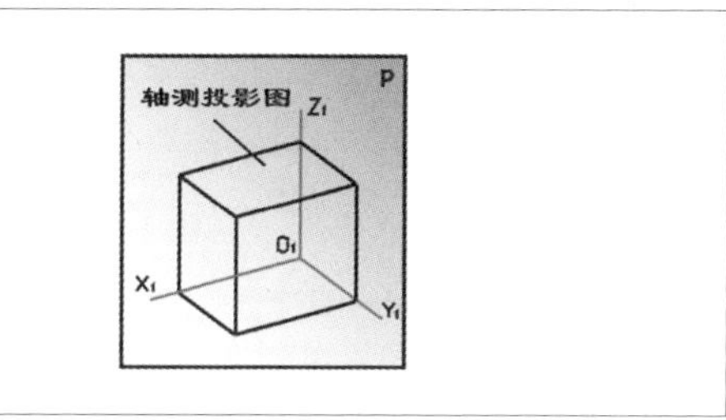

图 4-2 轴测投影图轴间角

4.1.3 轴测投影的特性

（1）直线的轴测投影一般仍为直线，但当空间直线与投射线平行时，其轴测投影为一点。

（2）形体上相互平行的线段，其轴测投影仍然相互平行；直线平行坐标轴，其轴测投影亦平行相应的轴测轴。

（3）互相平行的线段，它们的投影长度与实际长度的比值等于相应的变形系数。

（4）轴测投影面 P 与物体的倾斜角度不同，投射线与轴测投影的倾斜角度不同，可以得到一物体的无数个不同的轴测投影图。

4.2 轴测图分类和画法

4.2.1 轴测投影图分类

轴测投影图属于平行投影，主要分为两类：当投影线垂直投影面，形体倾斜于投影面得到的轴测图称为正轴测。当投影线倾斜投影面，形体平行于投影面得到的轴测投影图称为斜轴测。轴测投影必须沿着轴测轴来测量。

4.2.2 正等轴测图

正等轴测图也称三等正轴测，是作图时常用的一种轴测图。以正立方体为例，投射线方向穿过正立方体的对顶角，并垂直于轴测投影面。正立方体相互垂直的三条棱线，也即三个坐标轴，与轴测投影面的倾斜角度完全相等，所以三个轴的变形系数相等，三个轴间角也均为 120°（见图 4-3、图 4-4）。

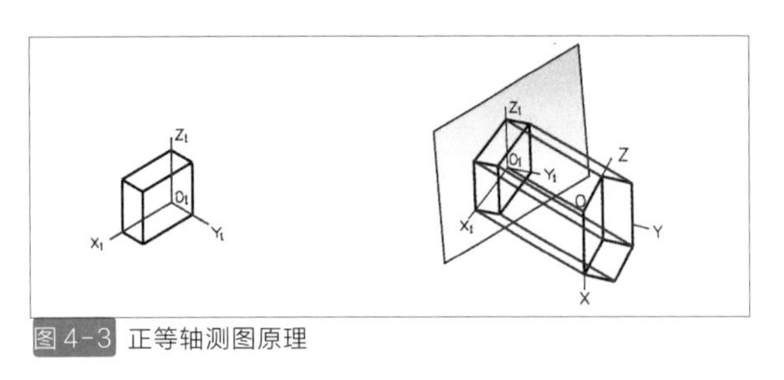

图 4-3 正等轴测图原理

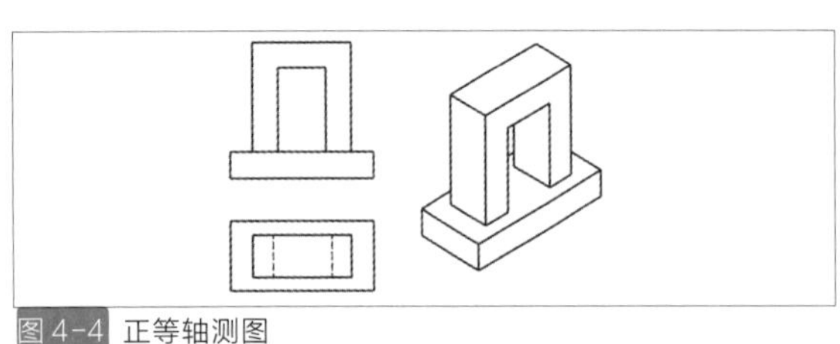

图 4-4 正等轴测图

作图时，其中 X 轴、Y 轴与水平线各成 30°夹角，Z 轴则为铅垂线，三个轴的变形系数都为 0.82。但为了作图简便，正等轴测图变形系数取 1（见图 4-5、图 4-6）。

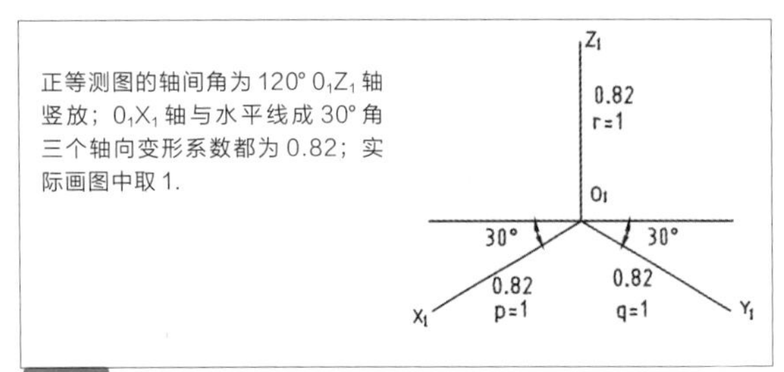

图 4-5 正等轴测图作图方法

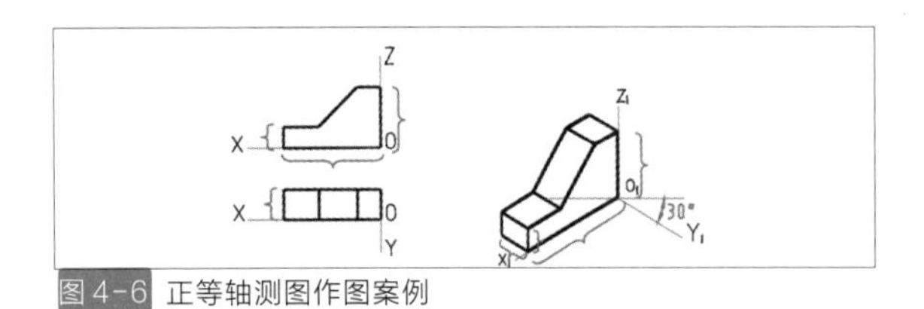

图 4-6 正等轴测图作图案例

4.2.3 正二轴测图

正二轴测图的特点是三个坐标轴中有两个轴与轴测投影面的倾斜角度相等，因此这两个轴的变形系数相等，三个轴间角也有两个相等。

作图时，Z 轴为铅垂线，X 轴与水平线夹角为 7°10′（可用 1 ：8 的比例画出），Y 轴与水平线夹角为 41°25′（可用 7 ：8 的比例画出）。Y 轴的轴向变形系数可简化为 0.5。Z、X 两轴的变形系数取 1（见图 4-7、图 4-8）。

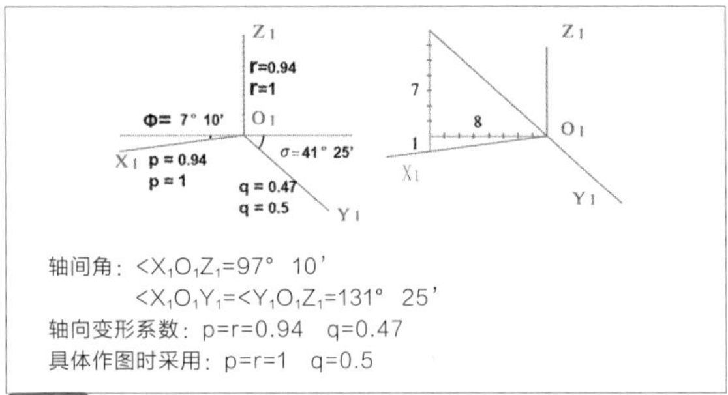

图 4-7 正二轴测图作图方法

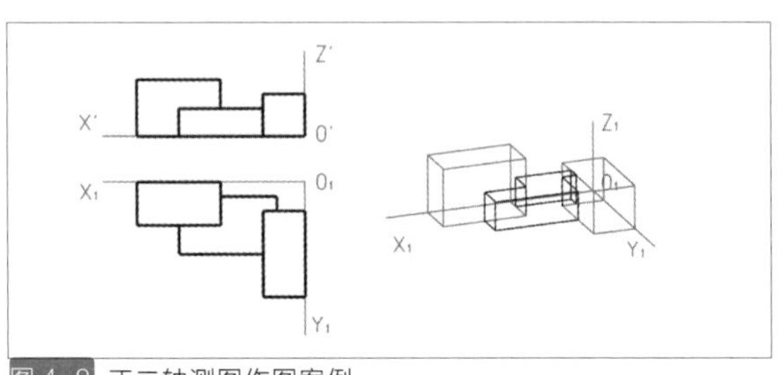

图 4-8 正二轴测图作图案例

4.2.4 斜轴测投影图

在斜轴测中，投射线与轴测投影面斜交，使物体的一个面与轴测投影面平行，这个面在图中反映实形。在正等轴测图中，物体的任何一个面的投影均不能反映其实形。若物体有一个面形状复杂，曲线较多时，画斜轴测相对比较简便。

（1）水平斜轴测图

水平斜轴测的特点是物体的水平面平行于轴测投影面，其投影反映实形。X 轴、Y 轴平行轴测投影面，均不变形，变形系数为 1，它们之间的轴间角为 90°，它们与水平线夹角常用 45°，也可自定义。Z 轴为铅垂线，其变形系数可不考虑，也可定为 3/4、1/3 或 1/2（见图 4-9、图 4-10）。

（2）正面斜轴测图（斜二轴测图）

正面斜轴测（斜二轴测图）的特点是物体的正立面平行于轴测投影面，其投影反映实形，所以 X 轴、Z 两轴平行轴测投影面，均不变形，变形系数为 1，轴间角为 90°，Z 轴为铅垂线，X 轴为水平线。Y 轴为斜线，Y 轴的轴向变形系数可为 0.5（见图 4-11、图 4-12）。

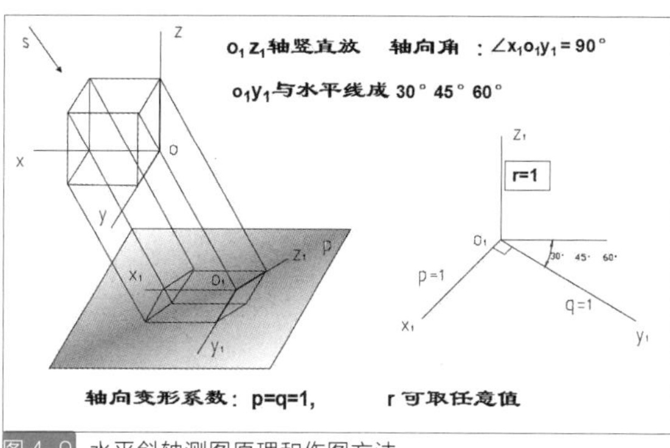

图 4-9 水平斜轴测图原理和作图方法

图 4-10 水平斜轴测图——城市俯瞰图

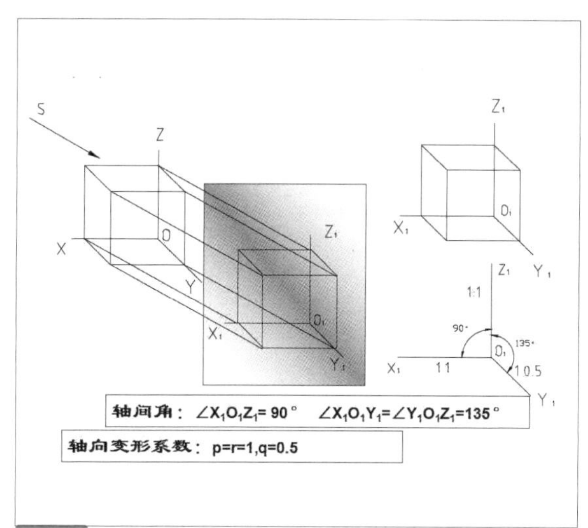

图 4-11 正面斜轴测图原理和作图方法

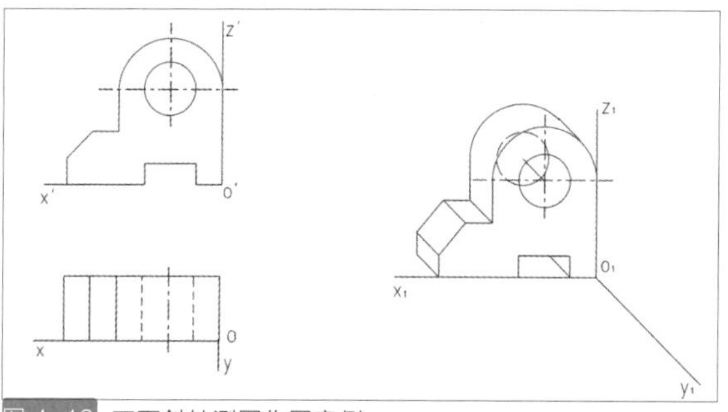
图 4-12 正面斜轴测图作图案例

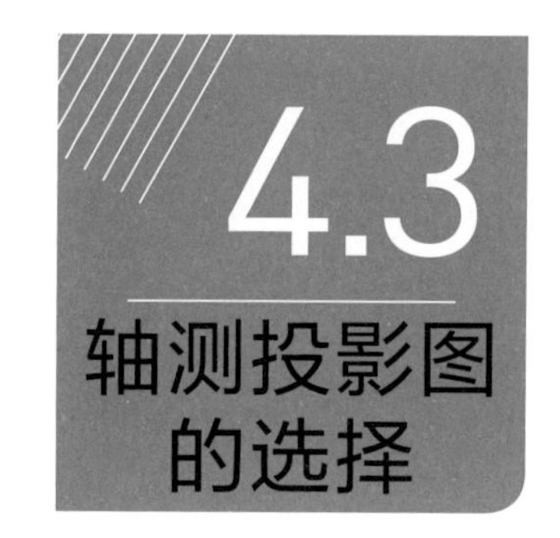

4.3 轴测投影图的选择

4.3.1 轴测投影图的作图步骤

（1）在绘制轴测图之前，首先应了解清楚所画物体的三面正投影图或实物的形状和特点；

（2）选择观看的角度，研究从哪个角度才能把物体表现清楚，可根据不同的需要而选用俯视、仰视、从左看或从右看；

（3）选择合适的轴测轴，确定物体的方位；

（4）选择合适的比例尺，沿轴线并按照比例尺量取物体的尺寸；

（5）根据空间平行线的轴测投影仍平行的规律，作平行线连接起来；

（6）加深图形线，完成轴测图。

4.3.2 轴测投影图的选择

（1）作图简便，曲线多、形状复杂的物体常用斜轴测；方正平直的物体常用正轴测；平面为圆形的零件，用斜轴测的方法容易画图，用正等轴测画图较麻烦。

（2）直观效果好。图形应该富有立体感清晰完整地反映物体的形状和细节（见图 4-13）。

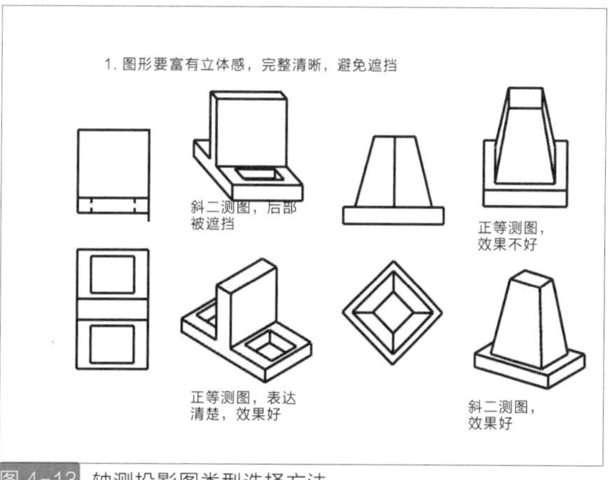

图 4-13 轴测投影图类型选择方法

05

剖面图、断面图制图与实训

对于复杂形体的不可见部分用虚线画出，这样对于内部的形状会造成读图困难。工程制图中常采用剖面图和断面图来表达形体的内部情况。

5.1.1 剖面图的基本概念

假想用一个平面（剖切面）把物体切去一部分，物体被切断的部分称为断面或截面，把断面形状以及剩余的部分用正投影方法画出的图，称为剖面图（见图 5-1、图 5-2）。

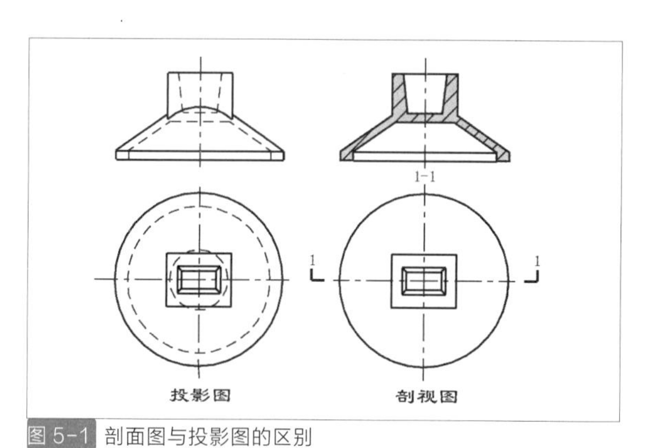

图 5-1 剖面图与投影图的区别

图 5-2 剖面图原理

5.1.2 剖面图的作图方法

画剖面图须用剖切线符号在正投影图中表示出剖切面位置及剖面图的投影方向。断面的轮廓线用粗实线表示，未切到的可见线用细实线表示，不可见线一般不画出。在剖切面位置标明剖切编号和剖切方式。剖视图要书写与剖切符号编号对应的剖视名称（见图 5-3）。

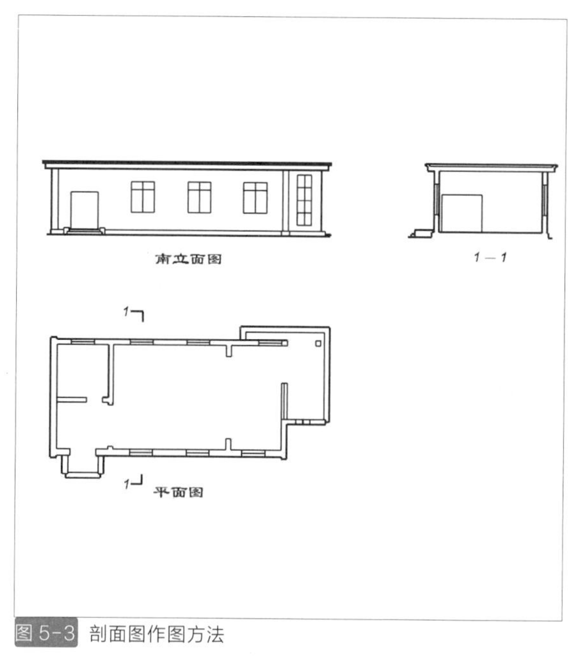

图 5-3 剖面图作图方法

通用剖面线应以适当角度的细实线绘制，最好与主要轮廓线或剖面的对称线成 45°角（见图 5-4）。

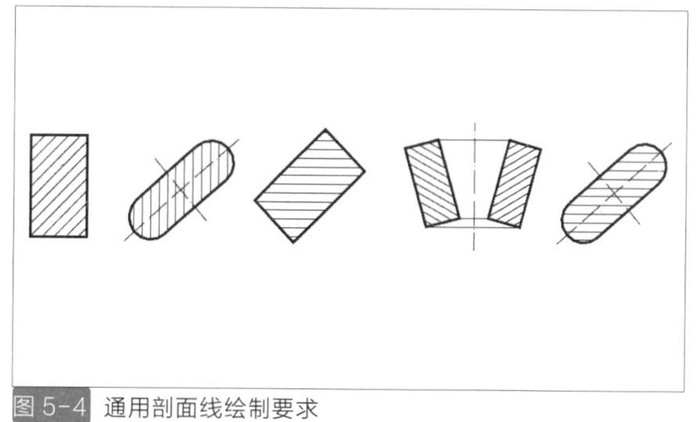

图 5-4 通用剖面线绘制要求

同一形体的各个剖面线画法应一致；相邻形体的剖面线必须以不同的方向或以不同的间隔画出（见图 5-5）。在保证最小间隔要求的前提下，剖面线间隔应按剖面区域的大小选择（见图 5-6）。

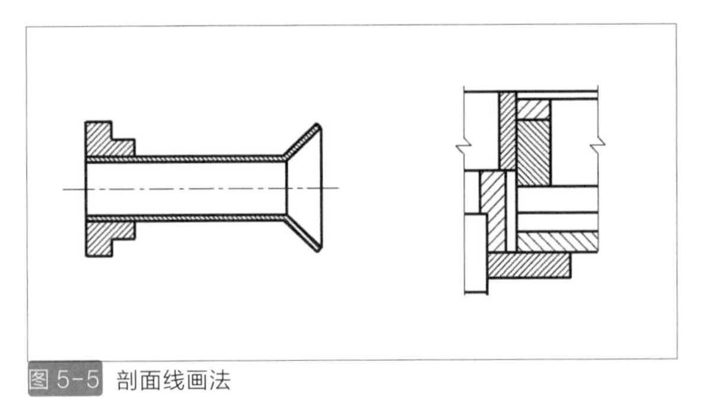

图 5-5 剖面线画法

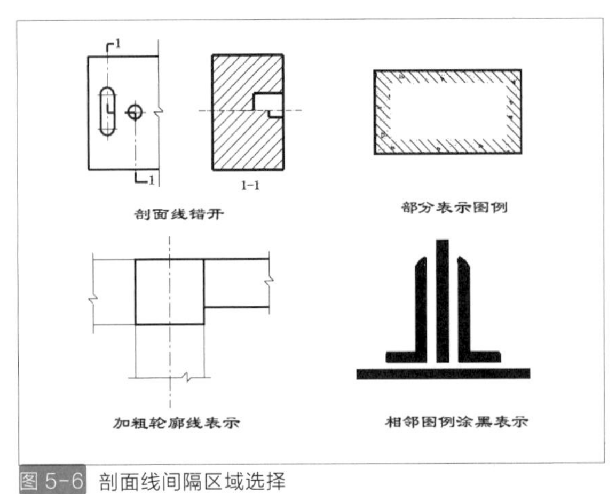

图 5-6 剖面线间隔区域选择

5.1.3 剖面图的种类

（1）全剖面图：假想用一个剖切平面把形体整个剖开后所画出的剖面图（见图 5-7）。

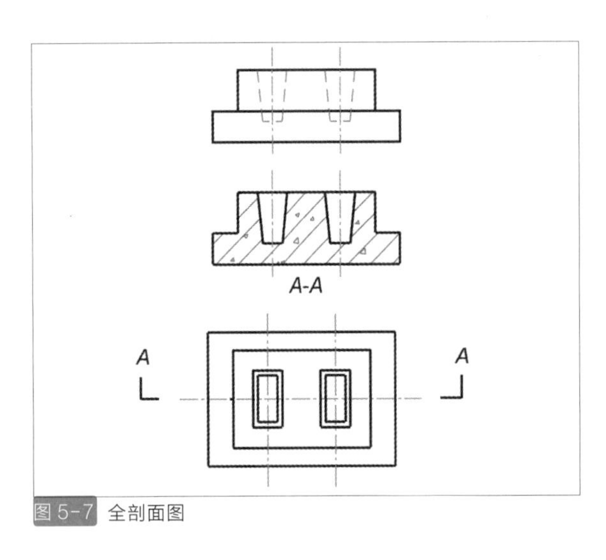

图 5-7 全剖面图

（2）半剖面图：当形体在某个方向的投影是对称图形，而且内、外形都比较复杂时，应采用半剖面图（见图 5-8）。

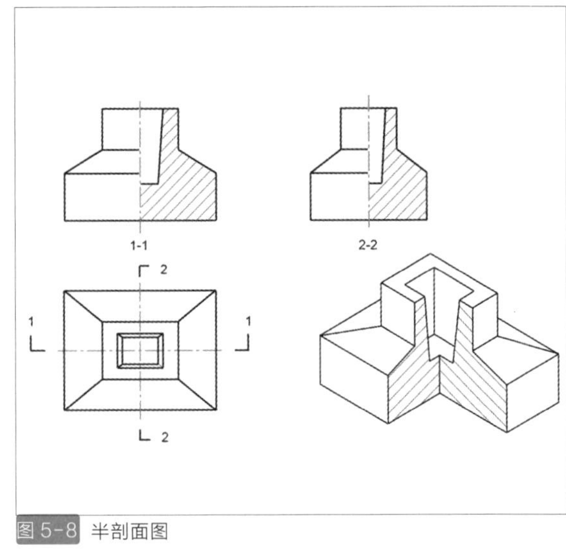

图 5-8 半剖面图

（3）局部剖面图：当仅需表达形体的某局部的内部形状时，可采用局部剖面图。局部剖面图在投影图上用波浪线作为剖到部分与未剖到部分的分界线。波浪线不能超出图形轮廓线，在空洞处要断开（见图 5-9）。

（4）阶梯剖面图：当形体上有较多的孔、槽，且不在同一层次上时，可用两个或两个以上平行的剖切平面通过各种孔、槽轴线把形体剖开（见图 5-10）。

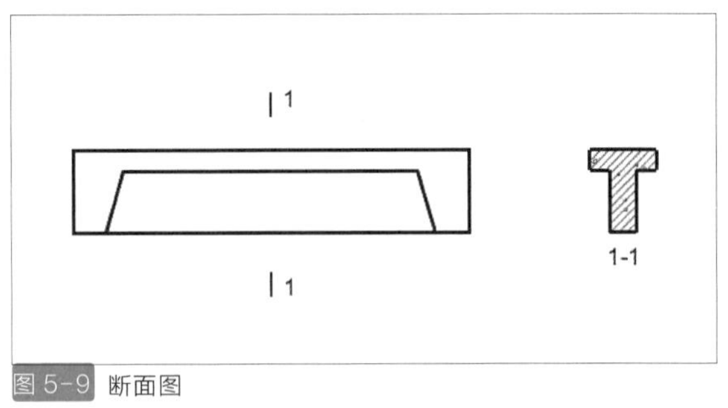

图 5-9 断面图

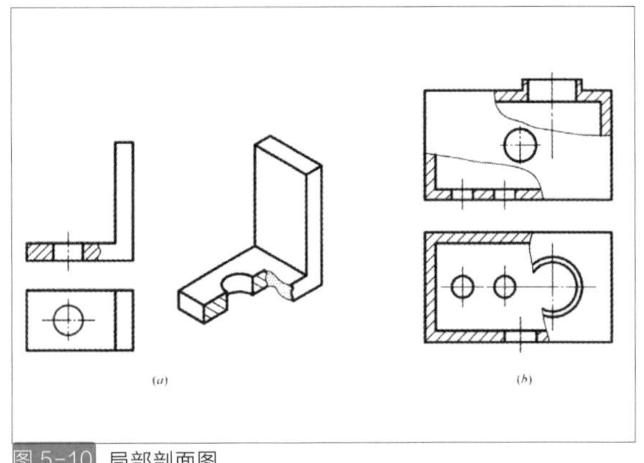

图 5-10 局部剖面图

5.2 断面图

5.2.1 断面图的基本概念

假想用一个剖切平面剖切形体，只画出剖切面与形体相交部分的图形，称为断面图（见图 5-11）。

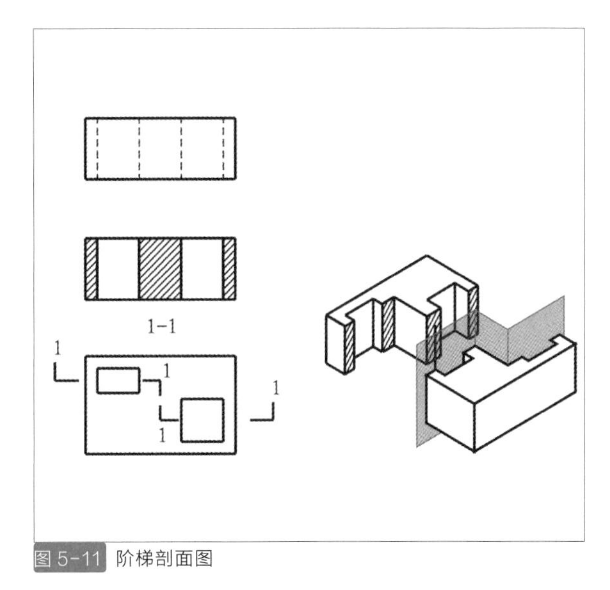

图 5-11 阶梯剖面图

5.2.2 断面图的表示方法

（1）断面图轮廓用粗实线表示，图形上画 45°图例线。断面图可以位于投影图之外，可放大比例表示断面细节（见图 5-12）。

（2）不标注断面符号与编号时的方法（见图 5-13）。

（3）重叠在投影图之内的断面图（见图 5-14）。

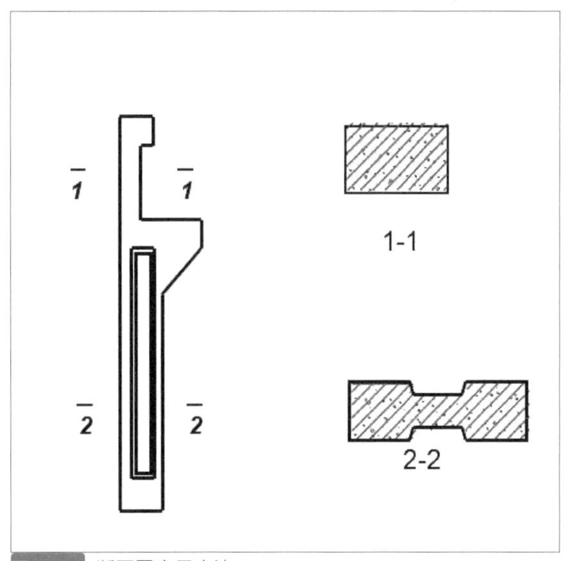

图 5-12 断面图表示方法

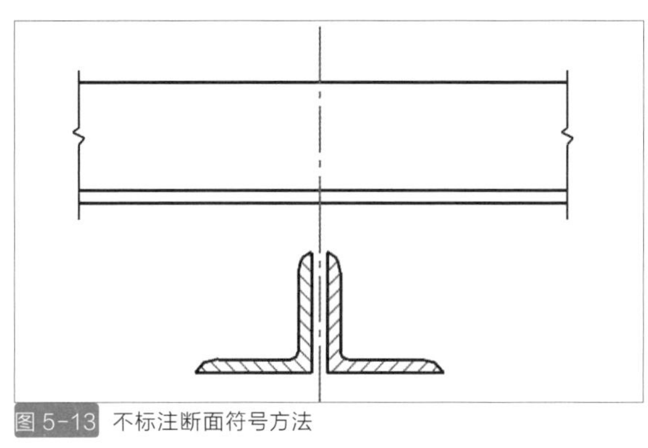

图 5-13 不标注断面符号方法

断面不对称

断面对称

梁、板结构重合断面图

图 5-14 重合断面表示方法

建筑施工图基础图纸

建筑施工图是环境设计各类图纸的基础，施工图是设计单位的“技术产品”，是设计意图最直接的表达，是指导工程施工的必要依据。施工图对工程项目完成后的质量与效果负有相应的技术与法律责任，施工图设计文件在工程施工过程中起着主导作用。

为了保证图纸质量、提高绘图效率和便于阅读，房屋建筑图纸严格按照 2018 年颁布的《房屋建筑制图统一标准》，编号为 GB/T50001-2017 的国家标准实施，简称“国标”。相关内容在第一章可以详阅，并进行熟记。

6.1 建筑施工图基础知识

房屋建筑图是表示一栋房屋的内部和外部形状的图纸，有平面图、立面图、剖面图等。这图纸都是运用正投影原理绘制的。

施工图是设计单位的“技术产品”，是设计意图最直接的表达，是指导工程施工的必要依据。施工图对工程项目完成后的质量与效果负有相应的技术与法律责任，施工图设计文件在工程施工过程中起着主导作用。

为了保证图纸质量、提高绘图效率和便于阅读，房屋建筑图纸严格按照《房屋建筑制图统一标准》，编号为 GB/T50001-2017 的国家标准实施，简称“国标”。

6.1.1 建筑的组成及作用

建筑的第一层为底层（或称一层，或首层），向上是二层、三层……顶层。

建筑是由许多构件、配件以及装修构造组成的。这些组成部分中，有些起着直接或间接地支撑房屋本身重量的作用，如屋面、楼板、梁、墙、基础等；有些起着防止风、沙、雨、雪和阳光的侵蚀或干扰的作用，如屋面和外墙等；有些起着沟通房屋内外或上下交通的作用，如门、走廊、楼梯、台阶等；有些起着通风、采光的作用，如窗；有些起着排水的作用；有些起着保护墙身的作用（见图 6-1）。

基础部分位于墙或柱的最下方，与土层直接接触，起支撑建筑物体的作用，并把建筑物的全部负荷传给地基。基础的大小取决于荷载的大小、土壤的性能、材料性质和承载方式；墙和柱是建筑物的竖向承重及围护构件，承受楼板、屋面板、梁等传来的荷载；楼梯是建筑的垂直交通工具，供人们上下楼层和紧急疏散之用；楼板和梁是建筑空间水平承重的分隔构件，将其负荷传到墙或柱子上；窗主要起采光和通风作用，门窗是影响建筑立面和室内装饰效果的重要构件；屋顶是建筑物顶部构件，其形式有坡屋顶、平屋顶等。屋顶由屋面和屋架组成；女儿墙是外墙伸出屋面向上砌筑的矮墙。

6.1.2 建筑工程设计文件编制深度规范

为了加强对建筑工程设计文件编制工作的管理，保证各阶段设计文件的质量和完整性，民用建筑工程设计图纸须按照《建筑工程设计文件编制深度规定》的要求进行执行（见图 6-2、图 6-3）。

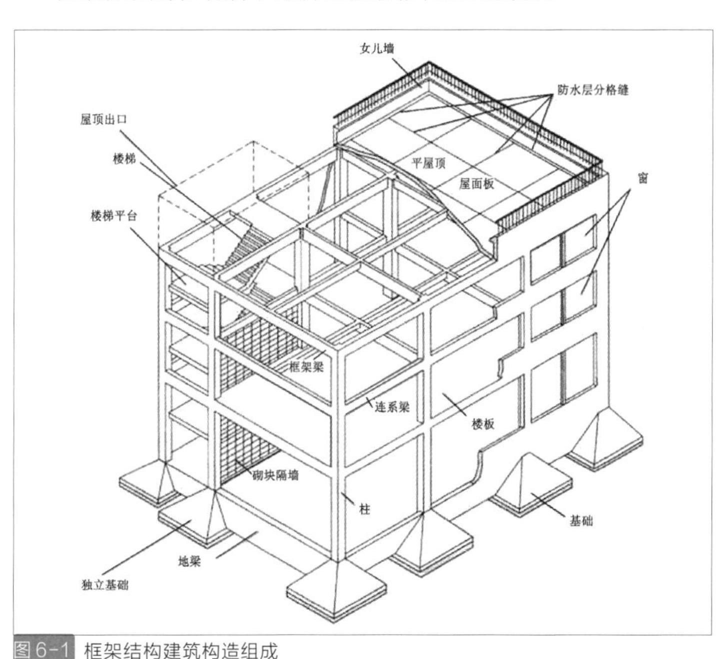

图 6-1 框架结构建筑构造组成

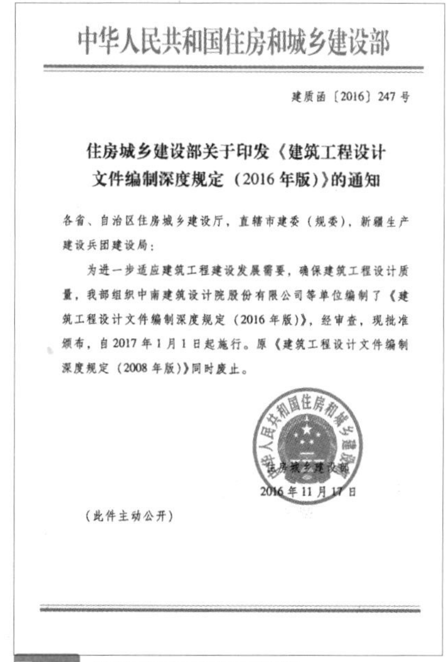

中华人民共和国住房和城乡建设部

建质函〔2016〕247 号

住房城乡建设部关于印发《建筑工程设计文件编制深度规定（2016 年版）》的通知

各省、自治区住房城乡建设厅，直辖市建委（规委），新疆生产建设兵团建设局：

为进一步适应建筑工程建设发展需要，确保建筑工程设计质量，我部组织中南建筑设计院股份有限公司等单位编制了《建筑工程设计文件编制深度规定（2016 年版）》，经审查，现批准颁布，自 2017 年 1 月 1 日起施行。原《建筑工程设计文件编制深度规定（2008 年版）》同时废止。

中华人民共和国住房和城乡建设部

2016 年 11 月 17 日

（此件主动公开）

图 6-2 住房和城乡建设部通知

图 6-3 《建筑工程设计文件编制深度规定》封面

民用建筑工程一般应分为方案设计、初步设计和施工图设计三个阶段。对于技术要求相对简单的民用建筑工程，当有关主管部门在初步设计阶段没有审查要求，且合同中没有做初步设计的约定时，可在方案设计审批后直接进入施工图设计。

方案设计文件：应满足编制初步设计文件的需要，满足方案审批或报批的需要；

初步设计文件：应满足编制施工图设计文件的需要，满足初步设计审批的需要；

施工图设计文件：应满足编制施工组织计划及预算、设备材料采购、非标准设备制作和施工的需要，能据以工程验收和竣工核算。

6.1.3 施工图的分类

施工图由于专业分工的不同，可分为建筑施工图、结构施工图和设备施工图。

建筑施工图（简称建施），主要表示建筑物的总体布局、外部造型、内部布置、细部构造、装饰装修和施工要求等。包括总平面图、建筑平面图、建筑立面图、建筑剖面图、建筑详图等。

结构施工图（简称结施），主要表示房屋的结构设计内容，如房屋承重构件的布置、构件的形状、大小、材料等。主要包括结构平面布置图、构件详图等。

设备施工图（简称设施），包括给排水、采暖通风、电气照明等各种施工图，其内容有各工种的平面布置图、系统图等。

6.1.4 图纸使用比例

一套施工图既要说明建筑物的总体布置，又要说明一栋建筑物的全貌，还要把若干局部或构件的尺寸与构造做法交代清楚。由于全部使用一种比例尺不能满足各种图的要求，所以必须根据图纸的内容选择恰当的比例尺。

一般在一个图形中只采用一种比例尺。但在结构图中，有时允许在一个图形上使用两种比例尺。例如在构件图中，为了清楚地表示预制钢筋混凝土梁的钢筋布置情况，在长度方向和高度方向上可以使用两种比例尺，施工时以所注尺寸为准。

6.1.5 建筑制图的标高

建筑制图的标高分绝对标高和相对标高两种。

绝对标高：我国把青岛附近的黄海的平均海平面定为绝对标高的零点，其他各地标高都以它为基准。

相对标高：一栋建筑的施工图需注明许多标高，如果都用绝对标高，数字会很多。所以一般都用相对标高，即把室内首层地面高度定为相对标高的零点，写作“±0.000”。高于它的为正，但一般不注“+”符号，低于它的为负，必须注明符号“—”。一般在总平面图中说明相对标高与绝对标高的关系，例如 ±0.000 = 43.520，即室内地面 ±0.000 相当于绝对标高 43.520 米。这样就可以根据当地水准点（绝对标高）测定首层地面标高。

在建筑工程中，除了总平面图外，一般采用相对标高。

6.1.6 施工图的编排顺序

施工图一般编排顺序是：图纸目录、设计总说明、建筑施工图、结构施工图、设备施工图等。各专业的施工图应该按照图纸内容的主次关系系统地排列。做到基础图在前，详图在后；全局图在前，局部图在后；布置图在前，构件图在后；先施工的图在前，后施工的图在后等。

6.1.7 建筑专业部件文件图名的英文简称

类型	序号	名称	英文简称	英文名称
总体	1	图纸目录	LIST	LIST
	2	说明	INFO	LNFOrmation
	3	材料	MATA	MATerial TAble
	4	分区	ZONE	ZONE
	5	防火分区	FIRE	FIREproof
	6	图框	FRAM	FRAMe
应参照图元	7	柱墙（承重结构）	COLU	COLUmn wall
	8	轴线	AXIS	AXIS
	9	洞口	HOLE	HOLE
详图	14	核心筒	COLU	COLUmn wall
	15	楼梯	STAI	STAIrcase
	16	电梯	LIFT	LIFT
	17	扶梯	ESCA	ESCALator
	18	自动步道	AUWA	AUtomaic WAkway
	19	坡道	RAMP	RAMP
	20	卫生间	TOIL	TOILet
	21	厨房	KITC	KITChen
	22	墙身	WALL	WALL
	23	节点	CWAL	CWALaiL
	24	门窗	DOOR	DOOR & window
	25	幕墙	CWAL	Curtain WAL
	26	机房	MACH	MACHine room
总体	27	管线综合	PIPE	PIPEling
	28	装修	DECO	DECOration
	29	吊顶	CEIL	CEILing
	30	内装修	INTE	INTErior design
总体	31	模数	MODU	MODUlus
	32	网格	GRID	GRID
	33	人防	AIRS	civil AIRS Defence basement

表 6-1 建筑专业部件文件图名代码列表

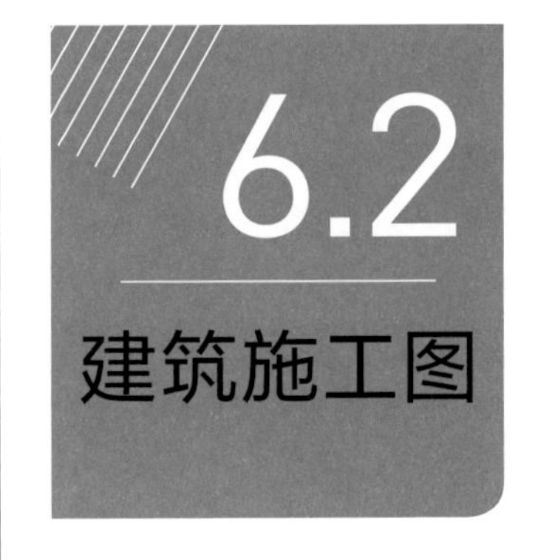

6.2.1 设计说明

设计说明是对图样上未能详细表明的材料、做法、具体要求及其他有关情况所作出的具体的文字说明。

主要有设计依据、设计要求及主要技术经济指标；贯彻的国家政策和法规；政府有关主管部门批准的批文、可行性研究报告、立项书、方案文件或名称；工程所在地区的气象、地理条件、建设场地的工程地质条件；公共设施和交通运输条件；规划、用地、环保、卫生、绿化、消防、人防、抗震等要求和依据资料；建设单位提供的规模和设计范围；工程建设的规模和设计范围，项目组成；工程分期建设的情况等。

6.2.2 建筑总平面图

建筑总平面图是表明一个工程的总体布局，主要表示原有和新建房屋的位置、标高、道路布置、构筑物、地形、地貌等，作为新建房屋定位、施工放线、施工以及施工总平面布局的依据（见图 6-4、图 6-5、图 6-6）。

（1）基本内容

表明新建区的总体布局：如用地范围、各建筑物及构筑物的位置、道路、管网的布置等。确定建筑物的平面位置：一般根据原有房屋或道路定位。修建成片住宅、较大的公共建筑物，工厂或地形较复杂时，用坐标确定房屋及道路转折点的位置。

表明建筑物首层地面的绝对标高，室外地坪、道路的绝对标高；说明土方填挖情况、地面坡度及雨水排除方向。用指北针表示房屋的朝向。有时用风向玫瑰图表示常年风向频率和风速。根据工程的需要，有时还需创作有水、暖、电等管线的总平面图、竖向设计图、道路纵横剖面图以及绿化布置图等。

（2）看图要点

了解工程性质、图纸比例尺，阅读文字说明，熟悉图例；了解建设地段的地形，查看基地范围、建筑物的布置、四周环境、道路布置。当地形复杂时，要了解地形概貌；了解各新建房屋的室内外高差、道路标高、坡度以及地面排水情况；查看房屋与管线走向的关系，管线引入建筑物的具体位置，查找定位依据。

（3）新建建筑物的定位

新建建筑物的具体位置是根据已有的建筑或道路来定位，以米为单位标出定位尺寸。通过坐标定位来保证在复杂地形中放线准确，总平面图中常用坐标表示建筑物、道路、管线的位置。常用的表示方法有：

测量坐标定位法：在地形图上绘制的方格网叫测量坐标方格网，与地形图采用同一比例，方格网的边长一般以100米×100米或50米×50米为一个方格，纵坐标为X，横坐标为Y。一般建筑物定位应注明两个对应的墙角的坐标，如果建筑物的方位为正南正北方向，又是矩形，则可只注明一个角的坐标。放线时根据现场已有导线点的坐标，用仪器导测出新建房屋的坐标。

建筑坐标定位法：建筑坐标方格网是将建设地区的某一点定为“0”，水平方向为B轴，垂直方向为A轴，进行分格。方格的大小一般采用100米×100米或50米×50米，比例与地形图相同。用建筑物墙角与基准“0”点的距离确定其位置。放线时可以从“0”点导测各点的位置。

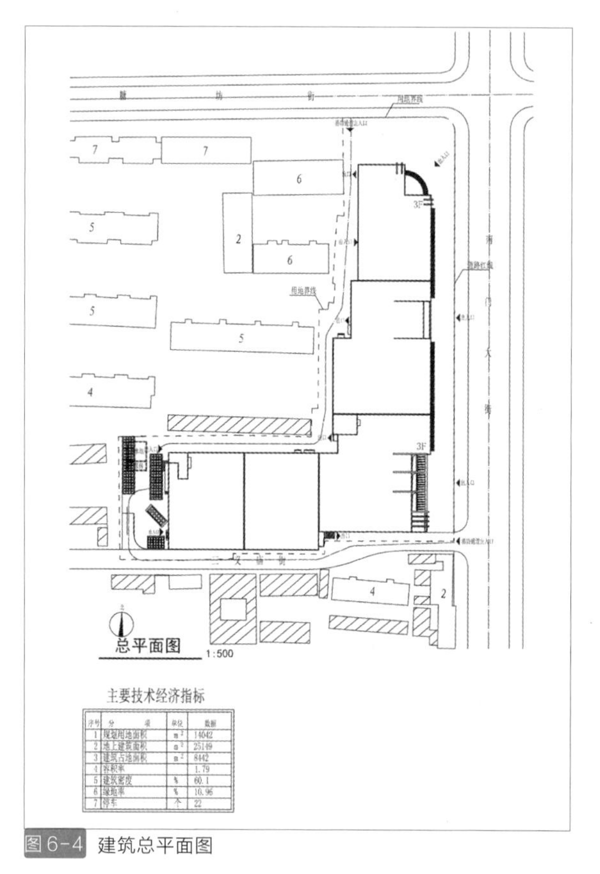

序号	分项	单位	数据
1	规划用地面积	m²	14042
2	地上建筑面积	m²	25149
3	建筑占地面积	m²	8442
4	容积率		1.79
5	建筑密度	%	60.1
6	绿地率	%	10.96
7	停车	个	22

图6-4 建筑总平面图

图6-5 建筑坐标定位图

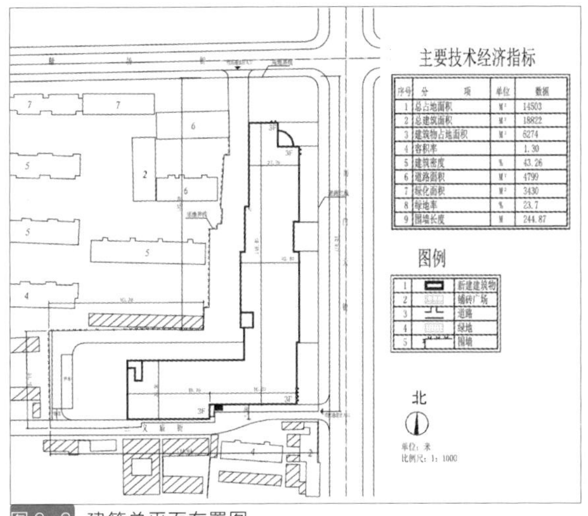

图6-6 建筑总平面布置图

6.2.3 建筑平面图

房屋建筑的平面图就是一栋房屋的水平剖视图。假想用一水平面把一栋房屋的窗台以上部分切掉，切面以下部分的水平投影图就叫作平面图（见图6-7）。

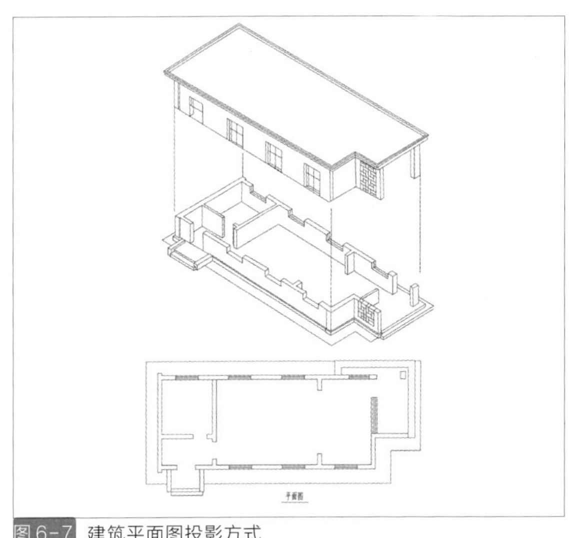

图6-7 建筑平面图投影方式

平面图主要表示房屋占地的大小，内部的分隔，房间的大小，台阶、楼梯、门窗等局部的位置和大小，墙的厚度等。一般施工放线、砌墙、安装门窗等都要用到平面图（见图6-8、图6-9、图6-10、图6-11）。

平面图有许多种，如总平面图、基础平面图、楼板平面图、屋顶平面图、天花平面图等。

一栋多层的楼房若每层布置各不相同，则每层都应画上平面图。如果其中有几个楼层的平面布置相同，可以只画一个标准层的平面图。

建筑平面主要内容如下：

（1）标明建筑物形状、内部的布置及朝向

包括建筑物的平面形状，各种房间的布置及相互关系，出入口、走道、楼梯的位置等。一般平面图中均注明房间的名称或编号。首层平面图还标注指北针，表明建筑物的朝向。

（2）标明建筑物的尺寸

在建筑平面图中，用轴线和尺寸线表示各部分的长、宽尺寸和准确位置。外墙尺寸一般分三道标注：最外面一道总长尺寸，表明了建筑物的总长度和总宽度，中间一道轴线尺寸，表明开间和进深的尺寸，最里面一道表示门、窗、洞口、墙垛、墙厚等详细尺寸。内墙须注明与轴线的关系、墙厚、门、窗、洞口尺寸等。此外，首层平面图上还要表明室外台阶、散水等尺寸。各层平面图还应表明墙上留洞的位置、大小、洞底标高等。

（3）标明建筑材料

标明建筑物的结构形式及主要建筑材料，如砖墙承重，框架结构，钢筋混凝土柱子承重等。

（4）标明各层的地面标高

首层室内地面标高一般定为 ±0.000，并注明室外地坪标高，其余各层均注地面标高。有坡度要求的房间内还应注明地面的坡度。

（5）标明门窗及其过梁的编号、门的开启

窗户图例上方需要标注标准窗的编号，窗户虚线表示高窗；门图例上方标注标准门的编号。此外列出全部门窗表，说明和对应各种门、窗的编号，高、宽尺寸等。门还要标明门的开启方向，注明门窗的过梁编号等。

（6）标明剖面图、详图和标准配件的位置及其编号

标明剖切线的位置和剖切线，说明在此位置有一个剖面图；标明局部详图的编号及位置；标明所采用的标准构件、配件的编号。

（7）其他

综合反映其他各工种（工艺、水、暖、电）对土建的要求，各工种要求的坑、台、水池、地沟、电闸箱、消火栓、雨水管等及其在墙或楼板上的预留洞，应在图中标明其位置及尺寸。

标明室内装饰做法。包括室内地面、墙面及顶棚等处的材料及做法。一般简单的装修，在平面图内直接用文字注明；较复杂的工程则另列房间明细表和材料做法表，或另画建筑装修图。

文字说明主要是平面图中不易表明的内容，如施工要求、砖及灰浆的标号等需用文字说明。

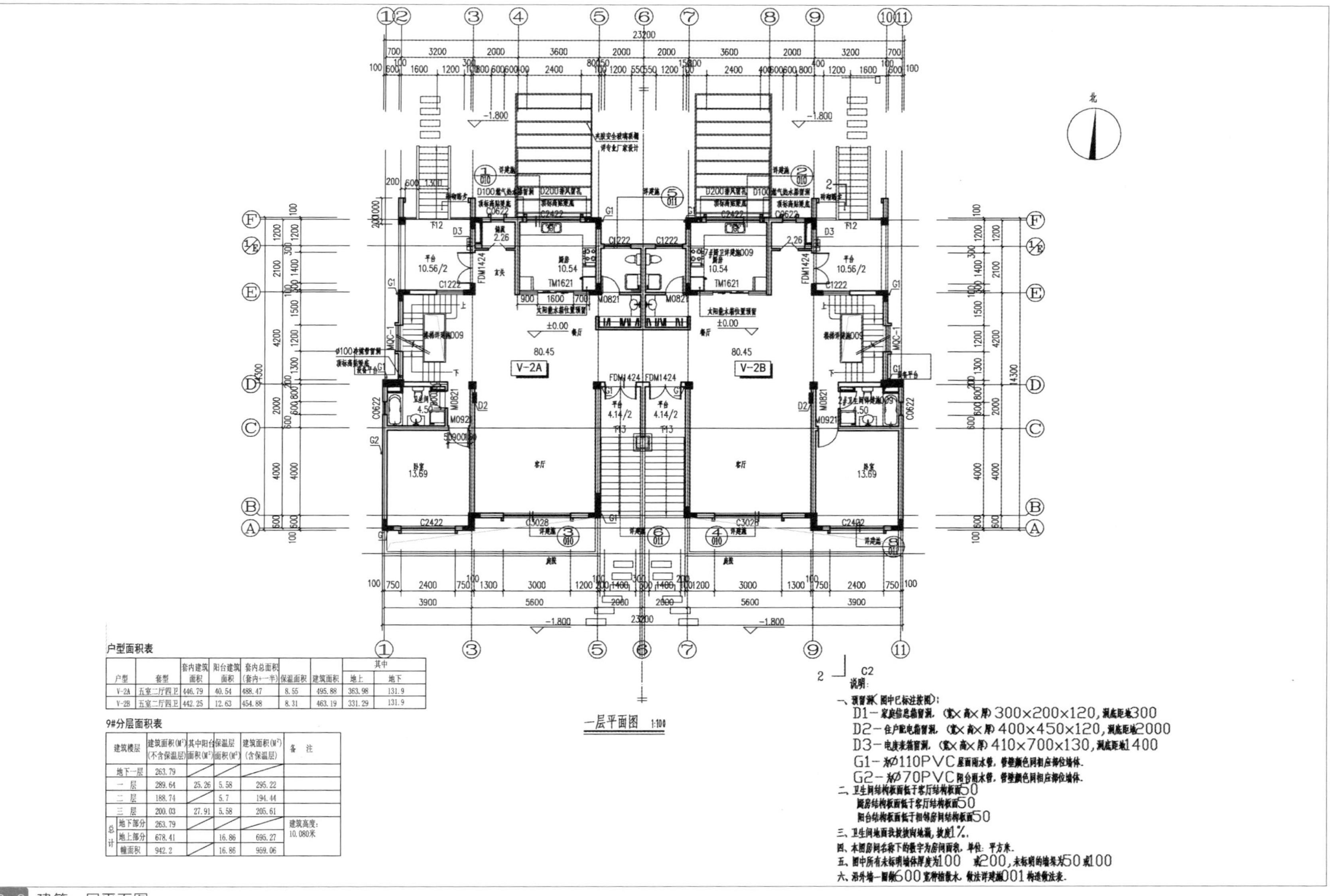

户型面积表

户型	套型	套内建筑面积	阳台建筑面积	套内总面积（套内+一半）	保温面积	建筑面积	其中	
							地上	地下
V-2A	五室二厅四卫	446.79	40.54	488.47	8.55	495.88	363.98	131.9
V-2B	五室二厅四卫	442.25	12.63	454.88	8.31	463.19	331.29	131.9

9#分层面积表

建筑楼层		建筑面积（M²）（不含保温层）	其中阳台面积（M²）	保温层面积（M²）	建筑面积（M²）（含保温层）	备注
地下一层		263.79				
一层		289.64	25.26	5.58	295.22	
二层		188.74		5.7	194.44	
三层		200.03	27.91	5.58	205.61	
总计	地下部分	263.79				建筑高度：10.080米
	地上部分	678.41		16.86	695.27	
	幢面积	942.2		16.86	959.06	

说明：

一、预留洞（图中已标注按图）：

D1—家庭信息箱留洞，（宽×高×厚）300×200×120，洞底距地300

D2—住户配电箱留洞，（宽×高×厚）400×450×120，洞底距地2000

D3—电度表箱留洞，（宽×高×厚）410×700×130，洞底距地1400

G1—为Ø110PVC屋面雨水管，管壁颜色同相应部位墙体。

G2—为Ø70PVC阳台雨水管，管壁颜色同相应部位墙体。

二、卫生间结构板面低于客厅结构板面50

厨房结构板面低于客厅结构板面50

阳台结构板面低于相邻房间结构板面50

三、卫生间地面找坡坡向地漏，坡度1%。

四、本图房间名称下的数字为房间面积，单位：平方米。

五、图中所有未标明墙体厚度为100或200，未标明的墙垛为50或100

六、沿外墙一圈做600宽种植散水，做法详建施001构造做法表。

图 6-8 建筑一层平面图

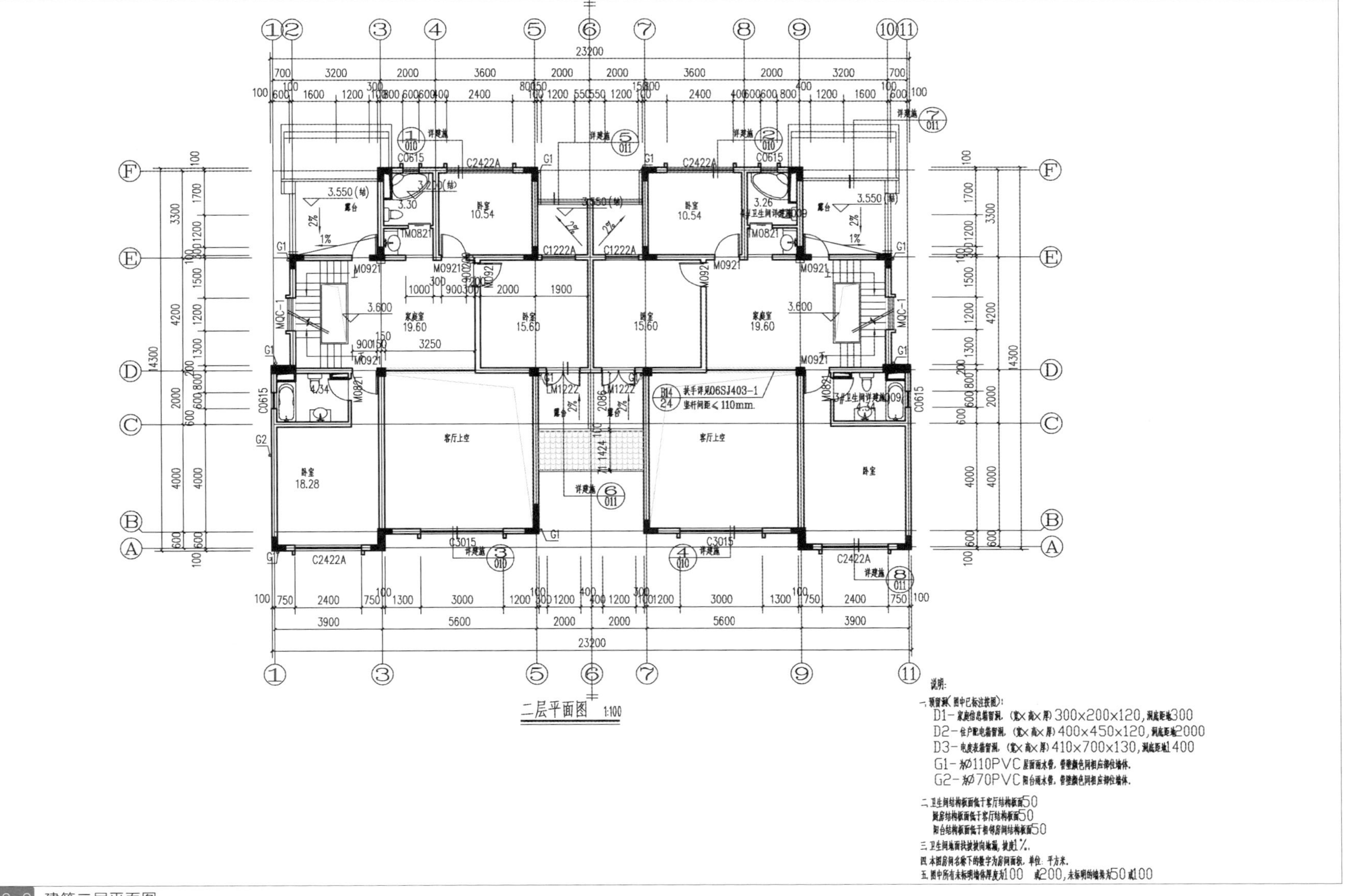
二层平面图 1:100
卧室 18.28
卧室 10.54
卧室 15.60
家庭室 19.60
客厅上空
露台
卧室
3.550(结)
扶手详见06SJ403-1
竖杆间距≤110mm.
MQC-1
C2422A
C3015
C0615
C1222A
M0921
M0821
LM1222
G1
G2
23200
14300
说明:
一、预留洞(图中已标注按图):
D1－家庭信息箱留洞,(宽×高×厚)300×200×120,洞底距地300
D2－住户配电箱留洞,(宽×高×厚)400×450×120,洞底距地2000
D3－电度表箱留洞,(宽×高×厚)410×700×130,洞底距地1400
G1－为Ø110PVC屋面雨水管,管壁颜色同相应部位墙体.
G2－为Ø70PVC阳台雨水管,管壁颜色同相应部位墙体.
二、卫生间结构板面低于客厅结构板面50
厨房结构板面低于客厅结构板面50
阳台结构板面低于相邻房间结构板面50
三、卫生间地面找坡坡向地漏,坡度1%.
四、本图房间名称下的数字为房间面积,单位:平方米.
五、图中所有未标明墙体厚度为100 或200,未标明的墙垛为50 或100

图 6-9 建筑二层平面图

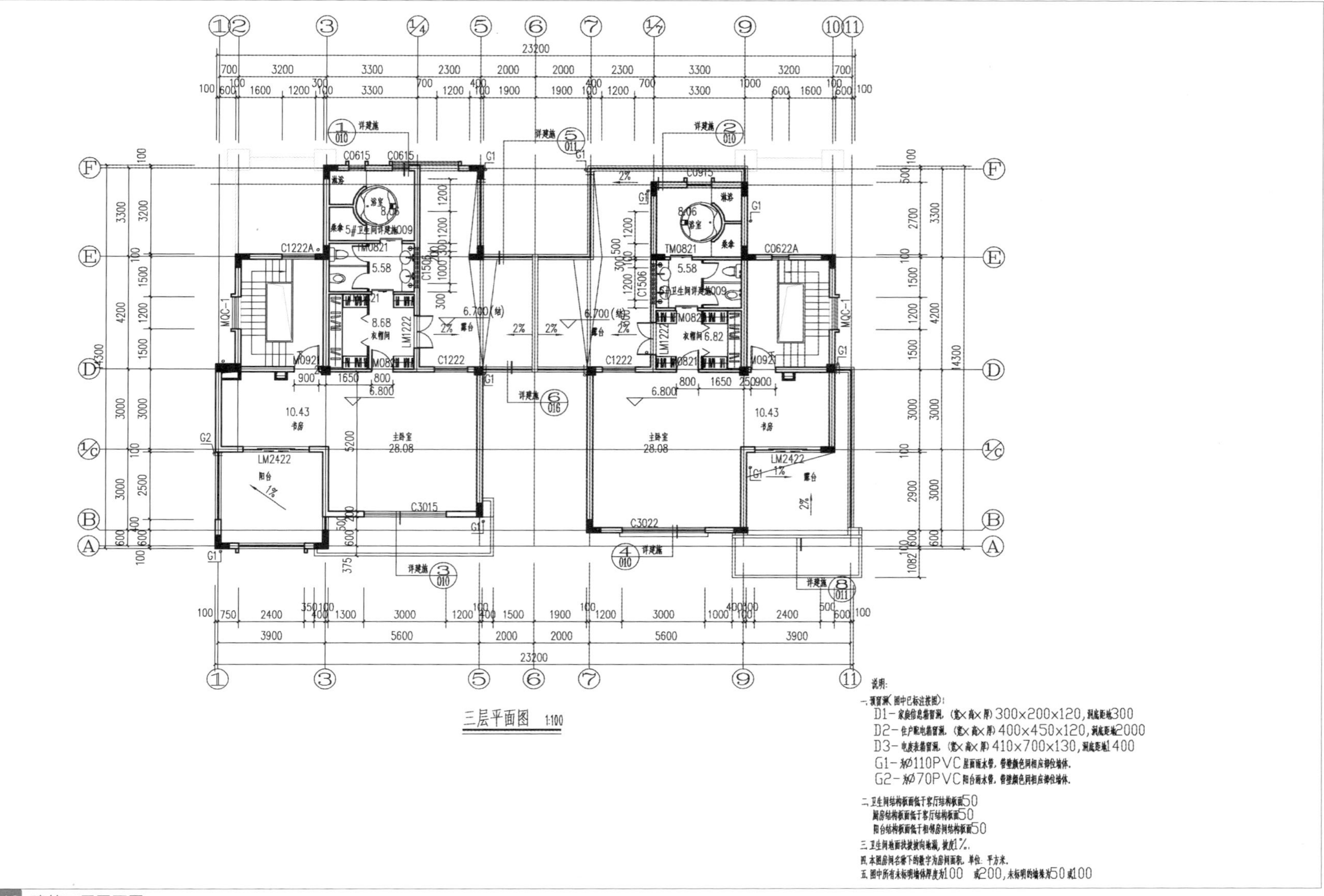

图 6-10 建筑三层平面图

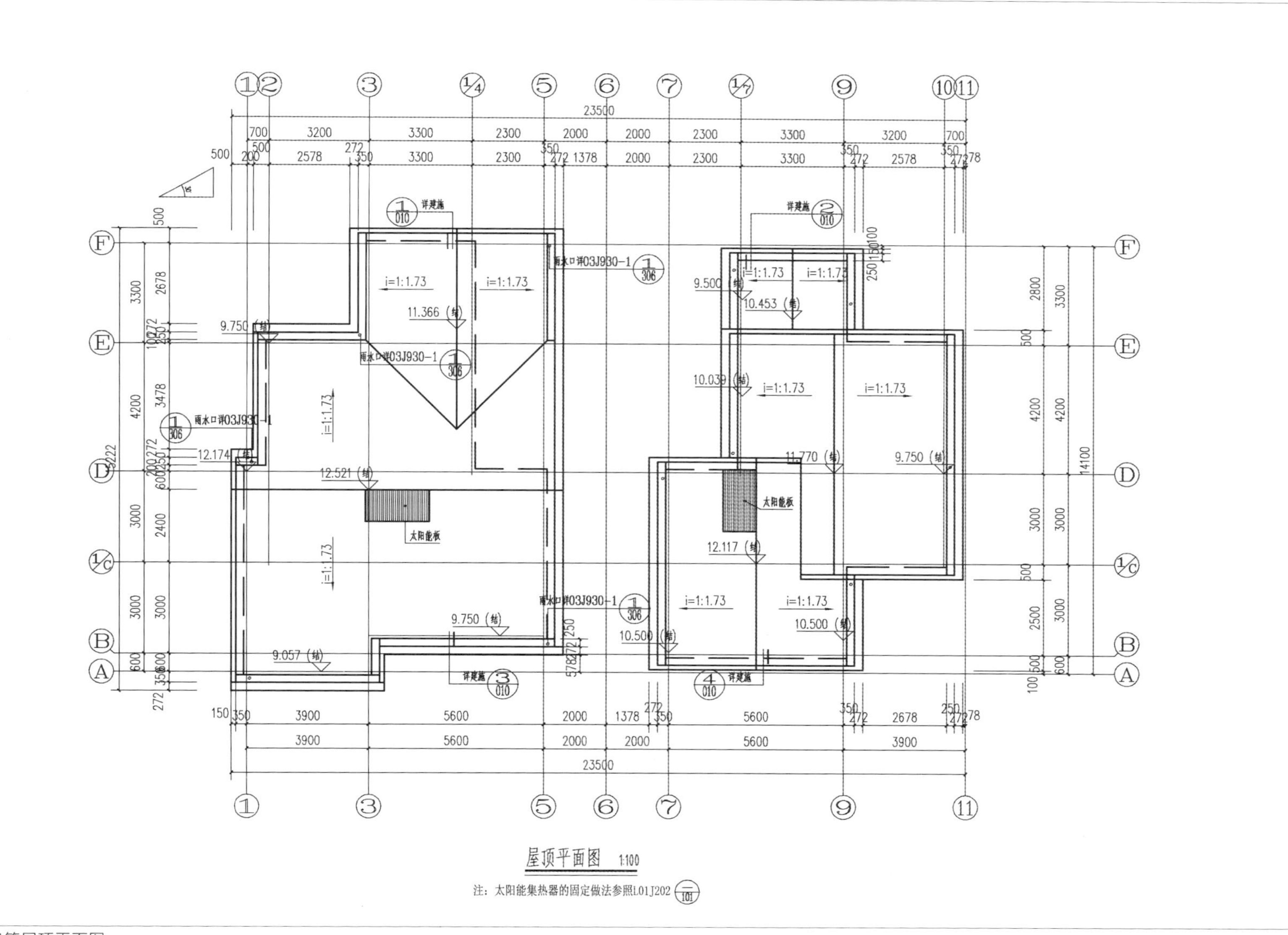

图 6-11 建筑屋顶平面图

6.2.4 建筑立面图

房屋建筑立面图就是一栋房子的正立投影图与侧投影图（见图 6-12）。

主要内容：标明建筑物外部形状，房屋的长、宽、高尺寸，屋顶的形式；门窗、台阶、雨篷、阳台、烟囱、雨水管等的位置；用标高表示出建筑物的总高度（屋檐或屋顶）、各楼层高度、室内外地坪标高以及烟囱高度等；标明建筑外墙材料；标注墙身剖面图的位置等。

立面图中反映主要出入口或房屋主要外貌特征的面称为正立面图，其余的立面图称为背立面图、左侧立面图、右侧立面图。也可以按照房屋的朝向来命名，如南立面图、北立面图、西立面图、东立面图。除以上方法外，通常根据立面图两端的轴线编号来命名，如① - ⑩立面图、⑩ - ①立面图等（见图 6-13、图 6-14、图 6-15)。

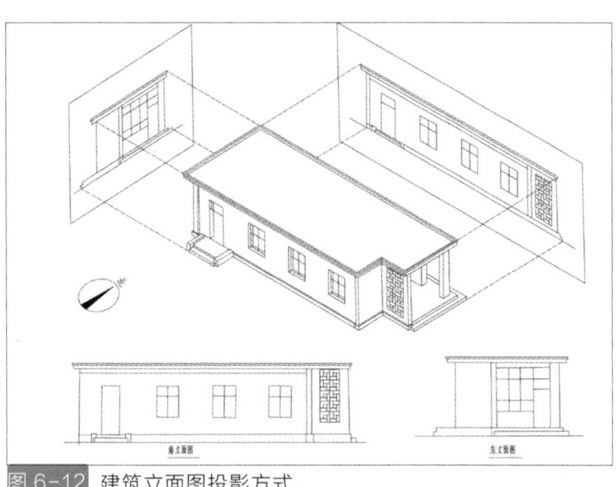

图 6-12 建筑立面图投影方式

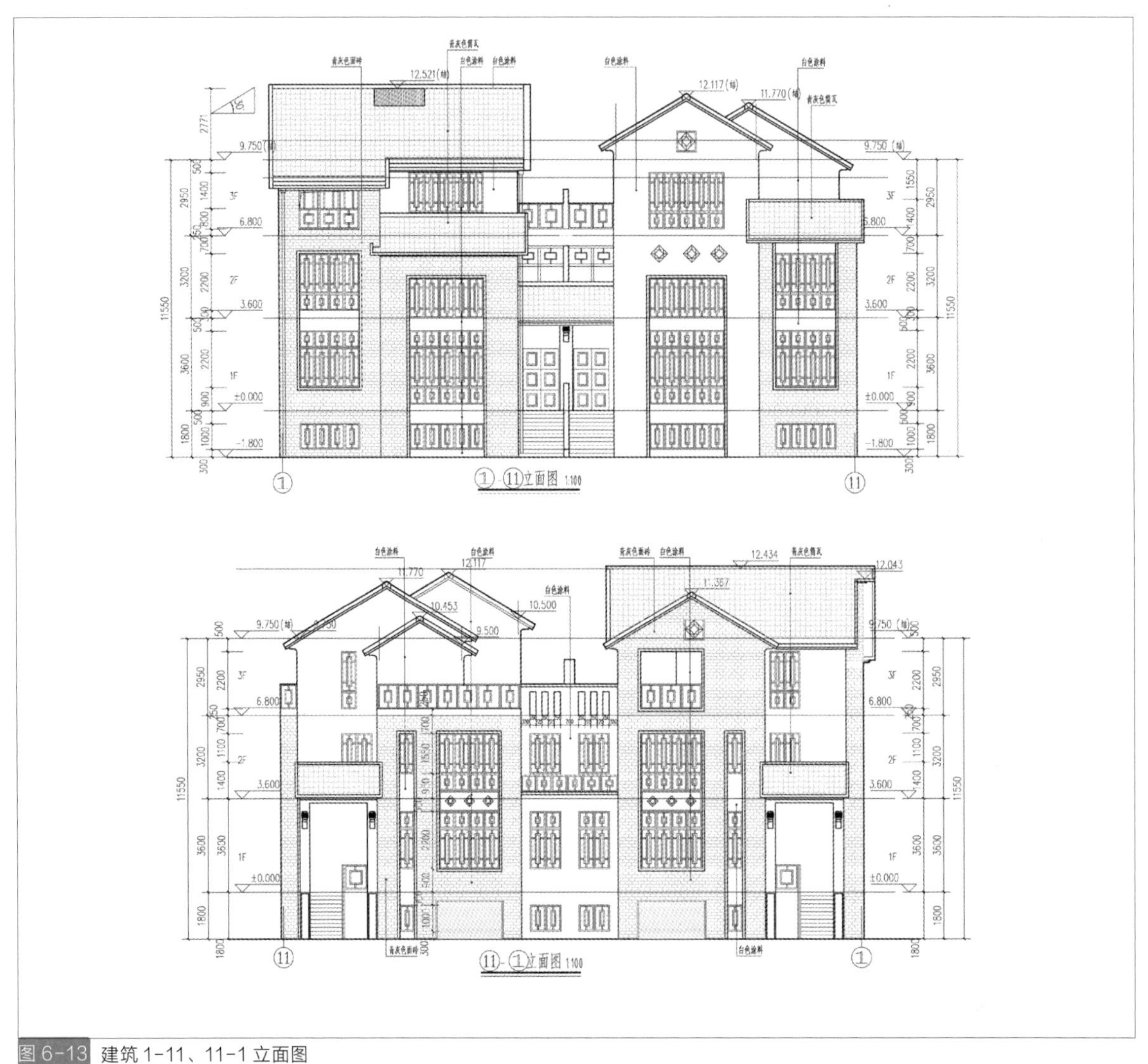

图 6-13 建筑 1-11、11-1 立面图

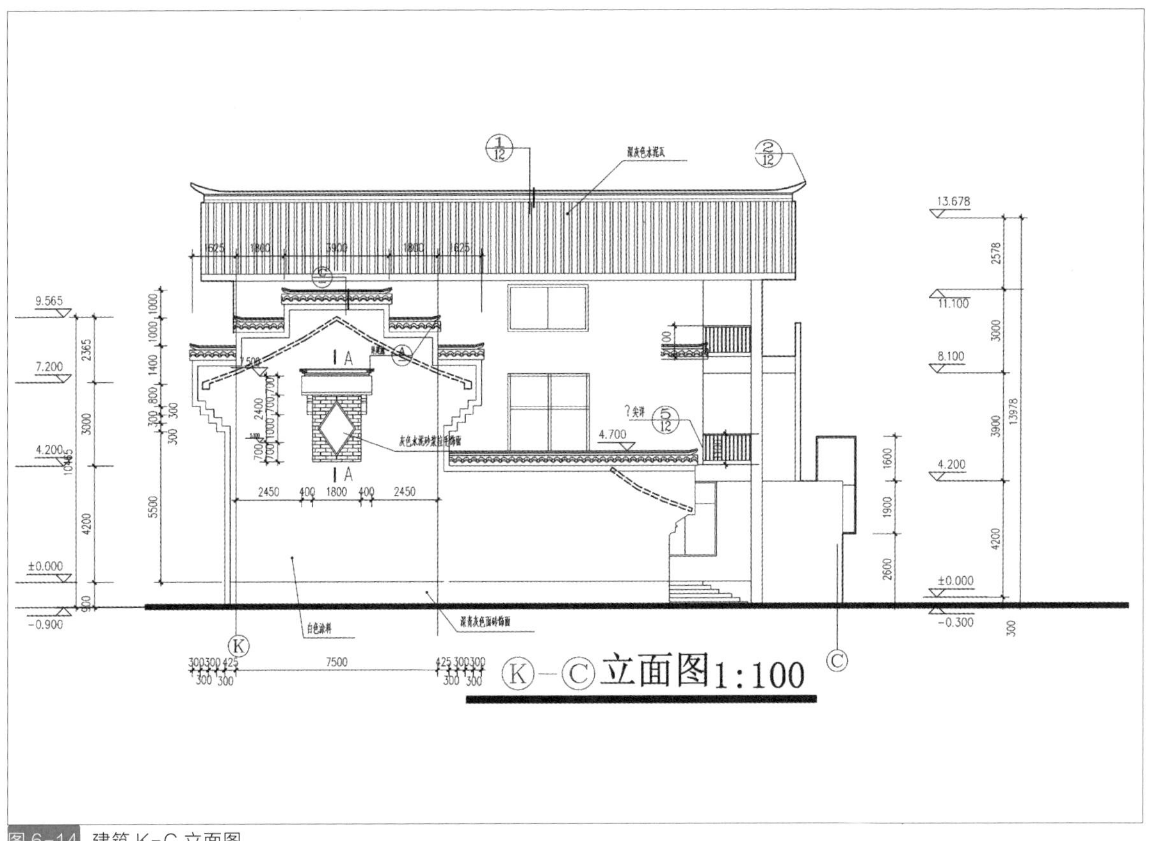

图 6-14 建筑 K-C 立面图

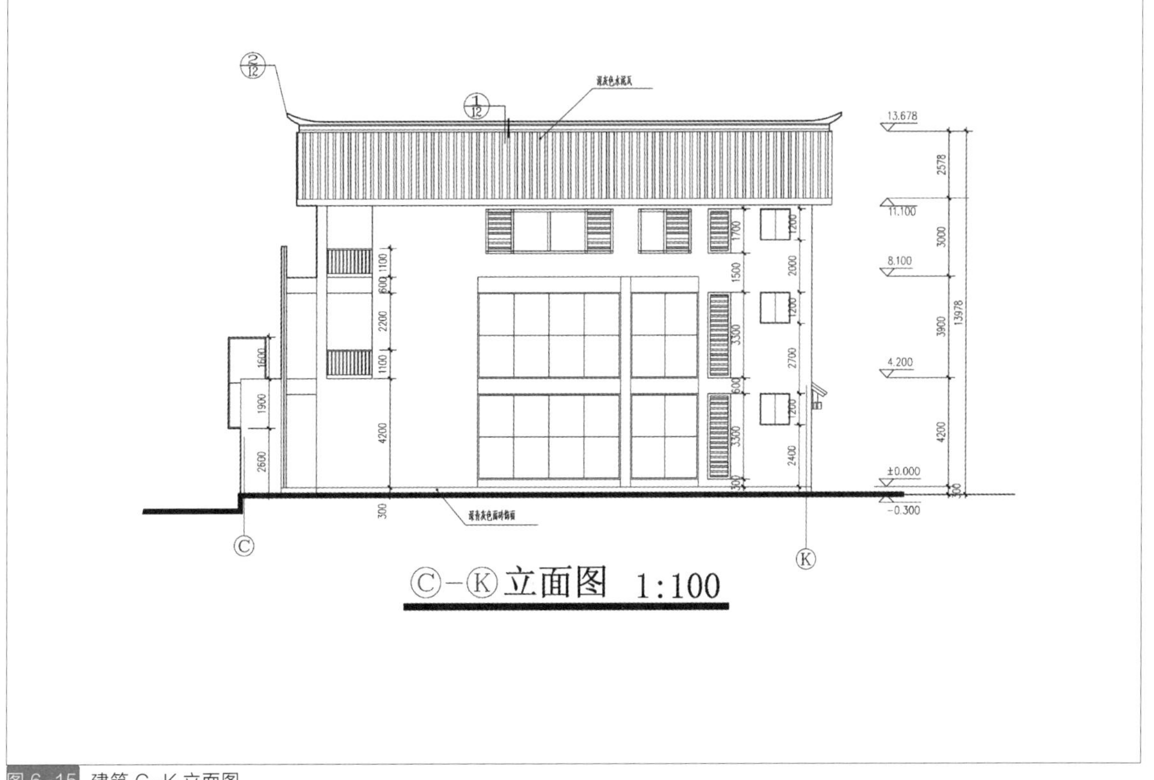

图 6-15 建筑 C-K 立面图

6.2.5 建筑剖面图

房屋建筑的剖面图是假想用一个截面把建筑物沿垂直方向切开，移去一部分，剩余部分的正投影图称为建筑剖面图。因为剖切位置的不同，剖面图又分为横剖面图和纵剖面图（见图 6-16）。

剖面位置一般选择建筑内部做法有代表性和空间变化比较复杂的部位，或者选在房屋的第二开间窗户部位。多层建筑一般选在楼梯间，复杂的建筑物需要画出几个不同位置的剖面图。

剖面的位置应在平面图上用剖切线标出，剖切线的长线表示剖切的位置，短线表示剖视方向。在一个剖面图中想要表示出不同的剖切位置，剖切线可以转折，但是只允许转折一次。

建筑剖面图主要表现内容：

（1）表示建筑物内部各部位的高度

包括屋顶的坡度、楼房的分层、房间和门窗各部分的高度、楼板的厚度等（见图 6-17、图 6-18）。

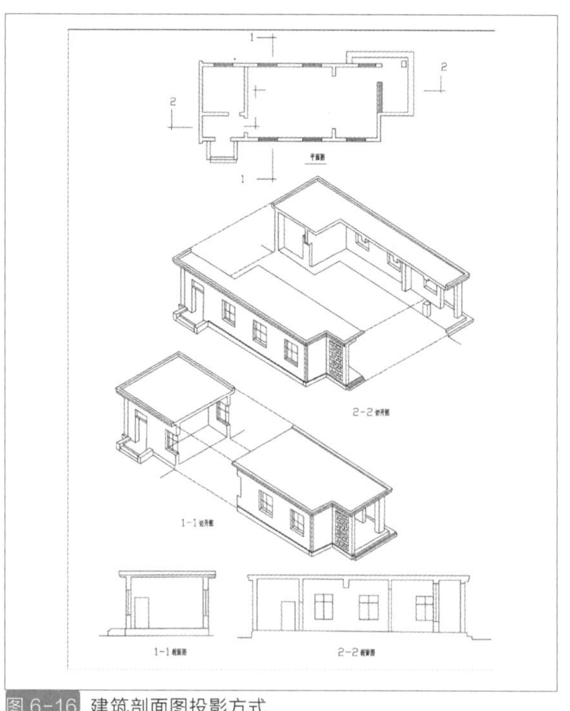

图 6-16 建筑剖面图投影方式

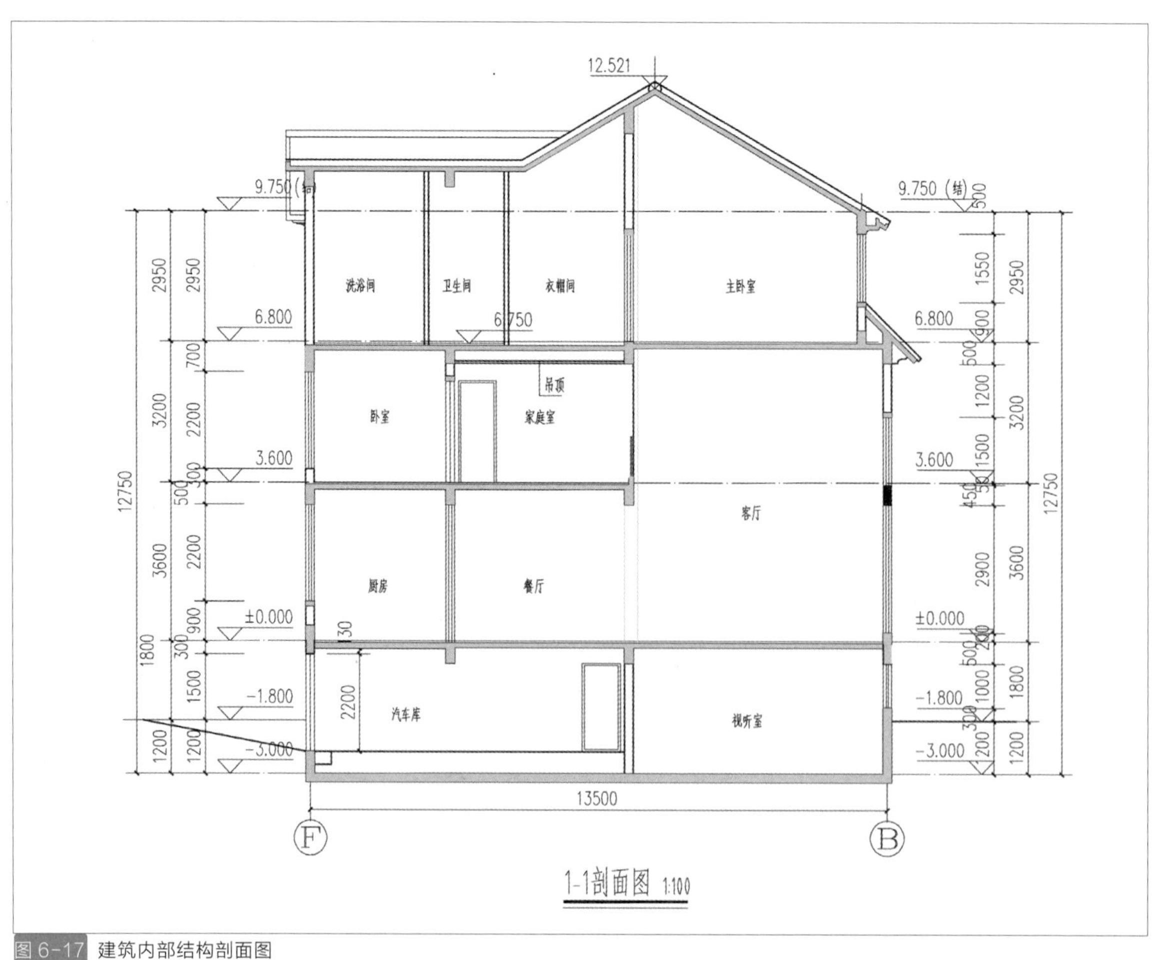

图 6-17 建筑内部结构剖面图

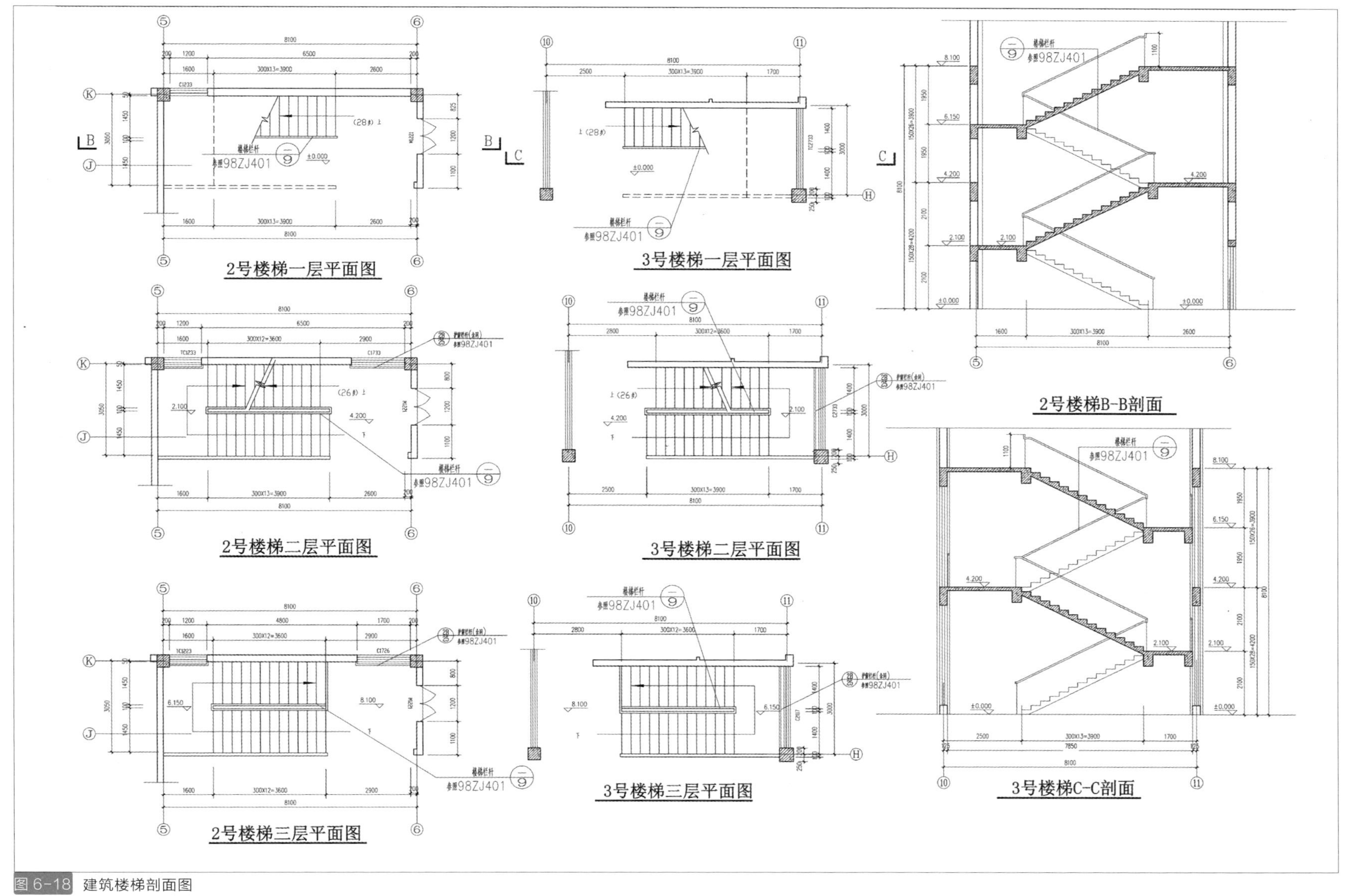

图6-18 建筑楼梯剖面图

（2）建筑主要承重构件的相互关系

包括各层梁、板的位置及其与墙柱的关系，屋顶的结构形式等（见图 6-19）。

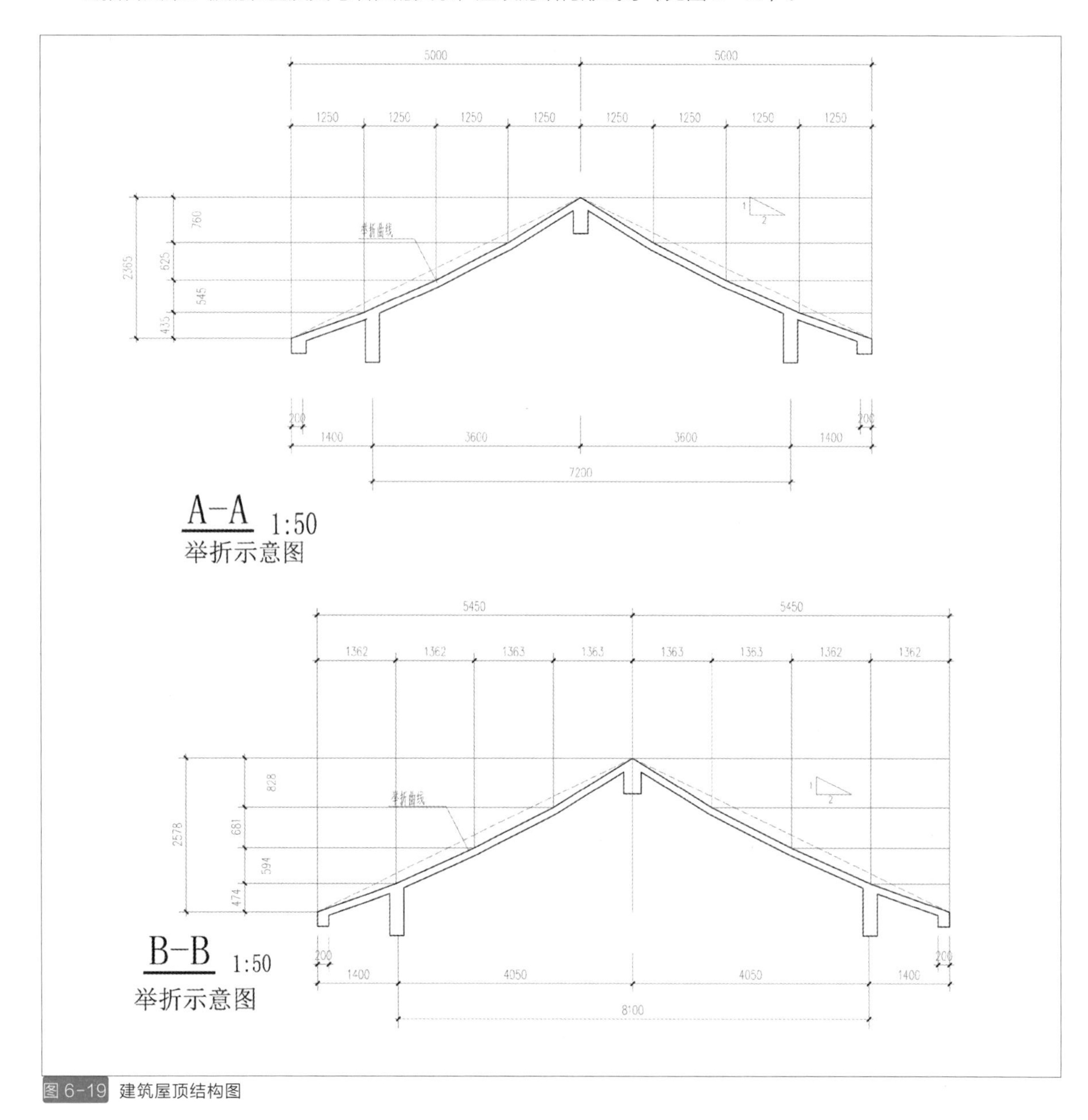

图 6-19 建筑屋顶结构图

（3）详图索引

剖面图中不能详细表达的地方，需要引出索引符号另画详图表示（见图 6-20）。

平、立、剖面图之间既有区别，又紧密联系。平面图主要说明建筑物各部分在水平方向的尺寸和位置，却无法表明它们的高度；立面图主要说明建筑物外形的长、宽、高尺寸，却无法表明它的内部关系；而剖面图则能说明建筑物内部高度方向的布置情况。因此只有通过平、立、剖三种图互相配合，才能完整地说明建筑物从内到外、从水平到垂直的全貌。

6.2.6 建筑详图

在施工图中，由于平、立、剖面图的比例较小，许多细部表达不清楚，必须用大比例尺绘制局部详图或构件图。详图或构件图也是运用正投影原理绘制的，法根据详图和构件的特点其表示方法有所不同（见图 6-21、图 6-22）。

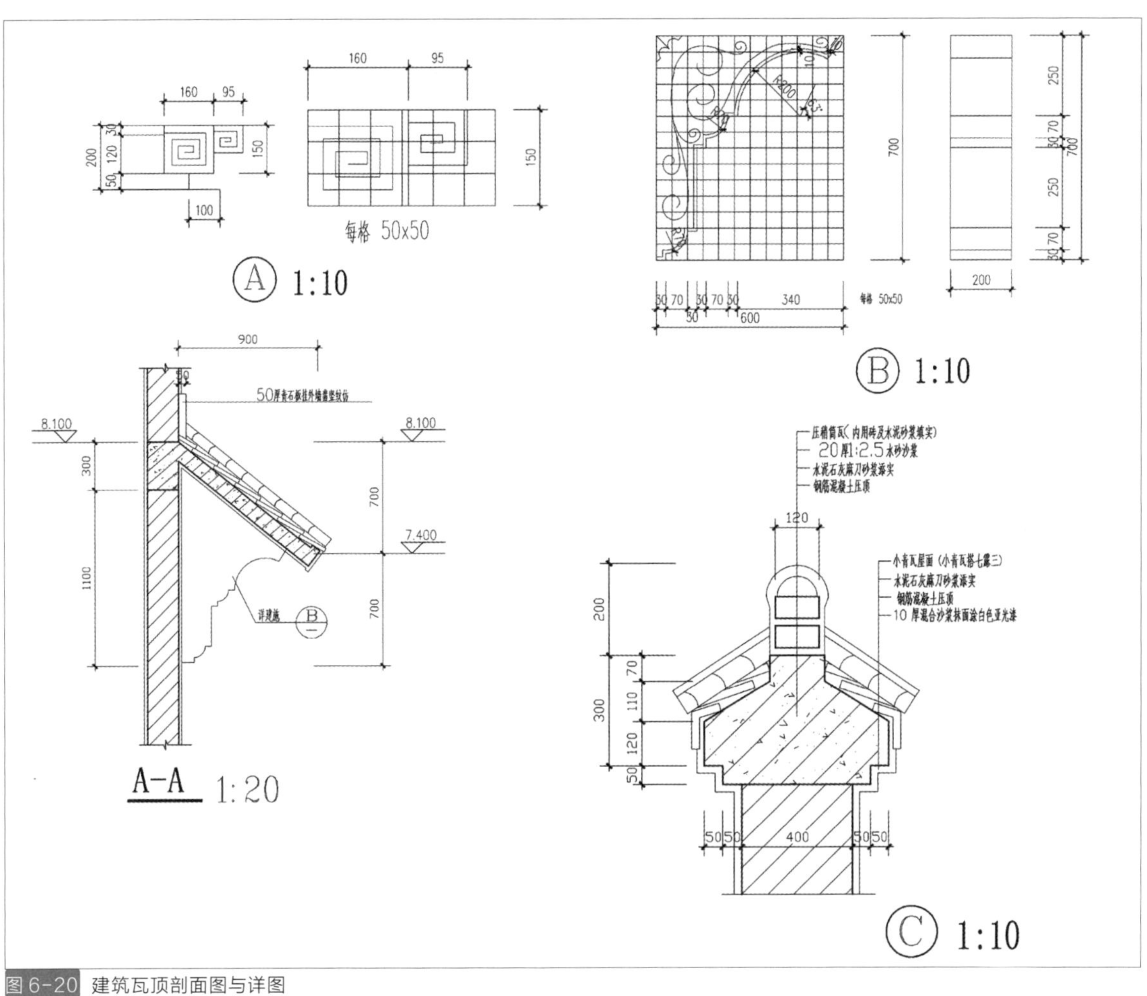

图 6-20 建筑瓦顶剖面图与详图

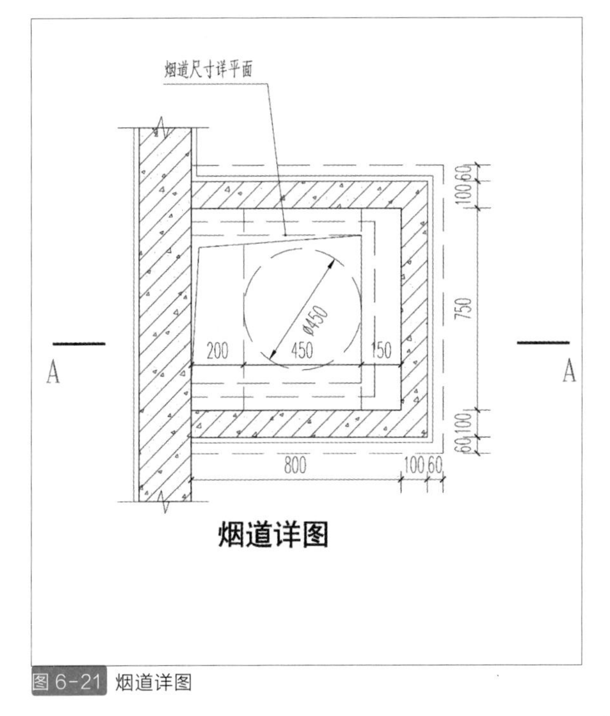

图 6-21 烟道详图

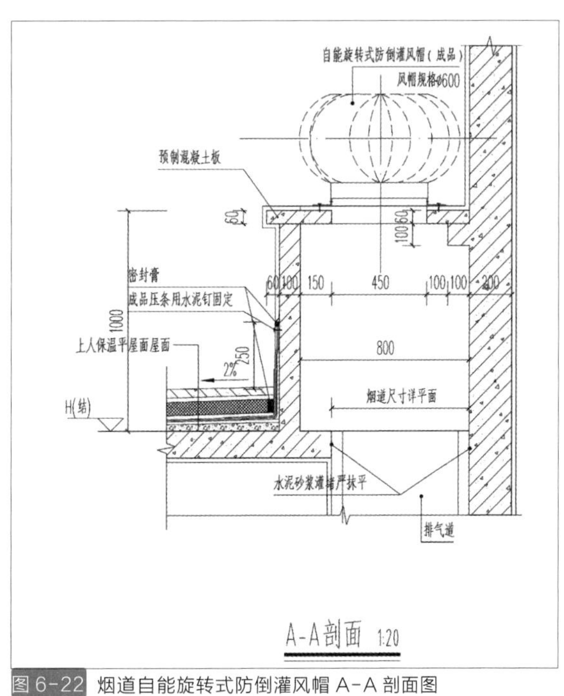

图 6-22 烟道自能旋转式防倒灌风帽 A-A 剖面图

07 室内装饰施工图与实训

7.1.1 室内装饰施工图概述

施工图设计是一种技术服务，而不仅仅是画图，是建筑设计实践的一个重要阶段。应严格遵循设计程序。

施工图设计和方案设计阶段相比，具有更大的法律意义。施工图中的任何一条线或一个数字都有重要的法律意义。设计师通过施工图的形式传达设计意图，因此它必须简洁、明确和易懂。制作出一套明确、完整，准确无误的施工图是设计师最重要的任务之一。

装饰施工图与建筑施工图具有相同的基本原理。建筑施工图表达了建筑物建造中的技术内容，装饰施工图表达了建造完的建筑物室内外环境的进一步美化或改造的技术内容。建筑施工图是装饰施工图的重要基础，装饰施工图又是建筑施工图的延续和深化。

室内装饰施工图采用正投影法反映建筑的装饰结构、装饰造型、饰面处理，以及反映家具、陈设、绿化等布置内容。

图纸内容一般有图纸目录、装修施工工艺说明、平面布置图、天花平面图、装饰立面图、装饰剖面图和节点详图等（表 7-1）。

比例	部位	图纸内容
1 : 200~1 : 100	总平面、总顶面	总平面布置图、总顶棚平面布置图
1 : 100~1 : 50	局部平面、局部顶棚平面	局部平面布置图、局部顶棚平面布置图
1 : 100~1 : 50	不复杂的立面	立面图、剖面图
1 : 50~1 : 30	较复杂的立面	立面图、剖面图
1 : 30~1 : 10	复杂的立面	立面放大图、剖面图
1 : 10~1 : 1	总平面及立面中需要详细表示的部位	详图
1 : 10~1 : 1	重点部位的构造	节点图

表 7-1 室内装饰图纸常用比例

7.1.2 室内装饰图纸常用符号

为了表达室内立面在平面图上的位置及立面图所在位置的编号，应在平面图上使用内视索引符号注明视点位置、方向及立面编号。箭头指向 A 方向的立面图被称之为 A 立面图，箭头指向 B 方向的立面图被称之为 B 立面图，相邻 90° 的两个方向或三个方向，可用多个单面内视符号或一个四面内视符号表示，此时四面内视符号中的四个编号格内，只根据需要标注两个或三个编号即可（见图 7-1）。

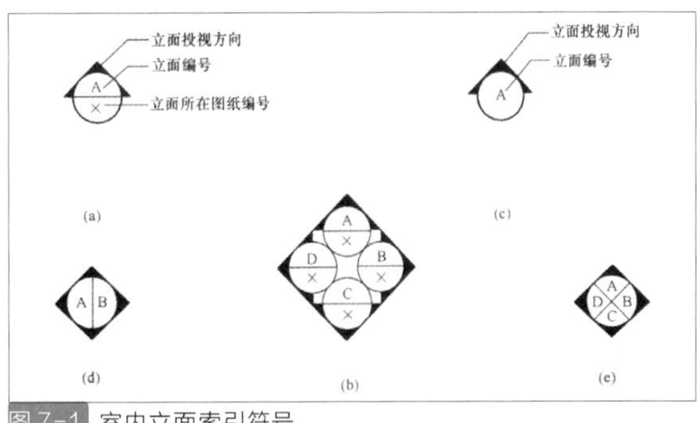

图 7-1 室内立面索引符号

内视和剖切索引符号用直径 8 ~ 10mm 的细实线圆圈加实心箭头和字母表示。三角形箭头和字母所在的方向表示立面图的投影方向，同时相应字母也被作为对应立面图的编号（见图 7-2）。

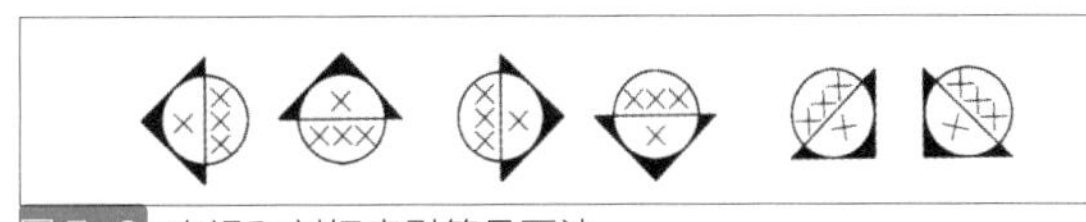

图 7-2 内视和剖切索引符号画法

表示剖切面在界面上的位置或图样所在图纸的编号，应在被索引的界面和图样上使用剖切索引符号（见图 7-3）。

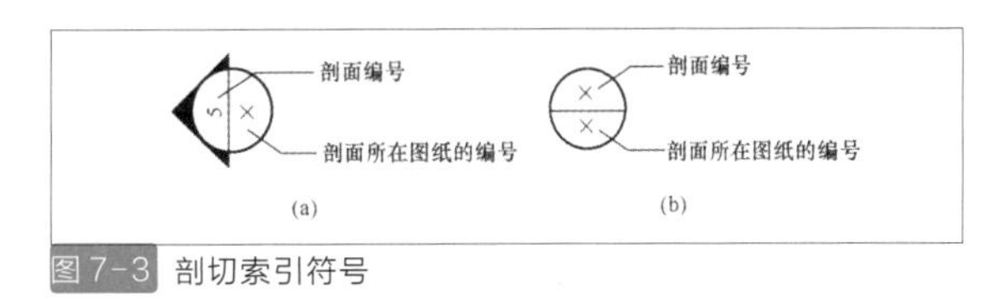

图 7-3 剖切索引符号

表示局部放大图样在原图上的位置及本图样所在页码，应在被索引图样上使用详图索引符号（见图 7-4）。

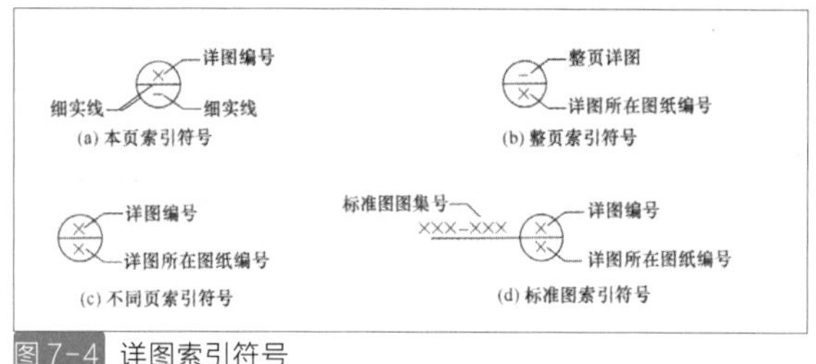

图 7-4 详图索引符号

设备索引图样时，应以引出圈将被放大的图样范围完整圈出，并应由引出连接引出圈和详图索引号（见图 7-5）。

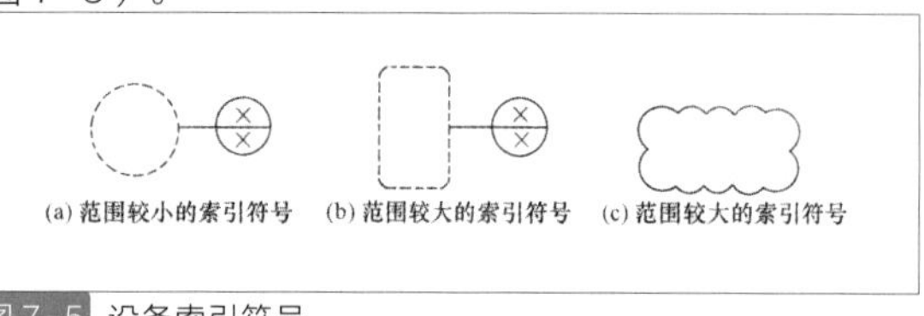

图 7-5 设备索引符号

在平面图中采用立面图索引符号时，应采用阿拉伯数字或字母为立面编号代表各投视方向，并应以顺时针方向排序（见图 7-6）。

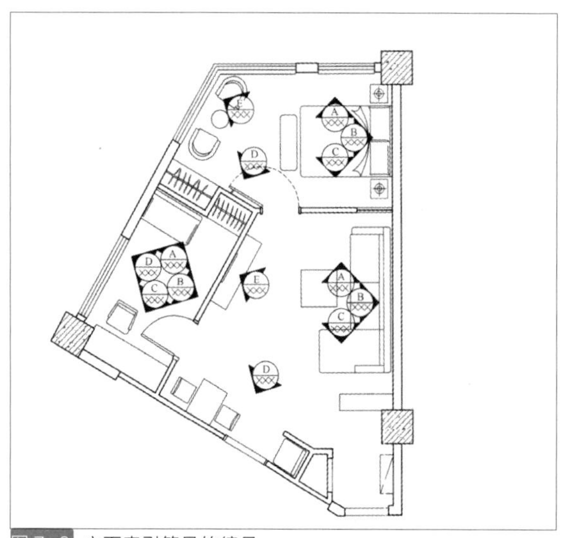
图 7-6 立面索引符号的编号

7.1.3 室内装饰施工图常用图例

室内常用家具（见表 7-2）和电器（见表 7-3）图例。

序号	名称		图例	备注
1	沙发	单人沙发		1立面样式根据设计自定 2其他家具图例根据设计自定
		双人沙发		
		三人沙发		
2	办公桌			
3	椅	办公椅		
		休闲椅		
		躺椅		
4	床	单人床		
		双人床		
5	橱柜	衣柜		1柜体的长度及立面样式根据设计自定 2其他家具图例根据设计自定
		低柜		
		高柜		

表 7-2 常用家具图例

序号	名称	图例	备注
1	电视	TV	1立面样式根据设计自定 2其他电器图例根据设计自定
3	冰箱	REF	
3	空调	A C	
4	洗衣机	W M	
5	饮水机	WD	
6	电脑	PC	
7	电话	TEL	

表 7-3 常用电器图例

室内常用厨具（见表 7-4）及洁具（见表 7-5）图例。

序号		名称	图例	备注
1	灶具	单头灶		1立面样式根据设计自定 2其他厨具图例根据设计自定
		双头灶		
		三头灶		
		四头灶		
		六公椅		
2	水槽	单盆		
		双盆		

表 7-4 常用厨具图例

序号	名称		图例	备注
1	大便器	坐式		1立面样式根据设计自定 2其他洁具图例根据设计自定
		蹲式		
2	小便器			
3	台盆	立式		
		台式		
		挂式		
4	污水池			
5	浴缸	长方形		1柜体的长度及立面样式根据设计自定 2其他洁具图例根据设计自定
		三角形		
		圆形		
6	淋浴房			

表 7-5 常用洁具图例

室内常用灯光照明（见表 7-6）和设备（见表 7-7）图例。

序号	名称	图例
1	艺术吊灯	
3	吸顶灯	
3	筒灯	
4	射灯	
5	轨道射灯	
6	格栅射灯	（双头）
		（单头）
		（三头）
7	格栅荧光灯	（正方形）
		（长方形）
8	暗藏灯带	
9	壁灯	
10	台灯	
11	落地灯	
12	水下灯	
13	踏步灯	
14	荧光灯	
15	投光灯	
16	泛光灯	
17	聚光灯	

表 7-6 常用灯光照明图例

序号	名称	图例
1	送风口	（条形）
		（方形）
2	回风口	（条形）
		（方形）
3	侧送风、侧回风	
4	排气扇	
5	风机盘管	（立式明装）
		（卧式明装）
6	安全女出口	EXIT

（续表）

7	防火卷帘	
8	消防自动喷淋头	
9	感温探测器	
10	感烟探测器	S
11	室内消火栓	（单口）
		（双口）
12	扬声器	

表 7-7 常用设备图例

室内常用开关、插座图例（见表 7-8、表 7-9）。

序号	名称	图例
1	单相二级电源插座	
2	单相三级电源插座	
3	单相二、三级电源插座	
4	电话、信息插座	（单孔）
		（双孔）
5	电视插座	（单孔）
		（双孔）
6	地插座	
7	连接盒、接线盒	
8	音响出线盒	M
9	单联开关	
10	双联开关	
11	三联开关	
12	四联开关	
13	锁匙开关	
14	请勿打扰开关	DTD
15	可调节开关	
16	紧急呼叫开关	

表 7-8 开关、插座立面图例

序号	名　称	图　例
1	（电源）插座	
2	三个插座	
3	带保护极的（电源）插座	
4	单相二、三极电源插座	
5	带单极开关的（电源）插座	
6	带保护极的单极开关的（电源）插座	
7	信息插座	C
8	电接线箱	J
9	公用电话插座	
10	直线电话插座	
11	传真机插座	F
12	网络插座	C
13	有线电视插座	TV
14	单联单控开关	
15	双联单控开关	
16	三联单控开关	
17	单极限时开关	t
18	双极开关	
19	多位单极开关	
20	双控单极开关	
21	按　钮	
22	配电箱	AP

表 7-9 常用开关、插座平面图例

7.2 室内装饰施工图的组成

本节内容以某蛋糕房为例，讲解室内装饰施工图的各图纸内容。

7.2.1 封面

封面主要内容是室内装饰项目地点、名称（全称）、设计阶段、图纸种类和深度、项目编号、作图公司法人姓名、技术负责人姓名、项目经理姓名、作图单位的名称、各类设计资质证书级别和编号、图纸编织日期等。封面排版要求整洁、内容清晰，姓名需要手写。

7.2.2 目录

图纸目录是方便阅览图册和整理图册的参照表格，包含施工图图纸、工程使用的标准图集和材料代号目录。其中施工图图纸目录包含序号、图号、图纸名称、图纸比例、图幅大小、绘图版本、日期和备注。图纸图号使用规定的英文简写字母按照目录（CA）、设计说明（DI）、平面图（P）、立面图（E）、大样图（D）的顺序进行编排（见图 7-7）。

7.2.3 设计说明

主要内容有：工程项目概况、设计依据、建筑内部装修防火设计、内部装修防水设计、节能设计、施工图编号和标高说明、分项工程内容说明、施工具体参照标准、装饰材料说明、施工注意事项等（见图 7-8- 图 7-9）。

项目概况包括项目名称、地点、建设单位、设计单位、装饰建筑面积和主要功能、建筑结构类型；

设计依据包括设计基础资料、施工图设计合同法律权限、图纸设计参照的有关标准及规范、建筑装饰工程类别和特别声明；

分项工程内容说明包含内隔墙工程、门窗工程、吊顶工程、涂料工程、地面装修工程、墙面工程、壁纸工程、成品定制、玻璃工程等施工工艺；

除此之外，装饰工程做法表和材料代号表可以在设计说明之后排序。

图纸目录
DRAWING CONTENTS

序号 NO.	图号 SHEET NO.	图名 DESCRIPTION	图幅 SHEET	备注 REMARK
1	P-01	原始勘测图	A3	
2	P-02	原始天花梁及空调风管	A3	
3	P-03	墙体拆除图	A3	
4	P-04	加固柱定位图	A3	
5	P-05	新建墙体图	A3	
6	P-06	平面布置图	A3	
7	P-07	天花布置图	A3	
8	P-08	地面抬高定位图	A3	
9	P-09	地面材质图	A3	
10	P-10	立面索引图	A3	
11	SS-01	排水布置图	A3	
12	SS-02	给水布置图	A3	
13	DS-01	机电点位图	A3	
14	DS-02	灯具定位图	A3	
15	DS-03	电路系统图	A3	
16	DS-04	机电控制图	A3	
17	DS-05	灯具控制图	A3	
18	E-01	大厅立面	A3	
19	E-02	大厅立面	A3	
20	E-03	大厅立面	A3	
21	E-04	厨房立面	A3	
22	E-05	蛋糕裱花间立面	A3	
23	D-01	大样图	A3	

序号 NO.	编号 SHEET NO.	材质名称 DESCRIPTION	备注 REMARK
1	PB-01	60mm石膏平线	
2	PB-02	300*300石膏角花	
3	PB-03	80mm石膏角线	
4	PB-04	70mm石膏平线	
5	WD-01	130mm实木角线	
6	WD-02	100mm实木线条	
7	WD-03	100mm实木角线	
8	WD-04	定制护墙板	
9	WD-05	樱桃木饰面	
10	WD-06	灰色护墙板	
11	WC-01	定制壁纸	
12	WC-02	定制欧式壁纸	
13	WC-03	定制欧式壁画	
14	WC-04	入口壁画	
15	CT-01	150*800木纹砖	
16	CT-02	300*300透水砖	
17	CT-03	150*150釉面砖	
18	CT-04	黑色瓷砖踢脚线	
19	GL-01	5厘玻璃	
20	PT-01	白色乳胶漆	
21	FA-01	砖红色帆布硬包	
22	CA-01	防尘地毯	

图 7-7 图纸目录

施工图设计说明一

一、工程项目概况

（一）项目概况

1、本说明以这套图纸为依据。

2、工程名称：　　店装修工程；

项目地点：

建设单位：

设计单位：

（二）装饰建筑面积：　150　㎡；

主要内容（功能要求）：现场烘焙及售卖；

二、设计依据

（一）基础资料

1、原建筑工程施工图设计文件（建筑、结构、电气、智能化、水暖空调专业）；

原建筑工程消防、人防审批意见；

2、参照（相关行业标准）；

3、其它：

（二）本工程的建设主管单位与我公司签订的装饰装修设计合同：本施工图设计范围以设计合同所涉及的内容为依据，合同书中未涉及的内容须经双方商定确认后，以补充协议的形式将增加的内容也包括在内，补充协议具有和设计合同相同的法律效力。

（三）本套图纸严格执行国家强制性规范及消防规范的有关规定。

本套图纸所参照的有关标准及规范：

1、《建筑装饰装修工程质量验收规范》GB50210-2013

2、《住宅室内装饰装修工程质量验收规范》JGJ/T304-2013

3、《建筑设计防火规范》GB50016-2006

4、《高层民用建筑设计防火规范》GB50045-95（2005版）

5、《建筑内部装修设计防火规范》GB50222-95（2001版）

6、《无障碍设计规范》GB50763—2012

7、《建筑照明设计标准》GB50034-2013

8、《建筑地面设计规范》GB50037-2013

9、《建筑制图标准》GB/T50104-2010

10、《房屋建筑室内装饰装修制图标准》TGJ/T244-2011

11、《民用建筑隔声设计规范》GB50118-2010

12、《公共建筑节能设计标准》GB50189-2005

注：若图纸中出现跟上述技术规范相违背的地方，须以上述国家规范为准。

若国家颁布最新相关技术规范须以最新规范为准。

（四）民用建筑室内环境污染控制分类：

1、Ⅰ类民用建筑工程：住宅、办公楼、医院病房、老年建筑、幼儿园、学校、教室等建筑工程；

2、Ⅱ类民用建筑工程：旅店、文化娱乐所、书店、图书馆、展览馆、体育馆、商场、公共交通等候室、医院候诊室、饭店、理发店等民用建筑工程。

本工程建筑室内环境污染控制等级为　Ⅱ　类

（五）除本设计有特殊要求规定外，其他各种工艺、材料均按国家规定的最高标准。

国家或行业有关的设计规范、标准及工程建设标准强制性条文未提及的，参照国家或行业的相关设计规范、标准及工程建设标准强制性条文执行；地方性规范、标准参照本工程所在的地区颁布的地方性规范、标准。

注：国家强制性条文和相关规范、规定在不断修改、更新，设计和施工一定要按最新版执行。若图纸中出现跟上述技术规范相违背的地方，须以上级国家规范为准。

三、内部装修防火设计：

（一）、本工程建筑分类为　x 类建筑。

（二）、本工程设计遵循原建筑设计的防火分区、防烟分区、人员疏散等各项防火措施：

1、消火栓、喷淋、烟感、防火门等位置，除注明外以建筑蓝图为准；

2、室内装饰应不得改变原消防设计（包括疏散走道、防火分区、水电暖通专业消防部分）如有改动，需经原建筑设计单位审核；消防栓不应被装饰物遮蔽；

3、消火栓门上的标志图形应规范，颜色鲜明、醒目；

4、有关防火分区，本图纸原则上遵守原有建筑设计院报审后的消防分区。

5、原建筑消防设计原则上装修不做调整，由于现场实际情况、空间重新分隔等因素，部分消防点位根据原消防设计做微调或增加，已满足消防要求，改动部分需提交原建筑消防设计单位审核确认后方可施工。

（三）、本工程执行现行国家标准《建筑内部装修设计防火规范》GB50222-95（2001版）中对装修材料的燃烧性能等级要求的相关规定：

1、所有的建筑变形缝内均采用(A级)不燃材料严密填实；

2、所有建筑墙面上开洞、开孔后均采用(A级)不燃材料严密填实；

3、当照明灯具开关插座等电气设施高温部位靠近木制品或其他非A级燃烧性能材料时，应采取隔热、散热等防火保护措施；灯饰使用材料的防火等级不应低于B1级；

4、地面如采用地毯、木地板，必须经防火处理，达B1级，墙面木饰面基层应选用防火等级为B1级或以上的阻燃板材，墙面织物硬包采用不低于B1级装饰材料，顶面应选用A级装饰材料。

（四）、防火处理：

1、所有基层木材均应满足防火要求，涂上规范要求涂刷的遍数、本地消防大队同意使用的防火涂料；

2、承建商要在实际施工前呈送防火涂料给筹建处批准后方可开始涂刷；

注：若图纸中出现与相应规范相违背的地方，须以国家或行业有关的设计规范、标准及工程建设标准强制性条文为准。

四、内部装修防水设计

地面防水：厨房的地面应设防水层，防水层的做法为涂1.5mm厚聚氨酯防水涂膜和聚合物水泥砂浆两道防水层，并沿四周卷起至450mm，排水沟应在内壁设防水层，防水层为20mm厚聚合物水泥砂浆；

防水涂料和防水层施工工艺，如承建商有更优方案，可报请业主或监理调整确认。

五、节能设计

除设计有特殊要求规定外，本工程节能设计涉及的各种工艺、材料、施工要求均按国家规定的最高标准；参照工程所在地的地区颁布的地方性规范、标准。

六、施工图的编号、标高说明

（二）设计标高

1、一般无专门说明时，标高以米（m）为单位，其他尺寸以毫米（mm）为单位；

2、各楼层标注的标高为地面装修完成面的高度；

八、分项工程内容

（一）墙面工程

1、本工程装饰隔墙除注明外均采用“75（100）系列轻钢龙骨，12+9（12）厚纸面石膏板”轻质隔墙；

2、防火墙及隔墙的墙身砌体到顶，防火墙及隔墙材料采用不燃性材料，必须符合防火等级要求，墙身砌体施工要求参照原有建筑设计施工图纸。

3、采用轻钢龙骨石膏板间隔的隔墙部分，必须做隔音棉，采用C100系列轻钢龙骨配套体系，竖龙骨间距400mm，内填充隔音棉，面封双层12mm纸面石膏板，安装方法及接缝处理严格按照图纸及参照相关规范施工。

4、轴线与隔墙厚位置的确定：当图纸无专门标明时，一般轴线位于各墙厚的中心。

5、隔墙放线后应通知设计师现场确认，如出现现场尺寸与图纸矛盾或节点漏缺及时向设计师提出，由设计师进行调整处理。

6、当图纸无专门标明时，所有墙角均为90°或45°。

（二）、门窗工程

1、设计图所示门窗尺寸为门窗实际加工尺寸。

2、除在图中有特别标明“按装饰设计施工”的外，建筑防火门、疏散门保持原建筑设计不变，

（三）、地面工程

1、地面工程质量应符合《建筑地面工程施工质量验收规范》GB50209-2010的要求。

2、卫生间楼地面应做基层防水处理(按国家规定的验收标准)。

（四）、顶面工程

1、本工程吊顶材料无专门标明时，均采用“60系列轻钢龙骨，双层9.5厚纸面石膏板”。

2、卫生间顶面材料如采用纸面石膏板，特指“耐水纸面石膏板”。

（五）、其它

1、装饰工程所涉及到的钢结构及承重部分，由专业承包商考虑结构及安全，应出具施工图，经相关部门审核后，方可施工;涉及承载及结构性的组件安装，施工单位应在不违背装饰效果的前提下进行合理的结构深化后方可实施；遇到可能产生质量及结构性隐患的安装节点大样，需施工方及时提出，在保证完成面效果的前提下合理深化后予以实施。

3、本装饰设计图必须报公安消防部门及项目当地施工图审查中心建审，获通过后方可施工。

4、凡本工程所用装饰材料的规格、型号、性能、色彩应符合装饰工程规范的质量要求，饰面材料应以设计单位提供样板为准，如由于造价和供货等原因需代替品，施工订货前需会同建设、设计等有关各方共同商定。

5、若图中有关材料名称与材料样板不符的，材料代码与中文说明不符的，以设计单位解释为准。

6、后勤区域和厨房非本公司设计范围，应业主要求套入我方图纸，不对其准确性负责。

7、本套图纸的标注尺寸为设计控制尺寸，施工时应根据现场情况核定，不得度量图纸。

8、原建筑结构原则上装修不做调整，如确需更改，改动部分(改动涉及建筑结构)，需原建筑设计单位设计变更后，装饰方可施工。

9、本工程如有特殊声学、光学要求，需按声学、光学专业设计公司设计要求做法施工。

10、所有属于独立招标的装修配套项目应以生产厂家提供的详细安装图为准。

11、图中未说明做法的，按本说明“二、设计依据”的规范标准进行施工。

12、本说明和设计图纸具有同样效力，两者均应遵守，若两者相矛盾，甲方及施工单位应及时提出，并以设计单位解释为准。

九、施工中具体参照标准

本工程所有的参照标准均按现行的相关国家标准或行业标准，必须满足中华人民共和国行业标准之建筑装饰工程施工及验收规范。

（二）、木制品（作）

1、材料：

材料应用最好之类型　自然生长的木料　必须经过烘干或自然干燥后才能使用，没有虫蛀，松散或腐节或其他缺点，锯成方条形，并且不会翘曲，爆裂及其他因为处理不当而引起的缺点。胶合

图 7-8　施工图设计说明一

施工图设计说明二

板按不同材种选用进口或国产，但必须达到AAA要求。承建商应 在开工前提供材料和终饰样板且经筹建处和设计师认可批准才能使用。

2、防火防腐处理：

(1)所有基层木材均应满足防火要求，涂达到防火要求和阻燃时间厚度的本地消防大队同意使用的防火涂料。

(2)承建商要在实际施工前呈送防火涂料给筹建处批准方可开始涂刷。

(3)所有基层木材应用至易潮湿的空间均须涂上三层防腐涂料。

(4)考虑到节能环保、防火、防腐要求，以及木材基层易潮湿变形，原则上应尽量少用木材基层.尽可能采用轻钢龙骨或钢架基层。

3、制作工艺及按装：

(1)尺寸

①所有装饰用的木材均严格按图纸施工，凡原设计节点不明之处需补充设计图，经设计师同意后实施。

②所有尺寸必须在工地核实，若图样或规格与实际工地有任何偏差，应立即通知设计师。

(2)装饰：

所有完工时在外制木作工艺表面，除特殊注明处，都应该按设计做饰面。

(3)终饰：

当采用自然终饰或者采用指定为染色、打白漆，或油漆被指定为终饰时，相连木板在形式，颜色或纹理上要相互协调。

(4)收缩度：

所有木工制品所用之木材，均应经过干燥并保证制品的收缩度不会损害其强度和装饰品之外观，也不应引起相邻材料和结构的破坏。

(5)装配：

承建商应完成所有必要的开榫眼、接榫、开槽、配合做舌榫嵌入，榫舌接合，和其他的正确接合之必要工作。提供所有金属板，螺丝、铁钉和其他室内设计要求的或者顺利进行规定的木工工作所需的装配件。

(6)接合：

①木工制品须严格按照图样的说明制作，在没有特别标明的地方接合，应按该处接合之公认的形式完成。胶接法适用于需要紧密接合的地方。所有胶接处应用交叉舌榫或其他加固法。

②所有铁钉头打进去并加上油灰，胶合表面接触地方用胶水接合，接触表面必须用锯或刨进行终饰。实板的表面需要用胶水接合的地方，必须用砂纸轻打磨光。

③有待接合之表面必须保持清洁，不肮脏，没有灰尘，锯灰，油渍和其他污染。

④胶合地方必须给于足够压力以保持粘牢，并且在胶水凝固条件均按照胶水制造商之说明而进行。

(7)划线：

所有踢脚板、框缘、平板和其他木工制品必须准确划线以配合实际现场达成应有的紧密配合。

(9)镶嵌细木工工作：

在细木工制品规定要嵌镶的地方，应跟随其周边的工作完成之后嵌入加工。

(10)清洁：

除特别指出的终饰之外，承建商应将有关木工制品清洁使其保持完好状态。所有柜子内部装饰，包括活动层板应涂上二度以上清漆使其光滑.且根据设计要求进行必要的补色等工艺。

(11)木材、夹板成型架框：

①一般用木材成架安装于天花板上时.应确保所有部件牢固及拉紧，且不得影响其他管线(风管、喷淋管等)走向。依照设计图纸固定于天花。

②全部木作天花均要涂上三层本地消防大队批准使用的防火涂料。

（三）、装饰防火胶板

防火胶板的粘结剂应使用与防火胶板配套使用的品牌，并遵守使用说明。

（四）、装饰五金

所有五金器具必须防止生锈和沾染，使用前应提供样品征得筹建处及设计师同意。

在完成工作所有五金器具都应擦油、清洗、磨光和可以操作，所有钥匙必须清楚地贴上标签。

（六）、玻璃工程

1、材料

提供样板并在安装切割之前送交筹建处及设计师同意。所有镜子的边要留安全边。室内安装玻璃要用铝制条子，颜色要与周围材质相配，厚度按图纸所示。

2、制作工艺及安装

(1)准确地把所有玻璃切割成为适当的尺寸，安装槽要清洁，无灰尘。所有螺丝或其他固定部件都不能在槽中突出。所有框架的调整将在安装玻璃之前进行。所有封密剂作业表面平整光滑，与其它相邻材料无交叉污染。玻璃工程应在框、扇校正和五金件安装完毕后，以及框、扇最后一遍涂料前进行。

(2)中庭的围护结构安装钢化玻璃时，应用卡紧螺丝或压条镶嵌固定。玻璃与围护结构的金属框格相接处，应衬橡胶垫。安装玻璃隔断时，磨砂玻璃的磨砂面应向室内。

3、玻璃的基本要求：

(1)落地玻璃屏风的厚度最小为12mm，它们必须能够抵受预定2.5Kpa风压力或吸力。

(2)玻璃必须顾及温差应力和视觉歪曲的效果。

(3)用作玻璃门和栏杆之透明强化玻璃必须符合GB4871规格的产品质量。

(4)玻璃必须结构完整，无破坏性的伤痕，针孔、尖角或不平直的边缘。

(5)玻璃的最大许用面积应符合《建筑玻璃应用技术规程》JGJ113的规定。有框门玻璃面积大于1.5M2的，应采用安全玻璃，并符合厚度要求。

(6)疏散通道两侧的成品玻璃隔墙必须选用耐火极限不小于1小时的防火玻璃；

（八）、天花吊顶工程工作范围

1、3KG以上的重型灯具、电扇及其他重型设备严禁安装在吊顶工程的龙骨上。

2、吊顶的灯具、烟感器、淋喷头、风篦子、检修口等设备的位置应符合各相关专业规范前提下合理美观，与饰面板的交接应吻合严密。

3、吊顶标高以现场实际为准，尽量做至最高； 卫生间顶面材料如采用纸面石膏板，特指“耐水纸面石膏板”。

(1)天花板悬挂部份，包括支撑照明和音响设备所需要的支撑物，框架或其他装置。

(2)悬挂该系统所需要的吊钩和其他附件。

(3)边缘修饰，间隔等。

(4)天花板材

(5)照明装置

(6)中央空气调节处理装置

(7)音响系统

(8)防火系统

4、高度和规范

(1)装修设计之天花高度已考虑各种管道安装后之可能条件，但如在施工过程中发现与其它专业设计发生矛盾，应首先考虑更改管道，保证天花高度，如确无法解决，应与设计师协商处理。

(2)所有纸面石膏板天花超过200平方米或长度超过20米范围的，应考虑伸缩缝，板接缝、阴阳角均需用80-120mm宽的确凉布封贴两层，以防开裂，嵌缝采用专用腻子。

(3)检修口的位置根据现场的实际需要，提出设置暗检修口位置，由设计单位确定后方可施工。

5、材料

(1)装修设计之天花高度已考虑各种管道安装后之可能条件吊顶工程所选用材料的品种，规格、颜色以及基层构造，固定方法应符合规范及设计要求。

(2)装修设计之天花高度已考虑各种管道安装后之可能条件所有在天花平面上暴露之构件，布局均按照综合平面图进行。吊顶龙骨在运输安装时，不得扔摔，碰撞。龙骨在运输安装时，不得扔摔，碰撞。龙骨应平放，防止变形。各类面板

(3)不应有气泡，起皮、裂纹。缺角，污垢和图案不完整等缺陷，表面应平整，边缘应整齐，色泽应统一。

(4)紧固件宜采用镀锌制品，预埋的木件应作防腐处理，凡固定铝材必须采用不锈钢紧固件。

6、安装

(1)龙骨安装

①安装龙骨的基体质量，应符合国家标准GB11980-89之规定。

②主龙骨吊点间距，应按设计推荐系列选择，中间部分应起拱，金属龙骨起拱高度应不小于房间短向跨度的1/200，主龙骨安装后应及时校正其位置和标高。

③次龙骨应紧贴主龙骨安装。当用自攻螺钉安装板材时，板材的接缝处，必须安装在宽度不小于40mm的次龙骨上。

④全面校正主、次龙骨的位置及水平度。连接件应错位安装，主龙骨应目测无明显弯曲，通长次龙骨连接处的对接错位偏差不得超过2mm。

⑤吊杆长度超过1500mm时，吊顶内应做反向支撑或钢架转换层。

(2)准备吊顶封板和面板安装前的准备工作应符合下列规定：

①在楼板中按设计要求设置预埋件或吊杆。

②吊顶内的通风、水电管道等隐蔽工程应安装完毕。消防系统安装并试压完毕。

③吊顶内的灯槽、斜撑、剪力撑等，应根据工程情况适当布置。

④轻型灯具应吊在主龙骨或附加龙骨上，重型灯具或其他装饰件不得与吊顶龙骨联结，应另设吊钩。并做吊挂拉拔试验，确保安装安全。

⑤所有相关专业的信息点定位应该按照整齐、理性的原则，以专业施工图及装修施工图的定位为准，如有不符或遗漏，应及时通知专业设计单位，装饰施工单位必须给予积极配合，做好放线定位开孔工作，由设计单位确定后才能施工。

⑥所有可见信息点的面板表面颜色应与相邻装修饰面颜色一致。

(3)板材安装

纸面石膏板的安装，应符合下列规定：

①纸面石膏板的长边应沿纵向次龙骨铺设。

②自攻螺钉与纸面石膏板距离：面纸包封的板边以10~15mm为宜，切割的板边以15 - 20mm为宜

③钉距以150~170mm为宜，螺钉应与板面垂直且略埋入板面 0.5~1.0mm，并不使纸面破损，钉眼应作防锈处理并用石膏腻子抹平。

④拌制石膏腻子应用不含有害物质的洁净水。

矿棉板的安装，应符合下列规定：

①施工现场湿度过大时不宜安装。

②安装时，板上不得安置其他材料，防止板材受压变形。

提供完整的天花材料组件，这些组件应达到政府法规所规定之防火要求。

十、装饰材料

(一) 本工程选用的装修材料及产品，应按设计要求提供相应规格、品种、颜色、材质质量的材料和产品，并必须符合国家标准规定；由施工单位提供材料样板及相应的检测报告，经建设方、设计单位、监理单位确认后进行封样并据此进行施工验收；进场材料应有法定文字的质量合格证明文件、规格、型号及性能的检测报告，对重要材料应有复检报告。

(二) 本工程所采用的主要材料质量要求应符合《建筑装饰装修行业最新标准法规汇编》及国家现行标准的规定；建筑装饰装修材料应符合国家有关建筑装饰装修材料有害物质限量标准的规定；

(三) 本工程所选用内装材料、隔音材料必须符合消防规范，并具有国家及当地消防部门的许可证。

(四) 装修材料应按设计要求进行防火、防锈、防腐和防虫处理；

(五) 优先使用节能、环保可改进室内空气质量及可重复、循环再生使用的产品和材料，严禁使用国家及本工程所在的省（市）明令淘汰的产品和材料；

十一、其他注意事项

(一) 承担本装饰工程的施工企业应具备相应的资质，有相应有效的质量管理体系。施工单位应按审批的施工组织设计及专项施工方案施工，并对施工全过程实行质量控制；

(二) 应严格按图施工，未经设计许可，施工中不可随意修改设计。施工中如发现图纸不详时，应及时与设计单位沟通；

(三) 施工单位现场深化设计时，对原设计的变更或补充，均需得到设计师签字认可，必要时需要建设方和监理方的书面认可；

图 7-9 施工图设计说明二

7.2.4 原始勘测图

对现场建筑的室内空间进行测量和勘验后，绘制现场基础信息图纸。主要内容有室内空间尺寸、建筑承重结构、墙体围合方式和结构、门窗位置和尺寸、室内外地面高程、机电和给排水以及消防栓位置、梁体分布和相关尺寸、空调风管等（见图 7-10、图 7-11）。

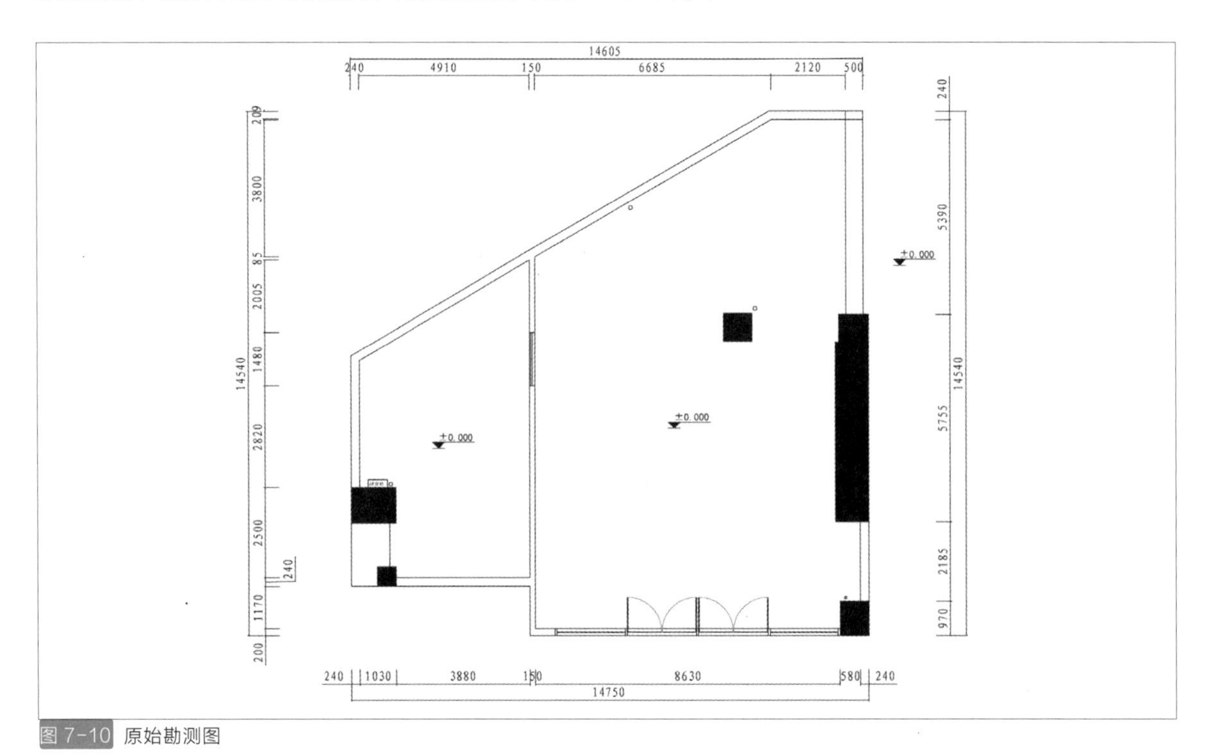

图 7-10 原始勘测图

消防管道离地最低为3960MM
风口最低离地2800MM

图 7-11 原始天花梁及空调风管

7.2.5 材料做法表

材料做法表是将施工图中的每一种施工工艺进行文字说明。表格中材料按照地面、墙面、顶面进行分类，材料的编号和名称要与图纸中保持一致。材料的施工工艺要自下而上的标明从基层到面饰层的施工顺序，材料名称、规格和施工方法等。需要专业工厂定制的特殊材料要备注说明。

7.2.6 墙体拆除与新建隔墙尺寸图

墙体拆除图是依据方案设计对需要拆除的墙体进行标识，并说明拆除墙体的方式和技术要求（见图7-12）。特殊情况下，拆除隔墙受到建筑结构的影响需要采取保护性拆除时，须单独绘制加固柱的定点和施工工艺说明（见图7-13）。

新建墙体尺寸图是对新建隔墙进行尺寸标注，以及标识隔墙的使用材料（见图7-14）。

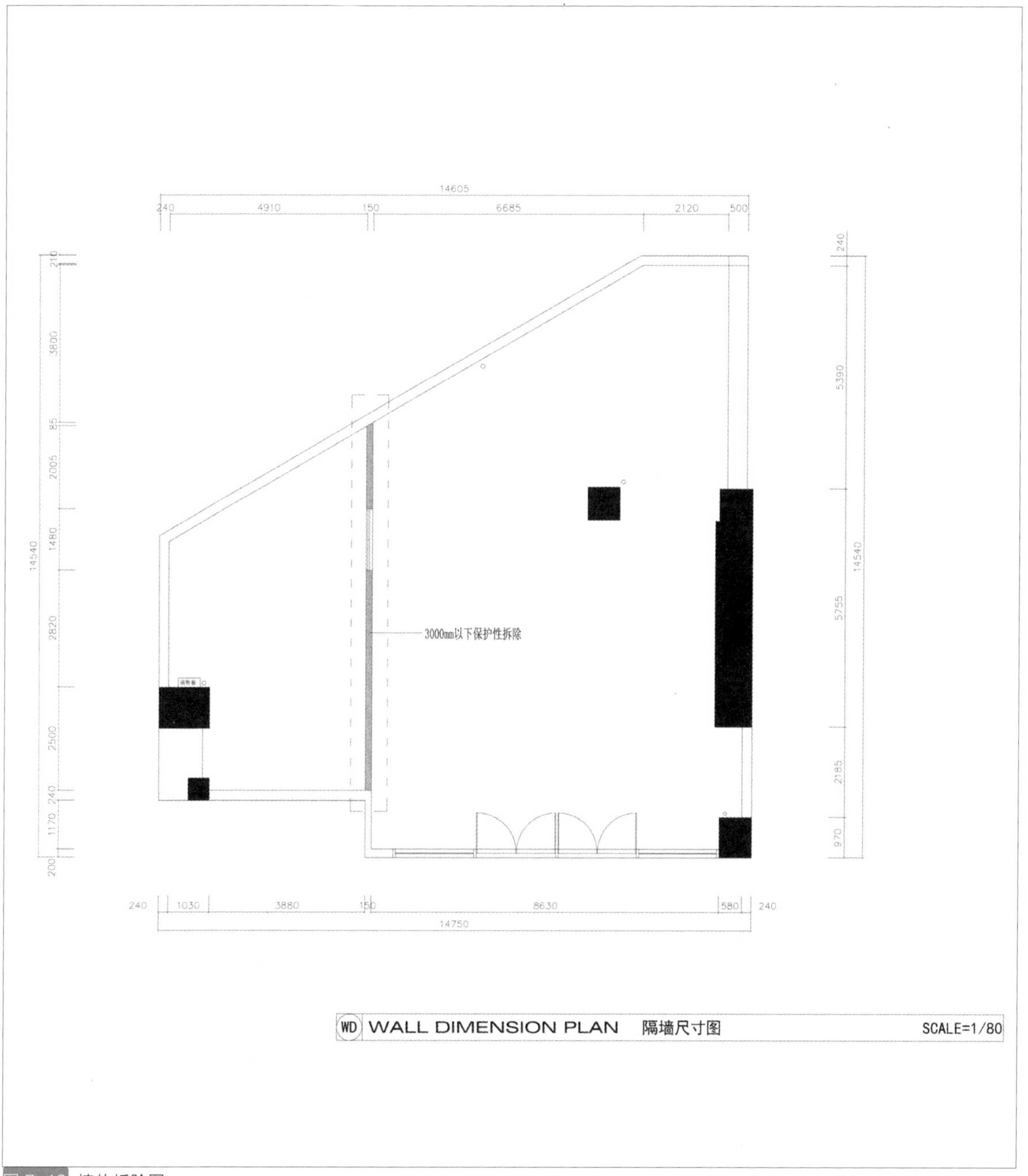

图7-12 墙体拆除图

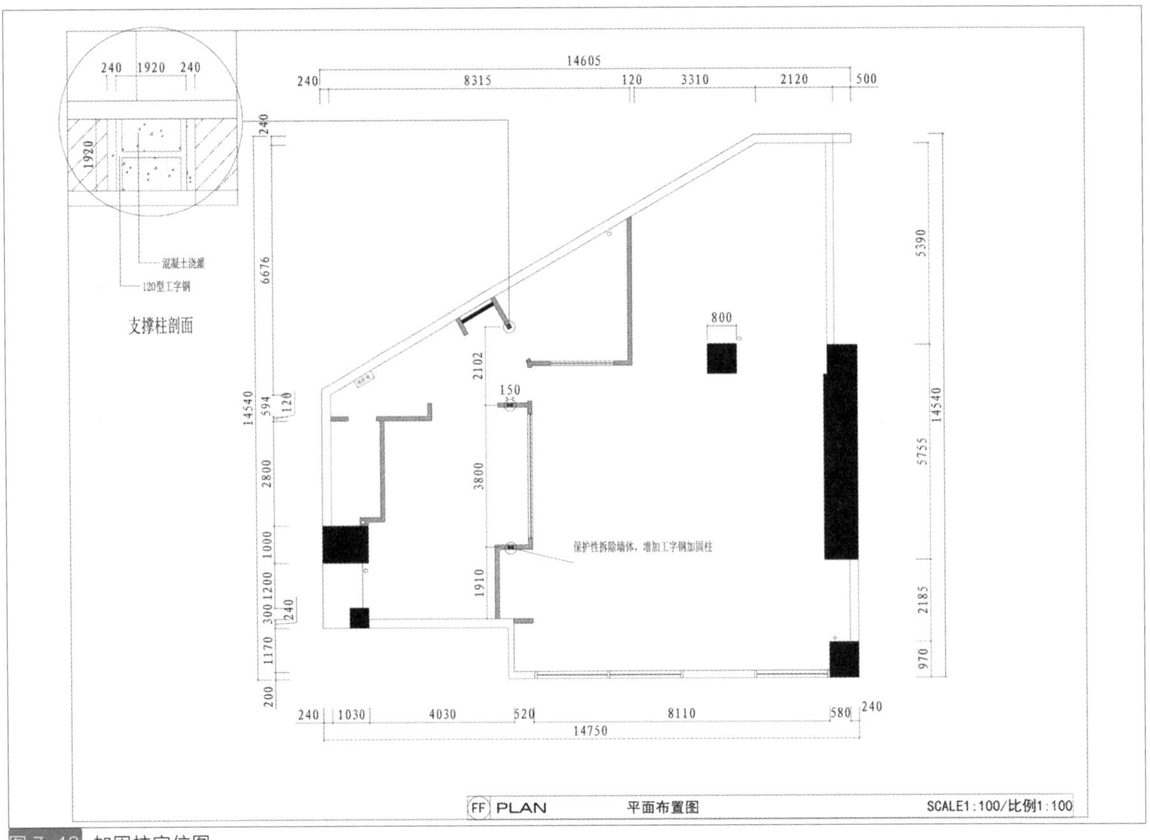

图 7-13 加固柱定位图

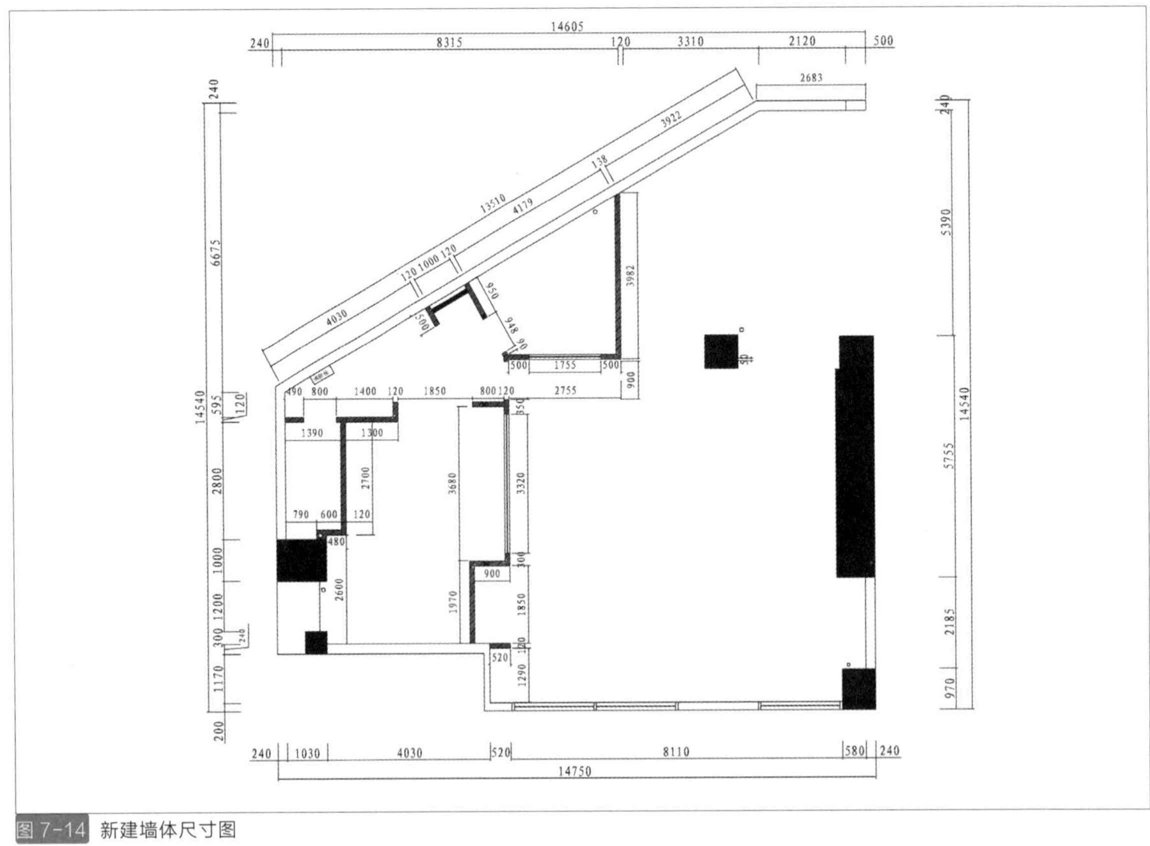

图 7-14 新建墙体尺寸图

7.2.7 室内平面布置图

室内平面布置图是假想用一水平剖切平面，沿装饰房间的距地面 1.5 米高处作水平全剖切，移去上面部分，对剩下部分所作的水平正投影图（见图 7-15）。

室内平面布置图是在原始勘测图的基础上，侧重表现各平面空间的布置。主要内容：

（1）图上尺寸内容有三种：建筑结构体的尺寸、装饰布局和装饰结构的尺寸、家具、设备等尺寸；

（2）表明装饰结构的平面布置、具体形状及尺寸，表明饰面的材料和工艺要求；

（3）室内家具、设备、陈设、织物、绿化的摆放位置、形状及说明；

（4）表明门窗的开启方式及尺寸；

（5）画出各面墙的立面投影符号（或剖切符号）；

（6）有的较为简单的室内家居会将地面装饰材料和做法一同表示。

图纸图线：墙体线用粗实线；门窗洞口以及家具外轮廓、文字说明用中粗实线；地面材料、家具内部结构线、尺寸标注用细实线。

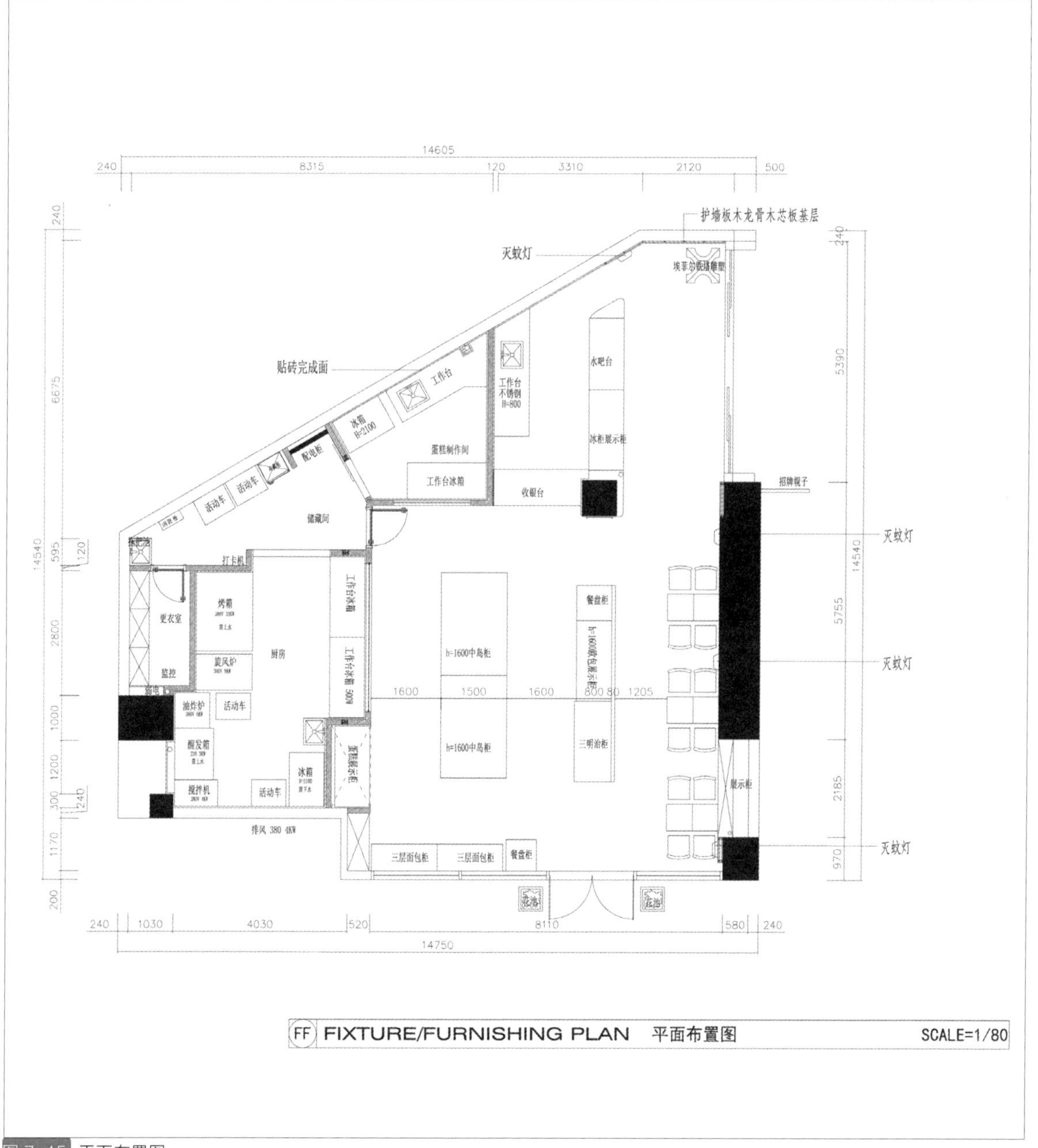

图 7-15 平面布置图

7.2.8 室内地面铺装图

表达各功能空间地面的铺装形式，注明所选用材料的名称、规格和编号；有特殊要求的还要注明工艺做法与详图索引符号；如果地面有埋地式的设备，如地灯、地插座等也需要表达；对特殊位置的地坪材料或者拼花样式，需要标明索引符号和绘制大样图；地坪如有落差，需要标明坡向和坡度，必要时要标明详图索引符号。

图纸主要作用是提供施工依据和地面材料采购的参考图样（见图 7-16、图 7-17）。

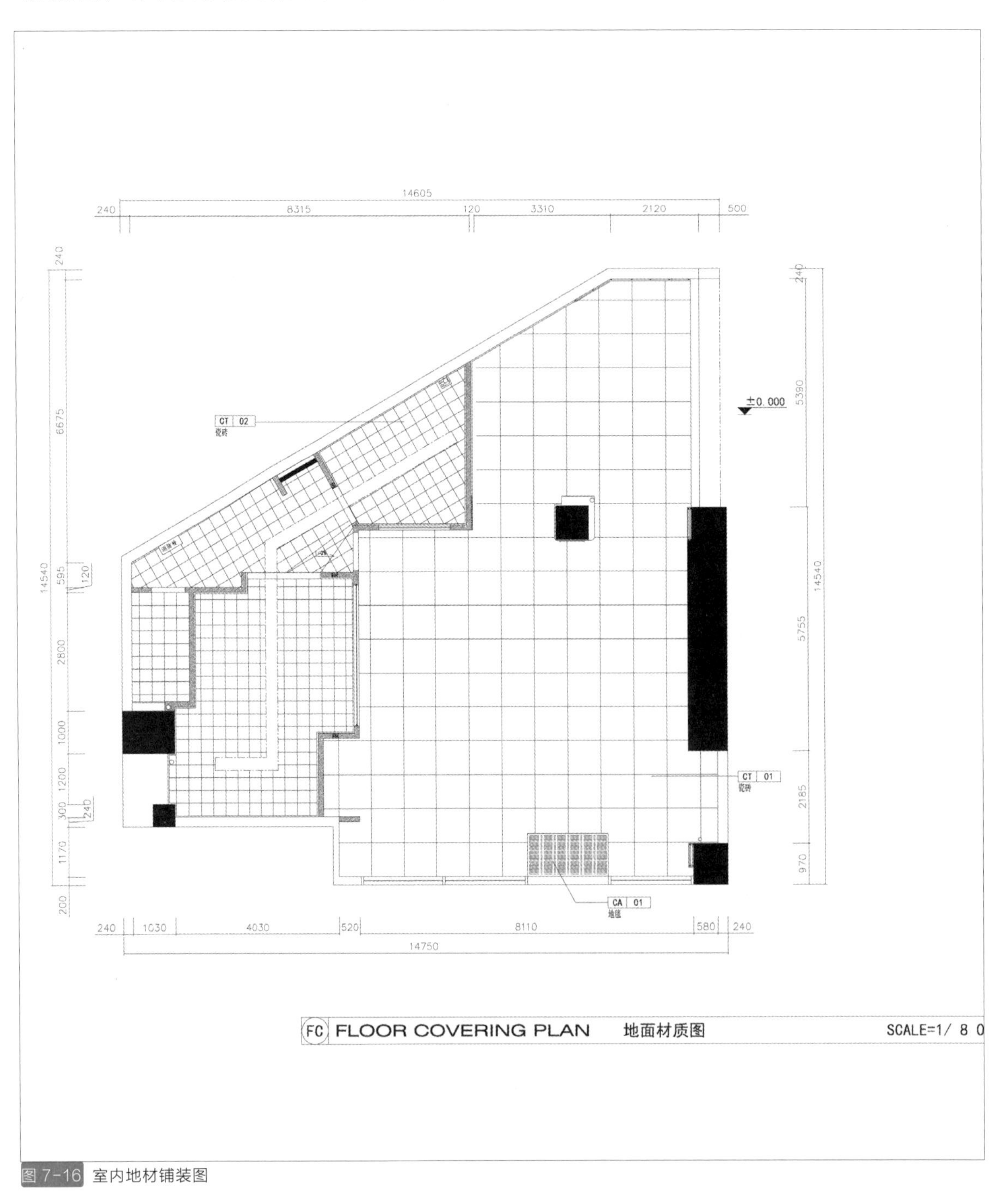

图 7-16 室内地材铺装图

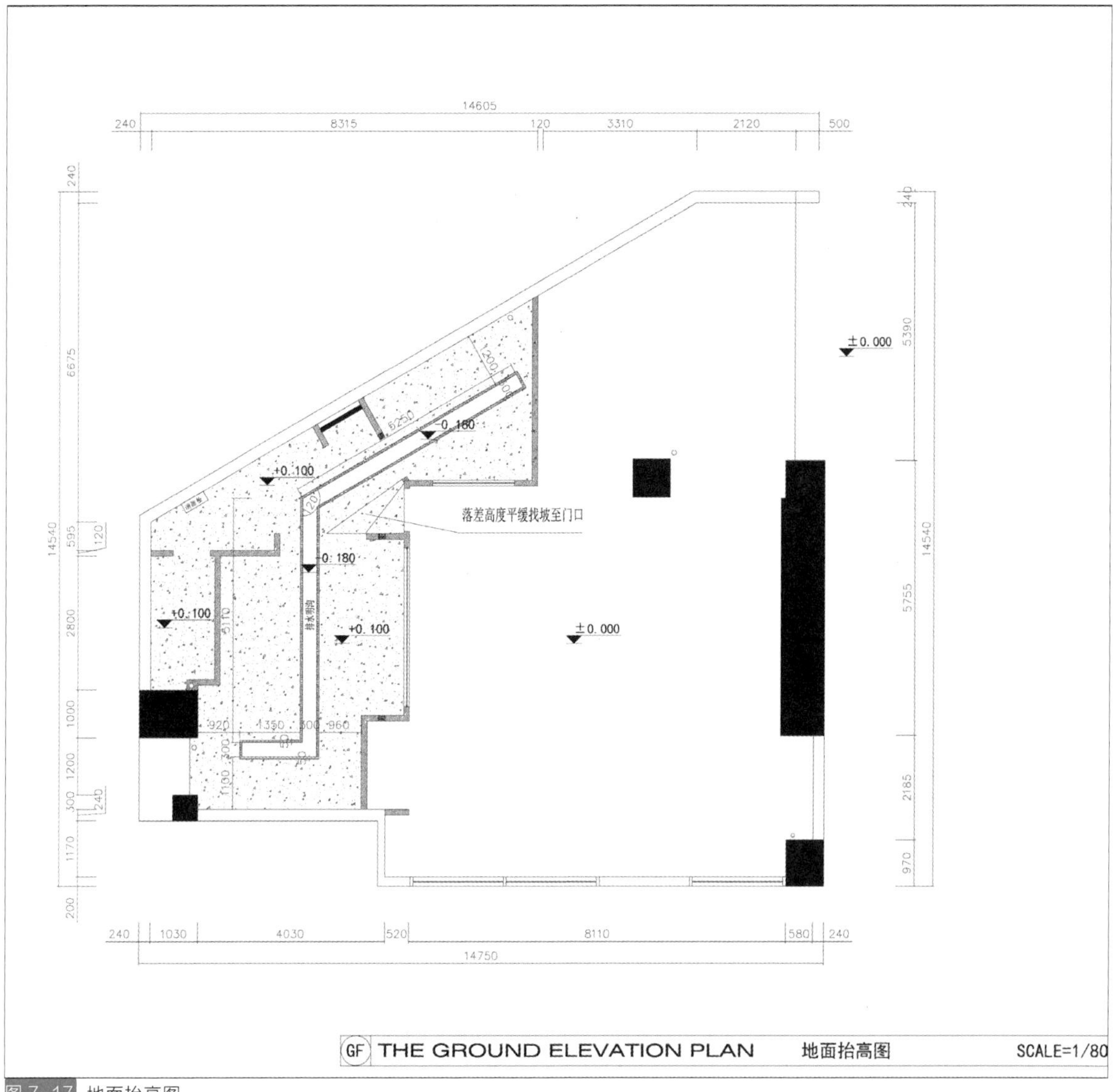

图 7-17 地面抬高图

7.2.9 室内天花平面图

用一个假想的水平剖切平面，沿装饰房间的距地面 1.5 米高处作水平全剖切，移去下面部分，对剩余的上面部分所作的镜像投影，就是顶棚天花平面图。镜像投影是镜面中反射图像的正投影。

天花平面图用于反映房间顶面的形状、装饰做法及所属设备的位置、尺寸等内容，建筑主体结构一般可以不表示，可以用虚线表示门窗位置（见图 7-18）。

图示内容：

（1）反映天花范围内的装饰造型及尺寸；

（2）反映天花所用的材料规格、灯具灯饰、空调风口及消防报警等装饰内容及设备的位置，窗帘、窗帘盒及轨道的位置和尺寸等；

（3）天花底面和分层吊顶的标高，分层吊顶的尺寸、材料，灯具、出风口、烟感器、喷淋、检修口等设备的名称、规格和能够明确其位置的尺寸；

（4）标明每个空间的中心线，可用简写字母 CL 表示；

（5）天花造型的详图索引符号等；

（6）灯具、机电和主要设施需要配以图例表进行说明。

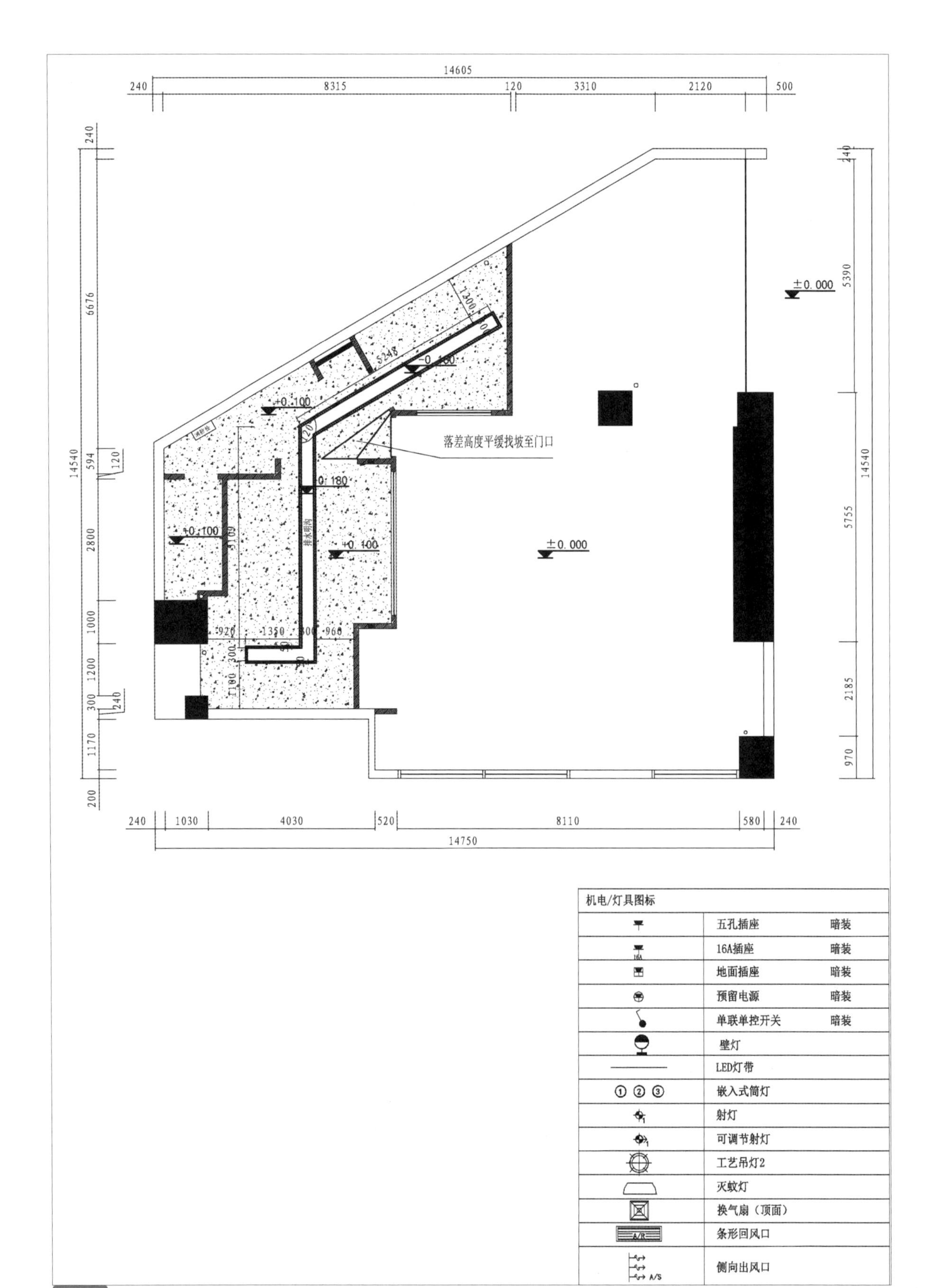

图 7-18 天花布置平面图

7.2.10 立面索引图

在平面图上用内饰符号标明立面图的编号和页码，使立面图纸与平面图产生对应关系，方便阅读和阅览。对较小的空间，可以用虚线框标明需要索引的区域，用引线在图形的外侧标明索引符号。室内立面图根据设计和施工的需求进行标注，成品设施和建筑原有形态可以不进行绘制和标明索引符号。同一方向的折形墙体可以用一张立面图表达，因此只用单面内饰符号标明（见图 7-19）。

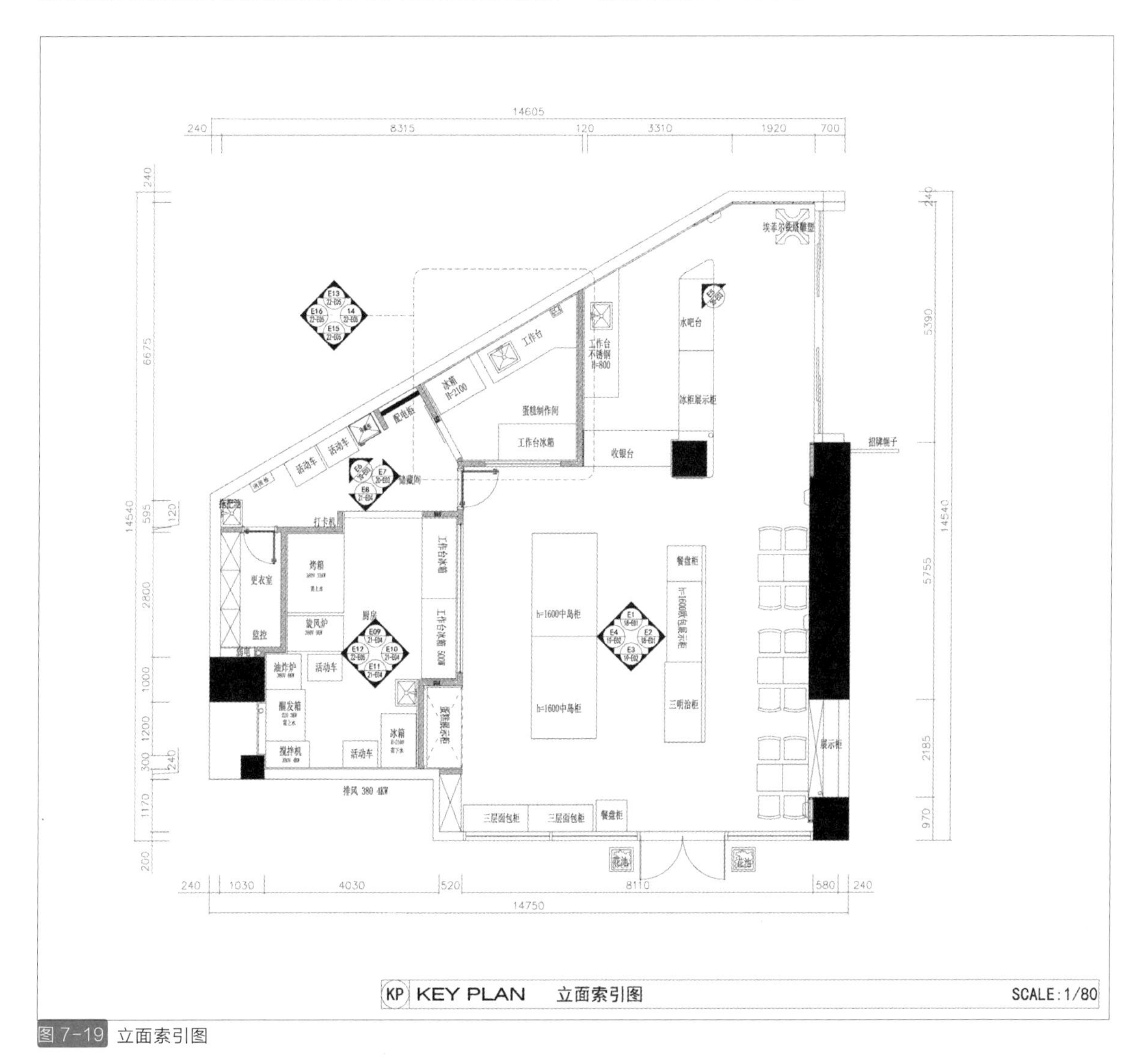

图 7-19 立面索引图

7.2.11 给排水点位图

排水点位图是安排排水口的平面布置图，便于装配排水管路，制定排水方式、管路材料和规格（见图 7-20）。给水点位图是安排用水点的平面布置图，满足使用需求，便于采购供水材料和规格，指导装配供水管路（见图 7-21）。

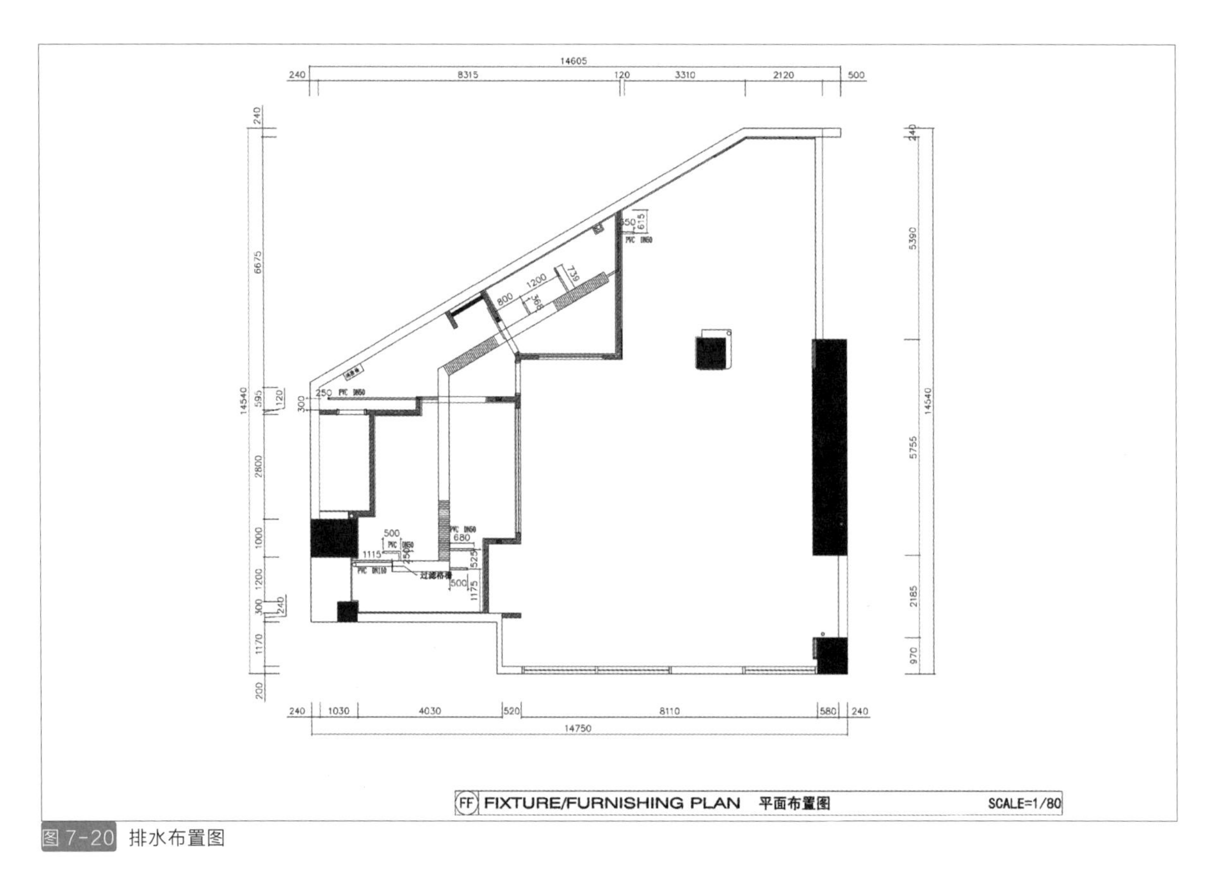

图 7-20 排水布置图

14605
240 8315 120 3310 2120 500
240
6675
14540
595
120
300
2800
1000
1200
300
240
1170
200
240
5390
14540
5755
2185
970
1966
水槽给水点
水槽给水点
3366
PPR DN20
PPR DN20
PPR DN25
拖把池给水点
130
热水器给水点
2142
旋风炉给水点
PPR DN25
水槽给水点
PPR DN20
鞋发箱给水点
295
1700
240 1030 4030 520 8110 580 240
14750
FF FIXTURE/FURNISHING PLAN 平面布置图 SCALE=1/80

图 7-21 给水布置图

7.2.12 机电点位图

机电点位图主要表达电源插座的类型、安装位置和高度、电流数据、排列方式、明装或暗装的安装方式等。图纸要与平面布置图对应设计和绘制，充分考虑生产、生活的不同需求，及预留备用插座。插座高度需要和电器设备的使用方式相对应进行布置，机电设施的图例需要在图纸的左下角或者右下角罗列表格说明（见图 7-22）。

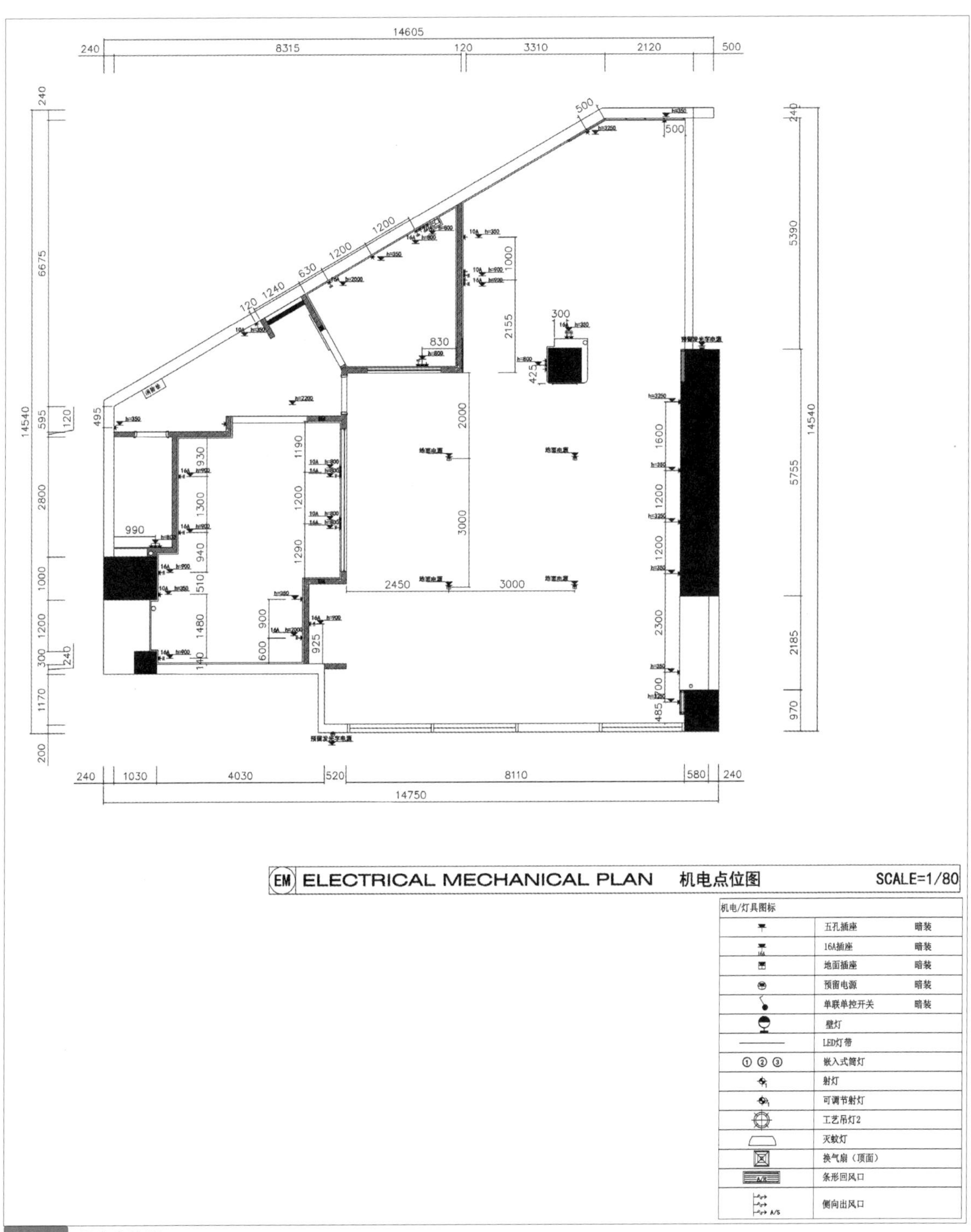

图 7-22 机电定位图

7.2.13 灯具定位图

灯具定位图是在天花平面图的基础上标注灯具位置的图纸，需要标明灯具的间距、灯具安装点的位置、与周边墙体和天花造型的距离，并分别标明筒灯和射灯的编号。灯具的图例需要在图纸的左下角或者右下角罗列表格说明（见图 7-23）。

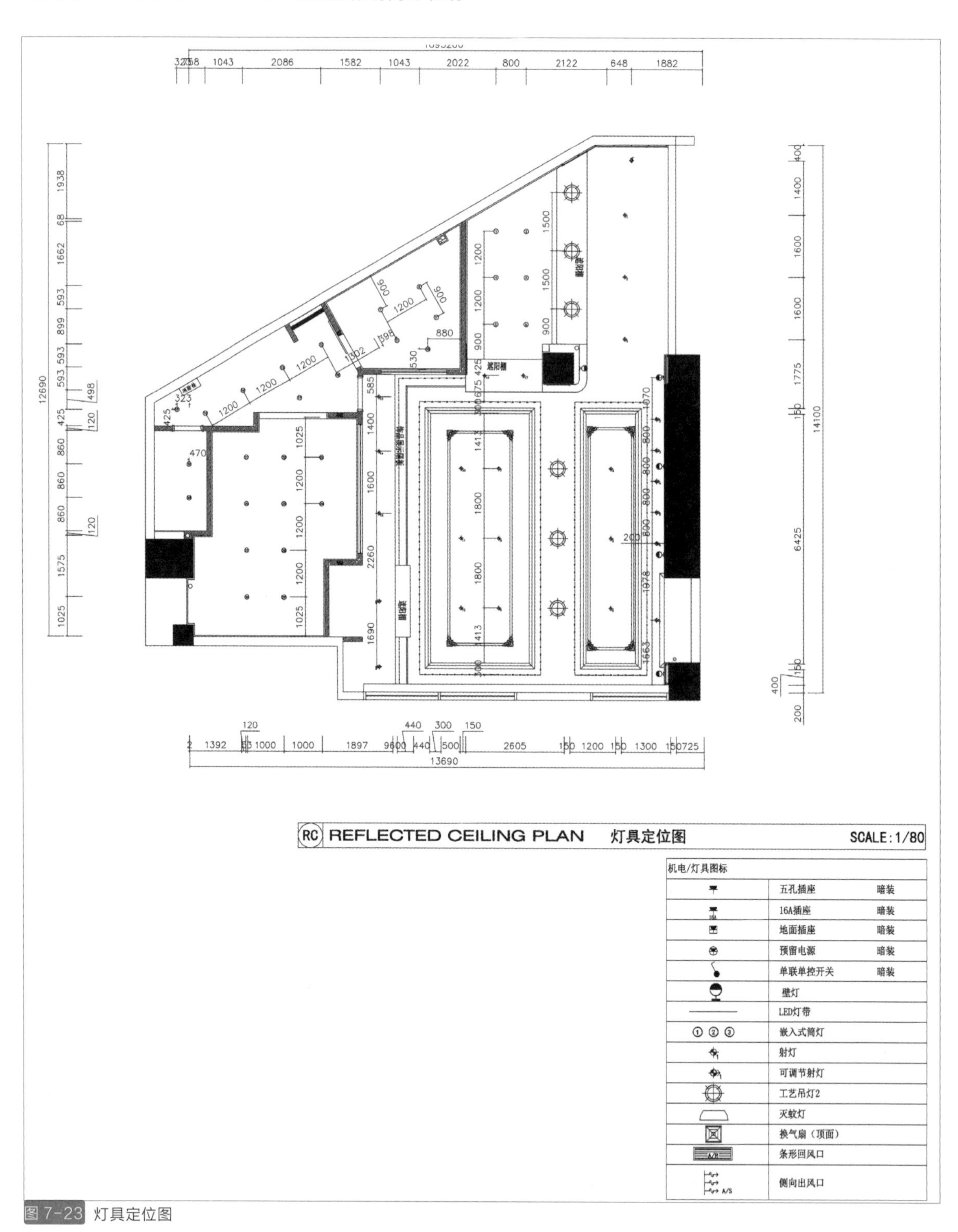

图 7-23 灯具定位图

7.2.14 电路系统图

电路系统图不是投影图，是用图例的符号表示整个工程或其中某一项目的供电方式和电能输送的关系，表示某一装置各主要组成部分的关系。电路系统图要标明电气设备编号、选型、规格和安装方式；标明回路编号、用途和使用区域；供电和配电线路的敷设方式。配电线路的标注方式为：线缆编号 + 型号—线缆根数（电缆线芯数 × 线芯截面 +PE、N 线芯数 × 线芯截面）线缆敷设方式—线缆敷设部位 + 安装高度（见图 7-24）。

以下图为例：“ZR”表示阻燃。“YJV”代表交联聚氯乙烯绝缘聚氯乙烯护套耐火型电力电缆。“4×25+1×16”表示 4 根截面积为 25mm² 的电缆加 1 根截面积为 16 mm² 的电缆。“CDM1-225L/3300 150A”表示断路器的品牌、型号和电流等级。“BV”是铜芯聚氯乙烯绝缘电线。“KBG20”代表电器配线是沿着扣压式镀锌薄壁直径 20 的电线管敷设。

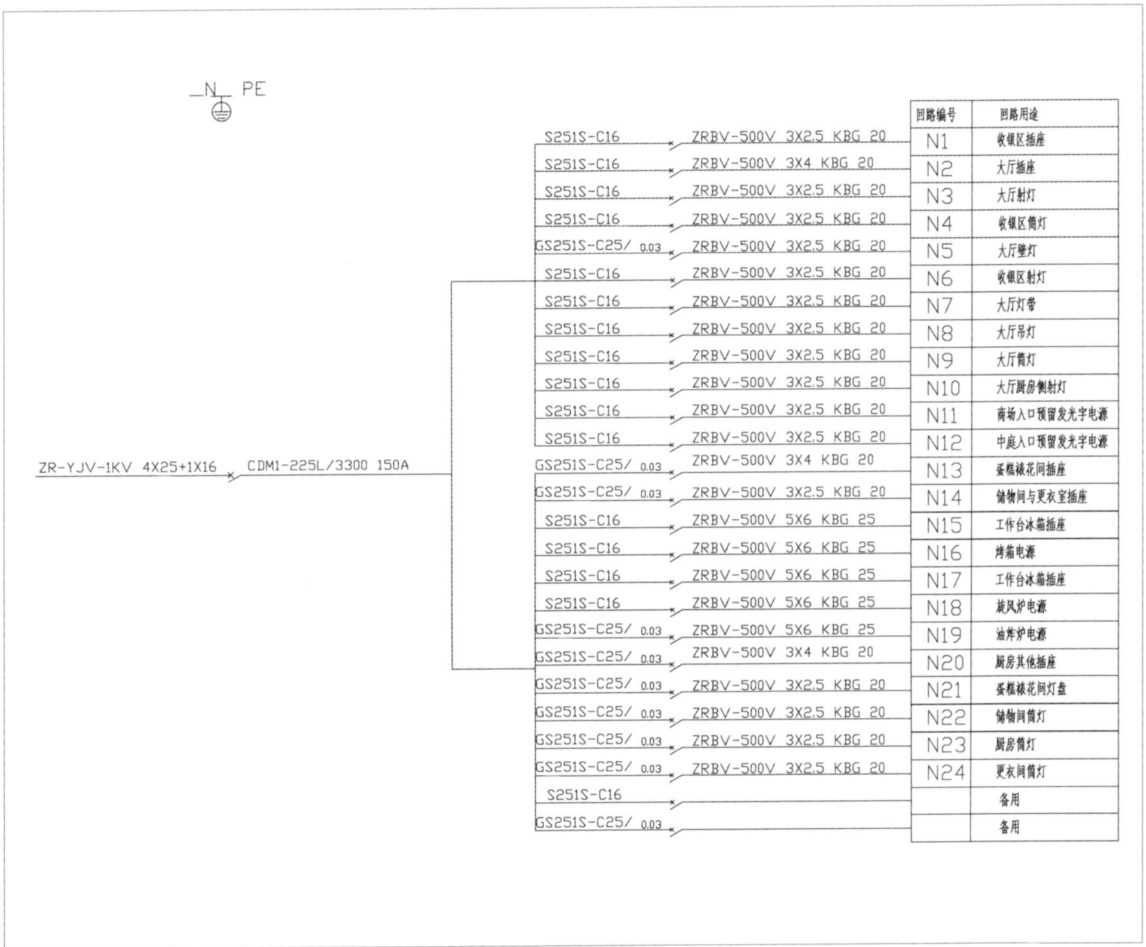

N PE

ZR-YJV-1KV 4X25+1X16

CDM1-225L/3300 150A

		回路编号	回路用途
S251S-C16	ZRBV-500V 3X2.5 KBG 20	N1	收银区插座
S251S-C16	ZRBV-500V 3X4 KBG 20	N2	大厅插座
S251S-C16	ZRBV-500V 3X2.5 KBG 20	N3	大厅射灯
S251S-C16	ZRBV-500V 3X2.5 KBG 20	N4	收银区筒灯
GS251S-C25/ 0.03	ZRBV-500V 3X2.5 KBG 20	N5	大厅壁灯
S251S-C16	ZRBV-500V 3X2.5 KBG 20	N6	收银区射灯
S251S-C16	ZRBV-500V 3X2.5 KBG 20	N7	大厅灯带
S251S-C16	ZRBV-500V 3X2.5 KBG 20	N8	大厅吊灯
S251S-C16	ZRBV-500V 3X2.5 KBG 20	N9	大厅筒灯
S251S-C16	ZRBV-500V 3X2.5 KBG 20	N10	大厅厨房侧射灯
S251S-C16	ZRBV-500V 3X2.5 KBG 20	N11	商场入口预留发光字电源
S251S-C16	ZRBV-500V 3X2.5 KBG 20	N12	中庭入口预留发光字电源
GS251S-C25/ 0.03	ZRBV-500V 3X4 KBG 20	N13	蛋糕裱花间插座
GS251S-C25/ 0.03	ZRBV-500V 3X2.5 KBG 20	N14	储物间与更衣室插座
S251S-C16	ZRBV-500V 5X6 KBG 25	N15	工作台冰箱插座
S251S-C16	ZRBV-500V 5X6 KBG 25	N16	烤箱电源
S251S-C16	ZRBV-500V 5X6 KBG 25	N17	工作台冰箱插座
S251S-C16	ZRBV-500V 5X6 KBG 25	N18	旋风炉电源
GS251S-C25/ 0.03	ZRBV-500V 5X6 KBG 25	N19	油炸炉电源
GS251S-C25/ 0.03	ZRBV-500V 3X4 KBG 20	N20	厨房其他插座
GS251S-C25/ 0.03	ZRBV-500V 3X2.5 KBG 20	N21	蛋糕裱花间灯盘
GS251S-C25/ 0.03	ZRBV-500V 3X2.5 KBG 20	N22	储物间筒灯
GS251S-C25/ 0.03	ZRBV-500V 3X2.5 KBG 20	N23	厨房筒灯
GS251S-C25/ 0.03	ZRBV-500V 3X2.5 KBG 20	N24	更衣间筒灯
S251S-C16			备用
GS251S-C25/ 0.03			备用

图 7-24 电路系统图

7.2.15 开关灯具连线图

开关灯具连线图是依据电路系统图的回路编号和用途，对灯具和控制开关进行连线。主要表达各电路与独立空开的关系，灯具开关的位置和种类，灯具与开关的关系，电路编号等。在图纸的左下角或者右下角需要罗列表格，说明开关机电和灯具的图例（见图7-25）。

7.2.16 机电控制图

机电控制图是依据电路系统图的回路编号和用途，对电源插座的电路进行连线。连线一端是独立空开，即配电箱；另一端是一条电路所控制的电源插座。每条连线要标明回路编号。受到使用功能和工程大小等因素影响，独立空开不只有一处。图纸的左下角或者右下角需要罗列表格，说明机电的图例（见图7-26）。

7.2.17 室内装饰立面图

将建筑物装饰的外观墙面或内部墙面向铅直的投影面所作的正投影图就是装饰立面图。主要反映墙面的装饰造型、饰面处理，以及剖切到的顶棚的断面形状、投影到的灯具或风管等内容（见图7-27- 图7-31）。

（1）在图中用相对于本层地面的标高，标注地台、踏步等的位置尺寸；

（2）顶棚面的距地标高及其叠级（凸出或凹进）造型的相关尺寸；

（3）墙面造型的样式及饰面的处理，标明立面使用材料名称、规格和施工工艺；

（4）墙面与顶棚面相交处的收边做法；

（5）门窗的位置、形式及墙面、顶棚面上的灯具及其他设备；

（6）固定家具、壁灯、挂画等在墙面中的位置、立面形式和主要尺寸；

（7）墙面装饰的长度及范围，以及相应的定位轴线符号、剖切符号等，立面图编号、图纸方向、物体尺寸和位置要与平面布置图相对应；

（8）建筑结构的主要轮廓及材料图例；

（9）标明电源开关、中央空调通风口等设施的位置；

（10）需要详图的内容，要标明索引符号。

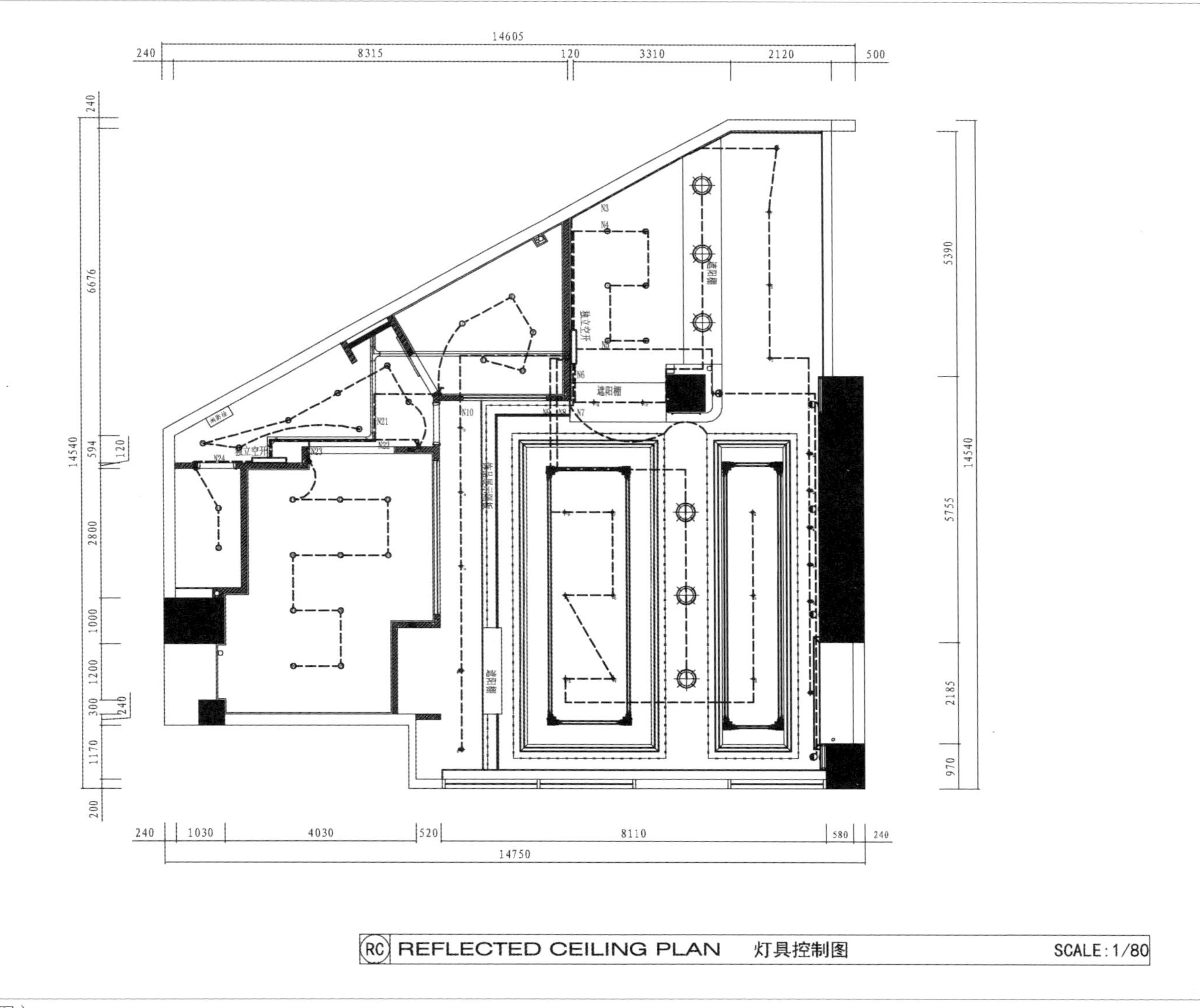

图 7-25 开关灯具连线图（灯具控制图）

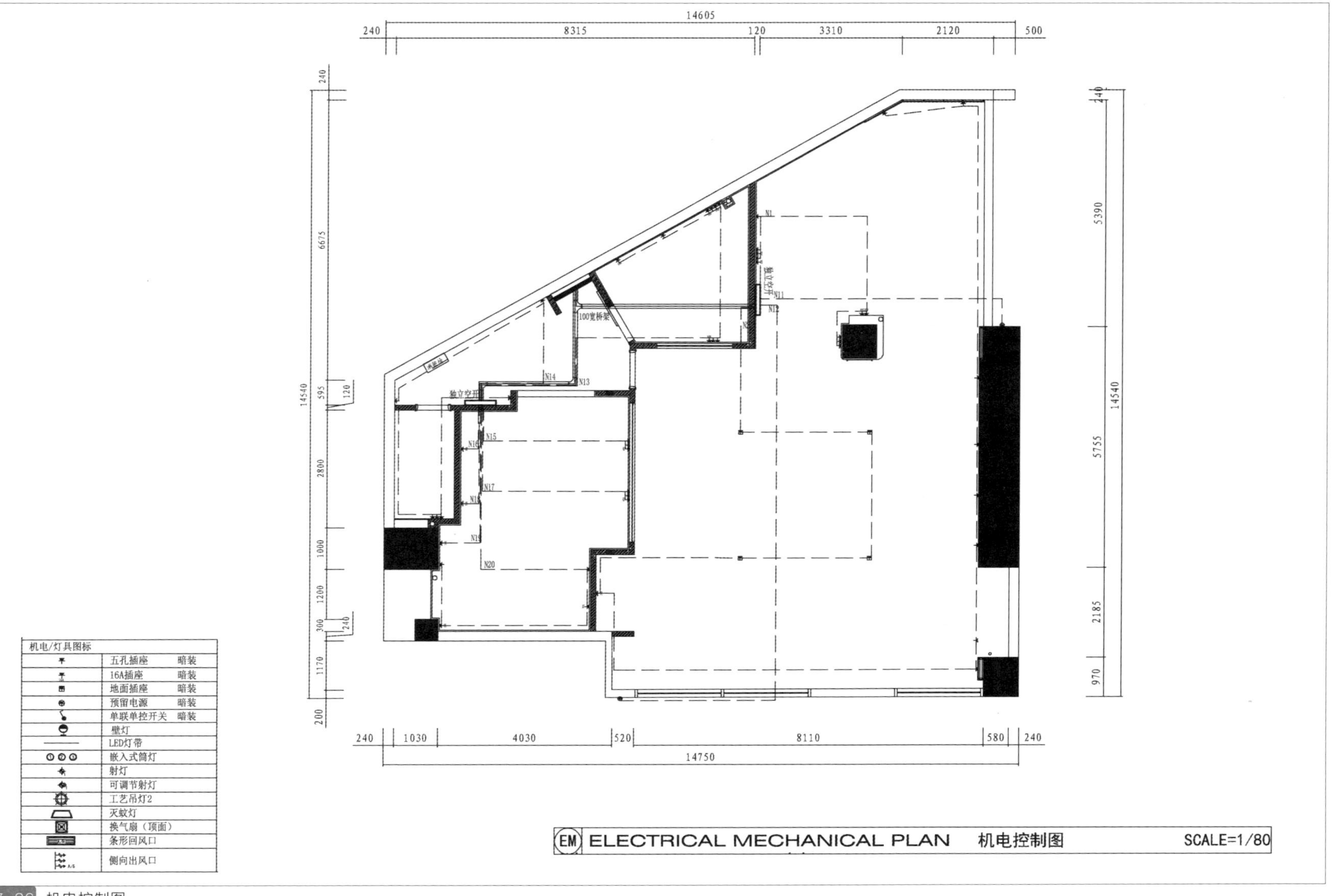
机电/灯具图标
五孔插座 暗装
16A插座 暗装
地面插座 暗装
预留电源 暗装
单联单控开关 暗装
壁灯
LED灯带
嵌入式筒灯
射灯
可调节射灯
工艺吊灯2
灭蚊灯
换气扇（顶面）
条形回风口
侧向出风口
EM ELECTRICAL MECHANICAL PLAN 机电控制图
SCALE=1/80
14605
240
8315
120
3310
2120
500
14540
6675
595
2800
1000
1200
300
1170
200
5390
5755
2185
970
1030
4030
520
8110
580
14750
100宽桥架
独立空开
N1
N11
N12
N13
N14
N15
N16
N17
N20

图 7-26 机电控制图

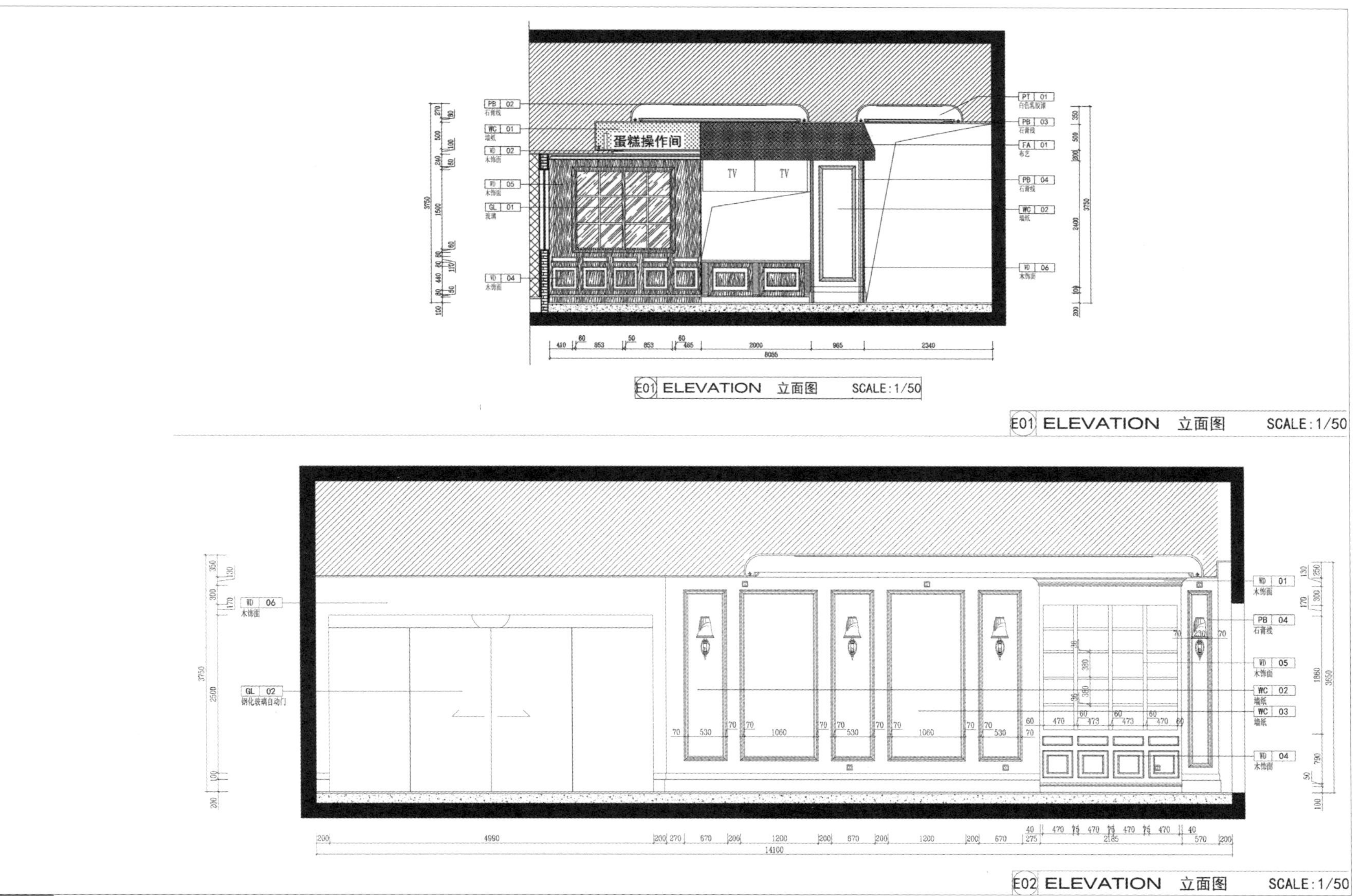

蛋糕操作间
TV
TV
PB 02 石膏线
WC 01 墙纸
WD 02 木饰面
WD 05 木饰面
GL 01 玻璃
WD 04 木饰面
PT 01 白色乳胶漆
PB 03 石膏线
FA 01 布艺
PB 04 石膏线
WC 02 墙纸
WD 06 木饰面
8055
3750
E01 ELEVATION 立面图 SCALE:1/50
E01 ELEVATION 立面图 SCALE:1/50
WD 06 木饰面
GL 02 钢化玻璃自动门
WD 01 木饰面
PB 04 石膏线
WD 05 木饰面
WC 02 墙纸
WC 03 墙纸
WD 04 木饰面
14100
3650
3750
E02 ELEVATION 立面图 SCALE:1/50

图 7-27 装饰立面图 1

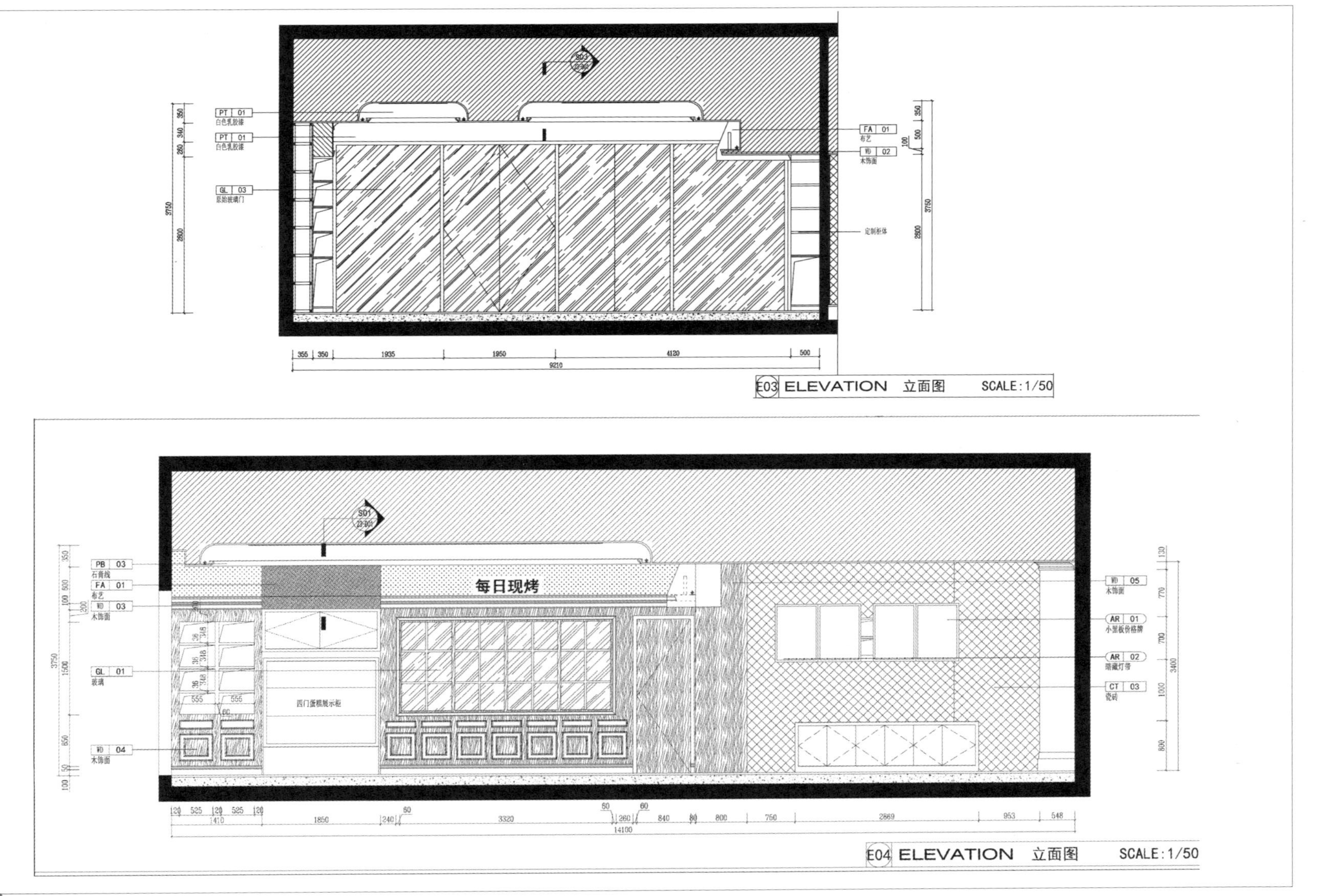
PT 01
白色乳胶漆
PT 01
白色乳胶漆
GL 03
原始玻璃门
FA 01
布艺
WD 02
木饰面
定制柜体
E03 ELEVATION 立面图 SCALE:1/50
PB 03
石膏线
FA 01
布艺
WD 03
木饰面
GL 01
玻璃
WD 04
木饰面
每日现烤
四门蛋糕展示柜
WD 05
木饰面
AR 01
小黑板价格牌
AR 02
暗藏灯带
CT 03
瓷砖
E04 ELEVATION 立面图 SCALE:1/50

图 7-28 装饰立面图 2

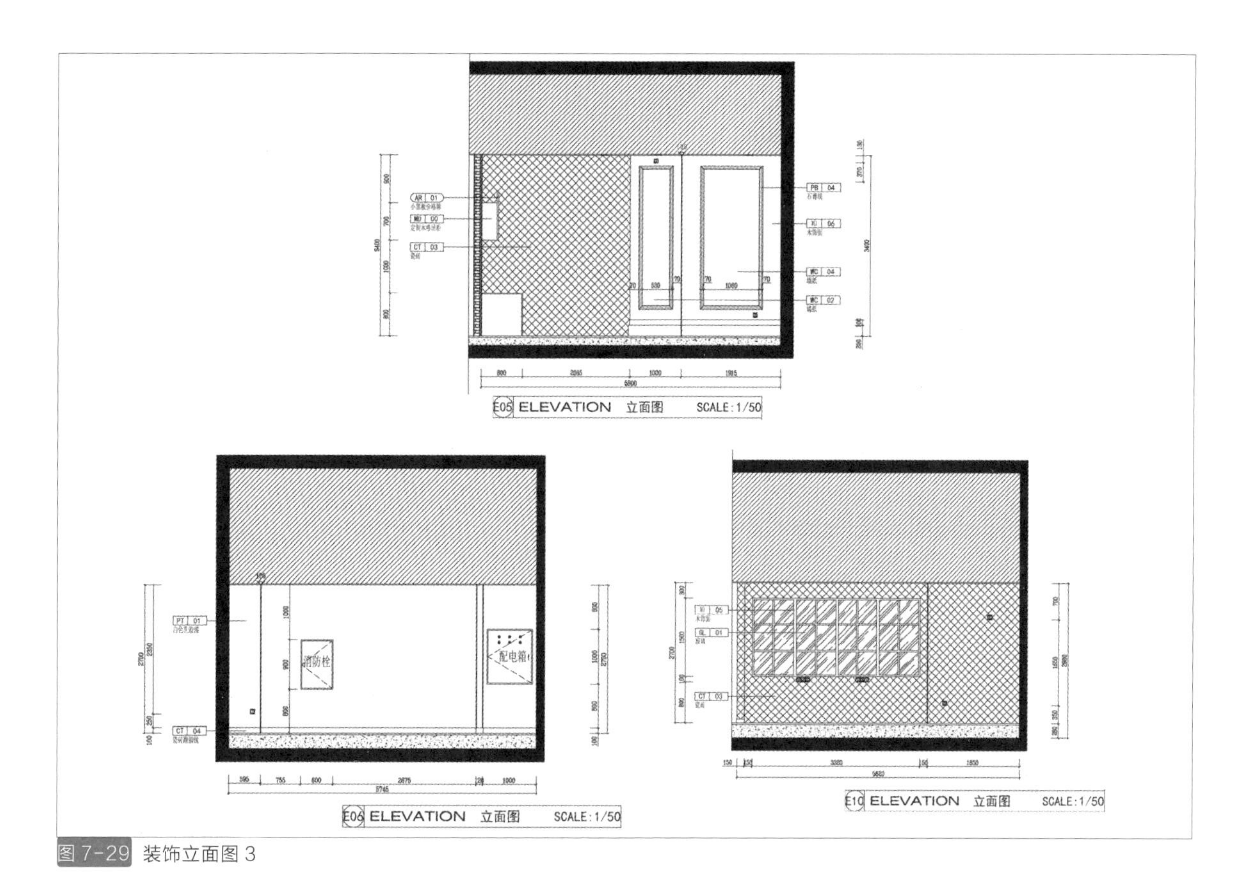

图 7-29 装饰立面图 3

E08 ELEVATION 立面图 SCALE:1/50

E09 ELEVATION 立面图 SCALE:1/50

E10 ELEVATION 立面图 SCALE:1/50

E11 ELEVATION 立面图 SCALE:1/50

图 7-30 装饰立面图 4

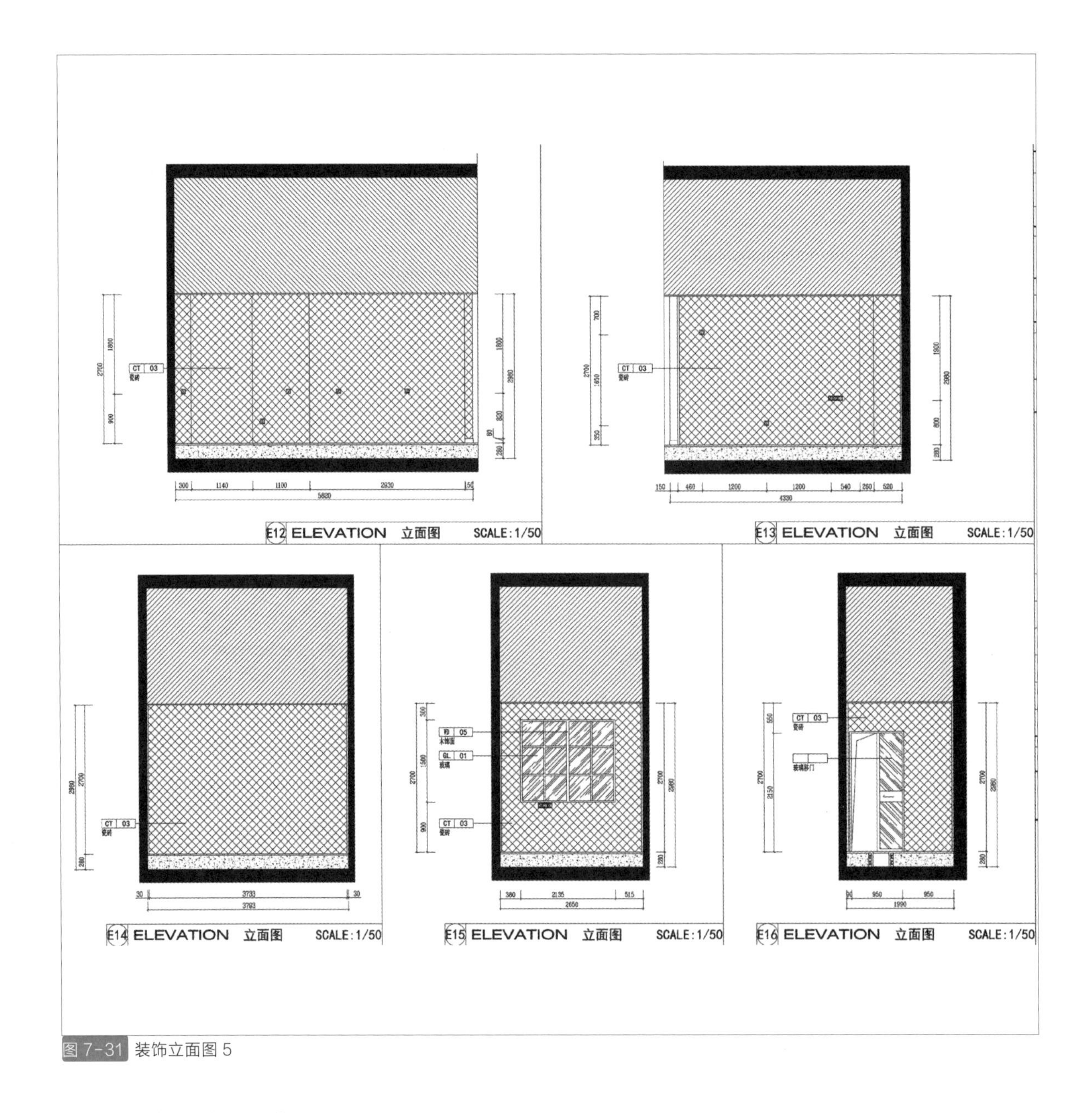

图 7-31 装饰立面图 5

7.2.18 室内装饰节点详图

节点大样图是装修细部的局部放大图、剖面图、断面图等。由于在装修施工中常有一些复杂或细小的部位，在上述平、立面图中未能表达或未能详尽表达时，就需要用节点大样图来表示该部位的具体内容（见图 7-32）。

节点大样图是说明某一部分的施工内容及做法，表示内容有：

（1）表达细部的造型、材料种类和规格、施工工艺、安装结构、造型特点等；

（2）表达出被切截面从房屋结构体至面饰层的施工构造连接方法和相互关系；

（3）表达紧固件、连接件的具体图形及尺寸；

（4）表达出各断面构造内的材料图例、编号、说明及工艺要求。

虽然在一些设计手册中会有相应的节点详图可以选用，但是由于装修设计往往带有鲜明的个性，再加上装修材料和装修工艺做法的不断变化，以及室内设计师的新创意，因此，节点详图在装修施工图中是不可缺少的。

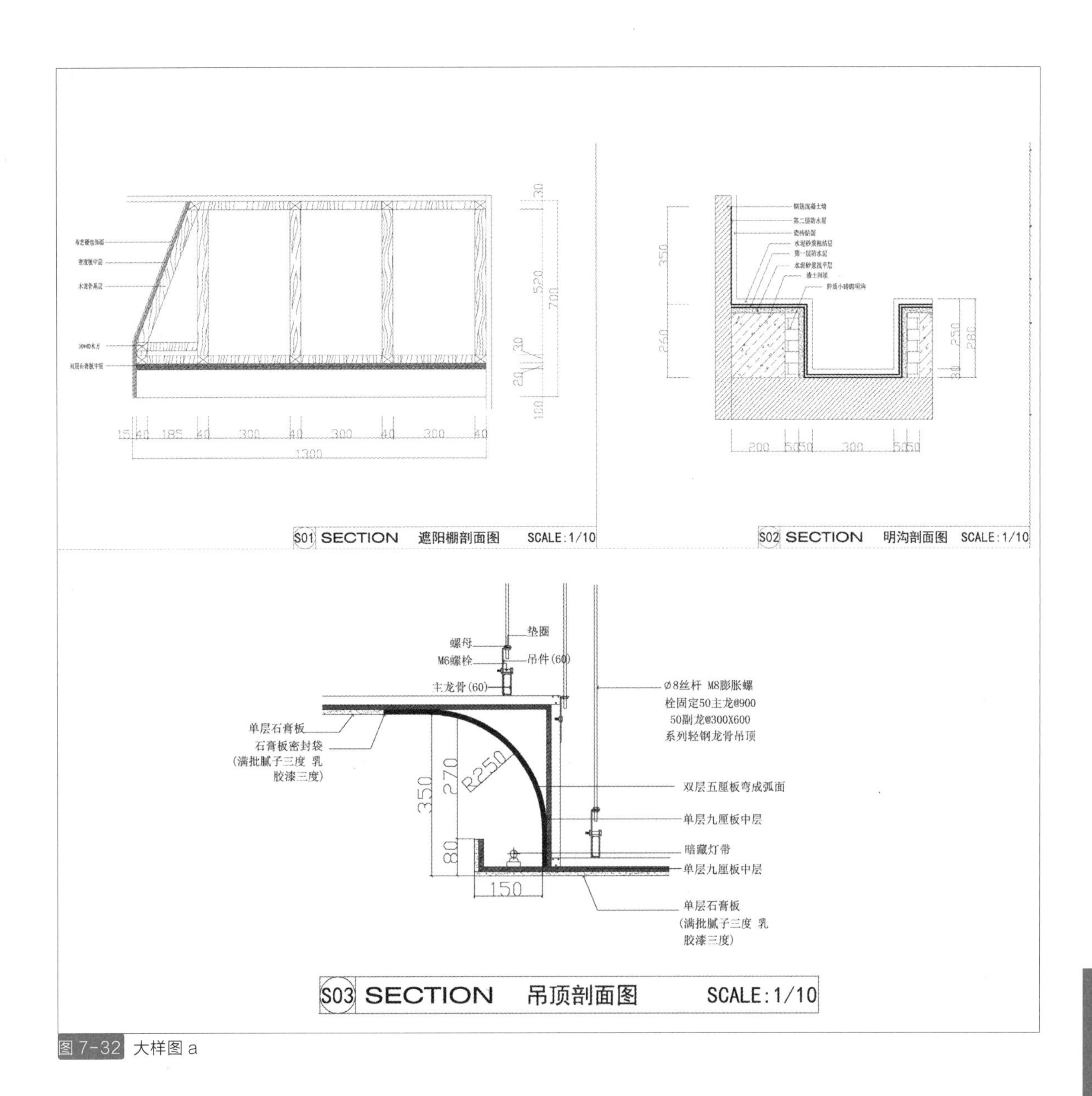

图 7-32 大样图 a

7.2.19 图纸布局

在同一张图纸上绘制若干个视图时，各视图的位置应根据视图的逻辑关系和版面的美观决定。每个视图均应在视图下方、一侧或相近位置标注图名（见图 7-33）。

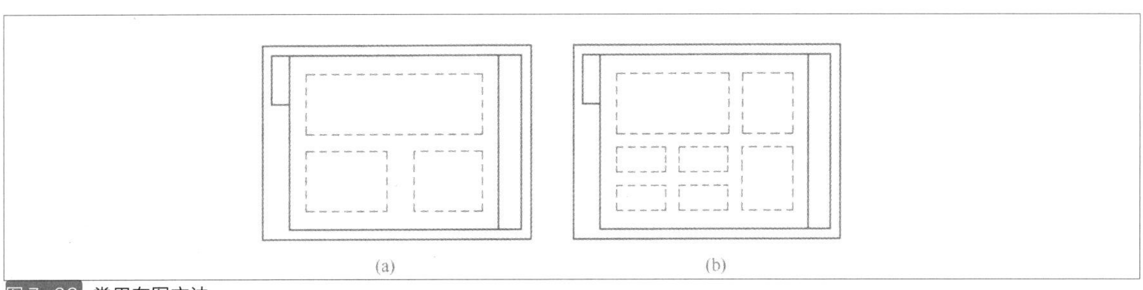

图 7-33 常用布图方法

08

景观设计施工图与实训

8.1 概述

8.1.1 景观施工图组成

景观设计学是一门建立在广泛的自然科学和人文艺术学科基础上的应用学科，核心是协调人与自然的关系。景观设计学涉及建筑学、规划学、风景园林学、环境学、生态学、地理学、林学、生命科学、社会学和艺术等。

景观是指土地及土地上的空间和物体所构成的综合体。它是复杂的自然过程和人类活动在大地上的烙印。景观设计是对某个特定地方的设计。

景观施工图应根据已经通过的方案设计文件、初步设计文件及设计合同书中的有关内容进行编制，内容以图纸为主，包括封面、图纸目录、设计说明、图纸、材料表、材料附图、详细面积指标等。

景观施工图文件一般按专业为编排单位，分为园建、绿化、结构、给排水、电气专业等。各专业的设计文件应经过严格校审、签字后，方可出图及整理归档。

8.1.2 施工图图纸深度要求

施工图的设计深度应满足以下要求：

（1）能够根据施工图要求编制施工预算；

（2）能够根据施工图要求安排材料、设备订货及非标准材料的加工；

（3）能够根据施工图要求进行施工和安装；

（4）能够根据施工图要求进行工程验收；

设计中应因地制宜地积极推广和正确选用国家、行业和地方的建筑标准设计，并在设计文件的设计说明中标注图集名称和页次。

设计说明书和图纸来表达的内容、深度等，依据园林景观工程通用标准编制。

8.1.3 景观施工图编排顺序和类别

（1）文字部分：封皮，目录，总说明，材料表等；

（2）施工放线：施工总平面图，各分区施工放线图，局部放线详图等；

（3）土方工程：竖向施工图，土方调配图；

（4）建筑工程：建筑设计说明，建筑构造作法一览表，建筑平面图、立面图、剖面图，建筑施工详图等；

（5）结构工程：结构设计说明，基础图、基础详图，梁、柱详图，结构构件详图等；

（6）电气工程：电气设计说明，主要设备材料表，电气施工平面图、施工详图、系统图、控制线路图等。大型工程应按强电、弱电、火灾报警及其智能系统分别设置目录；

（7）给排水工程：给排水设计说明，给排水系统总平面图、详图，给水、消防、排水、雨水系统图，喷灌系统施工图。

（8）园林绿化工程：植物种植设计说明，植物材料表，种植施工图，局部施工放线图，剖面图等。如果采用乔、灌、草多层组合，分层种植设计较为复杂，应该绘制分层种植施工图。

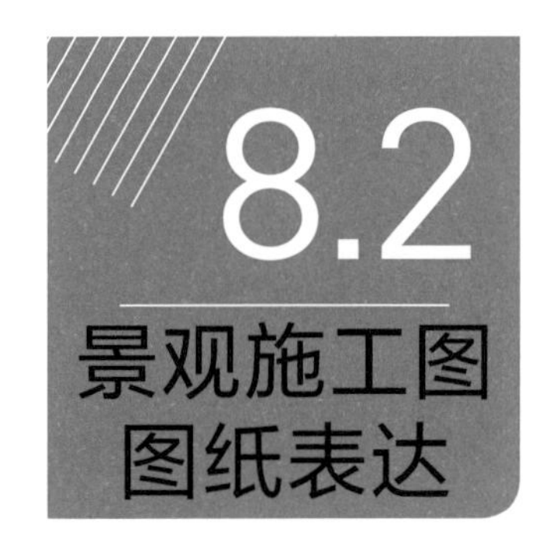

8.2 景观施工图图纸表达

本节以高压电塔下的景观为例，讲解景观施工图中各图纸内容（见图 8-1、图 8-2）。

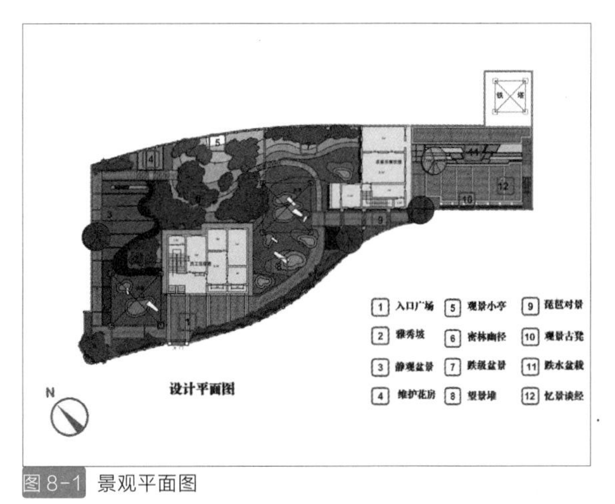

图 8-1 景观平面图

图 8-2 景观效果图

8.2.1 封面

主要标明工程名称、图纸专业、出图单位、建设单位、施工单位、出图时间和版本、工程项目编号（见图 8-3）。

电 厂 旧 通 信 大 院

景观改造工程设计施工图

景观设计公司

图 8-3 封面

8.2.2 目录

主要标明图纸的名称、图纸序号、图纸专业类别、图号、图幅和备注（见图 8-4）。

图 纸 目 录 共 2 页 第 1 页

工程名称：电厂旧通信大院景观改造工程　设计号：　图别：　日期：04.23

图纸编号 标通统图或重用图	新图	图纸名称	页次	图幅	图号	备注
		封面				
	1	设计说明一	1	A2		
	2	设计说明二	1	A2		
	3	总平面图	1	A2	Z-01	
	4	总平面分区索引图	1	A2	Z-02	
	5	总平面索引图	1	A2	Z-03	
	6	总平面围墙索引图	1	A2	Z-04	
	7	总平面尺寸标注图	1	A2	Z-05	
	8	总平面竖向设计图	1	A2	Z-06	
	9	总平面铺装材料图	1	A2	Z-07	
	10	总平面网格定位图	1	A2	Z-08	
	11	山林漫步网格定位详图	1	A2	Y-01	
	12	洽谈交流区定位详图	1	A2	Y-02	
	13	盆栽交流区网格定位详图	1	A2	Y-03	
	14	设施小品详图一	1	A2	Y-04	
	15	设施小品详图二	1	A2	Y-05	
	16	设施小品详图三	1	A2	Y-06	
	17	设施小品详图四	1	A2	Y-07	
	18	设施小品详图五	1	A2	Y-08	
	19	设施小品详图六	1	A2	Y-09	
	20	设施小品详图七	1	A2	Y-10	
	21	设施小品详图八	1	A2	Y-11	
	22	设施小品详图九	1	A2	Y-12	
	23	设施小品详图十	1	A2	Y-13	
	24	设施小品详图十一	1	A2	Y-14	
	25	设施小品详图十二	1	A2	Y-15	
	26	设施小品详图十三	1	A2	Y-16	
	27	设施小品详图十四	1	A2	Y-17	
	28	设施小品详图十五	1	A2	Y-18	
	29	设施小品详图十六	1	A2	Y-19	
	30	设施小品详图十七	1	A2	Y-20	
	31	设施小品详图十八	1	A2	Y-21	
	32	设施小品详图十九	1	A2	Y-22	
	33	设施小品详图二十	1	A2	Y-23	
	34	设施小品详图二十一	1	A2	Y-24	
	35	设施小品详图二十二	1	A2	Y-25	
	36	设施小品详图二十三	1	A2	Y-26	
	37	设施小品详图二十四	1	A2	Y-27	
	38	总平面植物配置图	1	A2	P-01	
	39	总平面乔木种植图	1	A2	P-02	

图 纸 目 录

工程名称：电厂旧通信大院景观改造工程　设计号：　图别：　日期：04.23

图纸编号 标通统图或重用图	新图	图纸名称	页次	图幅	图号	备注
	40	总平面灌木种植图	1	A2	P-03	
	41	苗木配置表	1	A2	P-04	
	42	给排水布局意向平面图	1	A2	W-01	
	43	景观照明平面图	1	A2	W-02	
	44	宿舍建筑立面图	1	A2	Z-01	
	45	土菜馆建筑立面图	1	A2	Z-02	
	46	意向图	1	A2	S-01	
	47	植物意向图	1	A2	S-02	

图 8-4 目录

8.2.3 设计说明

设计说明主要是针对整个工程需要说明其设计依据、施工工艺以及材料数量、规格及其他要求（见图8-5、图8-6）。

具体内容：

景观设计依据及设计要求，应注明采用的标准图集及依据的法律规范；景观设计范围；标高及标注单位，应说明图纸文件中采用的标注单位，采用的是相对坐标还是绝对坐标，如为相对坐标，须说明采用的依据以及与绝对坐标的关系；材料选择及要求。对各部分材料的材质要求及建议进行说明，一般包括：饰面材料、木材、钢材、防水疏水材料、种植土及铺装材料等；施工要求，强调需注意工种配合及对气候有要求的施工部分；经济技术指标，即施工区域总的占地面积，绿地、水体、道路、铺地等的面积及占地百分比、绿化率及工程总造价等。

电厂旧通信大院景观改造工程

设计说明(1)

一、项目概况：工程名称：电厂旧通信大院景观改造工程
建设单位：景观设计公司
红线院内景观用地面积：约1540平方米，另院外坡道：约110平方米
其中：硬质：893平方米
绿化：740平方米
水景：17平方米
景观设计范围包括工程园建、绿化及相关给排水设施布局图、基本照明设施布局图。

二、设计依据：
1、甲方通过的设计方案，甲方提供的建筑规划总平面图和建筑平面图。
2、国家及地方现行有关规范、标准等。

三、标高：
根据甲方要求以大院门口与建筑物之间地面为参考依据，本套施工图根据实际道路及景观规划的要求进行相对标高竖向设计。实际施工时，必须进行现场实测，核实与图纸设计无误后方可进行施工。

四、设计总则：
1、除特别说明外，本工程施工图所标尺寸除标高以米为单位外，其余均以毫米（mm）为单位。
2、施工图中的平、立、剖面及节点详图等，在使用时应尽量以图中所标注尺寸为准，如出现缺少或比例有误的尺寸标注，再以图中标注比例量度测算。
3、所有与设备有关的管线、预埋件等，必须与相关的设备工种图纸密切配合。施工过程中注意对地下管线的保护，不得野蛮施工。围墙基础最好进行加固，便于安装防护栏和其它景观设施。

五、场地坡度：
根据甲方要求以大院门口与建筑物之间地面为参考依据，本套施工图根据实际道路及景观规划的要求进行相对标高竖向设计。施工前，必须核实现场实际情况和清理杂物后再放线。具体各道路的设计坡度依据为：
1、大块硬地的排水坡度为2%~3%；绿地采用自然排水。
2、按照原来地形走向进行堆坡。均须根据实际情况严格按不得低于3%的排水坡度调坡，起坡绿地依据图中标高成坡，坡形曲线应自然流畅。
3、绿地种植土的标高在距所有道路和地面边缘200mm范围内，均控制其低于道路或地面标高60mm。
4、所有汀步步石、园路均随标高和现场地形变化自然调坡。

六、地面做法：
大院的主要铺装材质有青石板、花岗岩、陶土砖等。其中，青石板用于主体道路铺装。
各硬质铺地，如图纸提供了基层做法图纸，则以图纸为准，否则就以下面提供的做法施工：

1、大院主体道路铺装：
25厚青石板和30厚花岗岩
50厚1：2.5干硬性水泥砂浆
100厚C10混凝土
100厚密实碎石
分层素土夯实(密实度>92%)

2、大院步石铺装：
60厚青石板
30厚粗砂
分层素土夯实(密实度>92%)

3、板材贴面做法：平铺做法所用水泥砂浆为20或30厚1:3干硬性水泥砂浆；
立面做法采用20厚1:3水泥砂浆找平，刷素水泥浆一遍。
光面压顶石材侧看面也需抛光。

七、金属结构：
1.按设计规格及厂家资料施工。
2.自动焊和半自动焊时采用H08A和H08MnA焊丝，其力学性能符合GB5117-85的规定.
3.焊接型钢应遵守相关的规范，焊缝高度不小于6MM，长度均为满焊。
4.钢筋：ø为HPB235，ø为HRB335，钢材：Q235-B
5.所有外露钢、铁件刷防锈漆两道(安装前一道)，露明焊缝均须锉平磨光，面漆详见单体图纸标注说明。

八、其他：
1、建筑及景观围墙、高压电塔现已形成，施工时注意和景观的连接，如尺寸与现场有不符，以现场为准进行调整。
2、本项目中的艺术小品样式要由设计方和甲方确认方可实施安装，由甲方供应。
3、绿化施工必须严格按种植表进行采购，乔木种植后须绑扎，大型乔木须支架。并做好后期的绿化护理工作。
4、对于部分异形需特殊加工的材料，需在现场放样核实后做样板段经业主和设计人员认可后，方可大面积施工。
5、本工程关键部分用材（如木材、青石板、花岗岩、油漆等）的规格、细部尺寸加工和材料质量等的要求，均须经设计单位、施工安装单位三方共同协调确定，所有选用产品业主、均应有国家或地方有关部门鉴定或准用文件，以确保工程质量。
6、工程必须严格遵守各项验收规范，各施工单位应密切配合。施工前先要全面清楚了解有关工种设计图纸内容、设求等。若发现设计图纸中存在错、漏、碰、缺等问题，应及计要时与甲方和设计单位联系，并协助改正，以保证工程进展和安装质量。

图8-5 景观施工图设计说明

电厂旧通信大院景观改造工程
设计说明(2)

一、关于地面变形缝设置要求：（面层与垫层伸缝应对应设置）。

1）伸缝：采用混凝土垫层时应设置伸缝，其纵向间距应小于20m。

2）缩缝：采用混凝土垫层均应设置纵向缩缝和横向缩缝。纵横向缩缝间距不大于4m，缩缝构造为假缝。

3）沉降缝：混凝土地面与柱或两侧荷载相差悬殊时需设沉降缝。

二、图例说明：

PA　种植区

WA　水景区

FL　完成面标高

TS　土壤面标高

TW　墙顶标高

三、如遇井盖位于硬质地面上，需作景观化处理，作法参见下图
如遇井盖位于草地上，采用可植草井盖

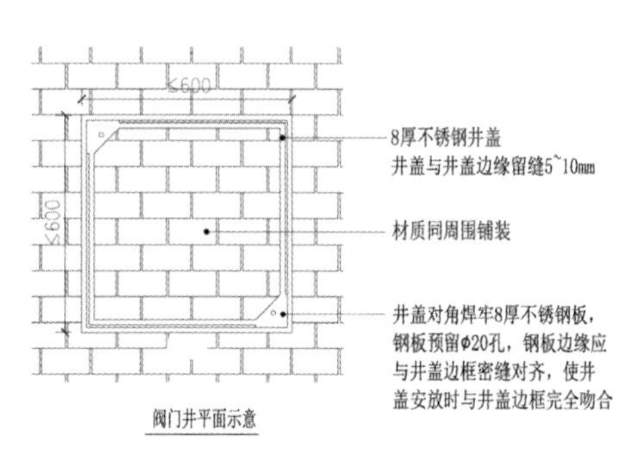

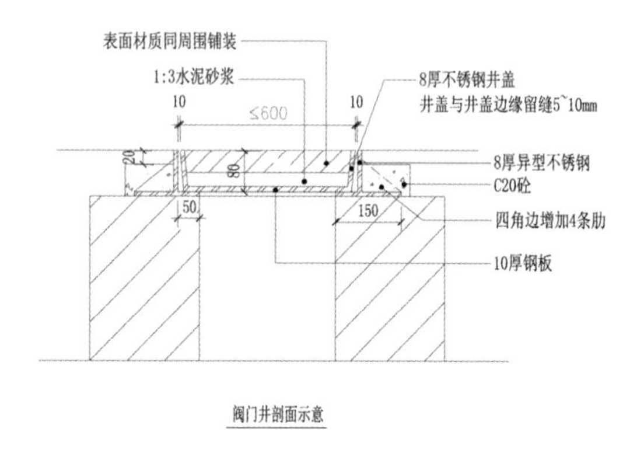

注：单个方形或圆形井盖不应大于600mm，局部较大井盖应根据实际情况定制为矩形长条形井盖。
井盖与井盖边缘应预留10mm缝，井盖底部宽度应比顶面宽度缩小20mm形成梯形形状，以便井盖拆装。
井盖厚度可根据铺地材质具体需求情况及行人或行车的荷载要求现场确定。

图 8-6 景观施工图设计说明

8.2.4 景观总平面图

景观总平面图是表达红线区域内工程项目的建设样式。总图部分一般包括总平面图、竖向设计图、铺装平面图、网格定位图、索引图、分区平面图等（见图 8-7）。

景观总平面图主要内容有：

建筑物及其编号、构筑物、出入口、围墙等位置。建筑物及构筑物在总平面图中采用轮廓线表示，用粗实线；停车库（场）的车位位置。地下停车场用中粗虚线表示；指北针（或风玫瑰图），绘图比例，文字说明，图例表；道路的位置和尺寸，道路主要点的坐标以及定位尺寸；小品及构筑物名称，主要控制点坐标及定位、定形尺寸。花架及景亭采用顶平面图或者底层框架结构表示；地形、水体的主要控制点坐标及控制尺寸。

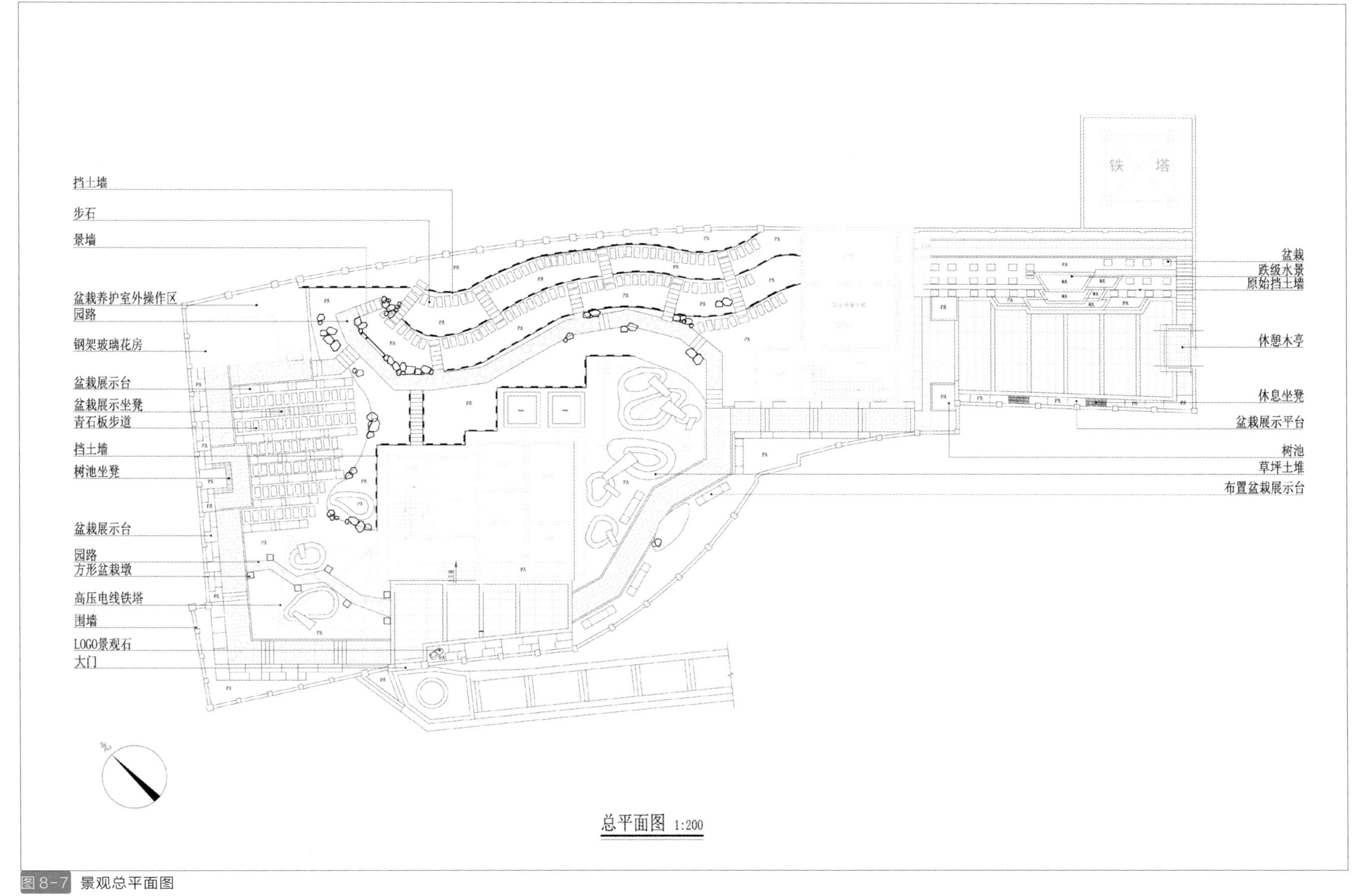

挡土墙
步石
景墙
盆栽养护室外操作区
园路
钢架玻璃花房
盆栽展示台
盆栽展示坐凳
青石板步道
挡土墙
树池坐凳
盆栽展示台
园路
方形盆栽墩
高压电线铁塔
围墙
LOGO景观石
大门
铁 塔
盆栽
跌级水景
原始挡土墙
休憩木亭
休息坐凳
盆栽展示平台
树池
草坪土堆
布置盆栽展示台
总平面图 1:200

图 8-7 景观总平面图

8.2.5 景观总平面索引图

对于复杂的、面积较大的景观工程，应采用分区将整个工程分为若干个区，分区范围用粗虚线表示（见图 8-9），分区划分方式可遵循图纸放大比例要求，也可以根据现场地块情况和类别进行分区(见图8-8)。

除划分区域外，对各分区中相同的景观工程做法进行归纳总结，如硬质铺地、相同园路以及标准设施等做法，统一整理成通用图集，在总平面索引图中进行标明和注明详图符号（见图 8-10）。索引详图或剖面图需采用剖切符号标明剖切位置，索引平面样式，则采用粗虚线框选范围；立面索引则采用立面符号，三种索引图不能混淆。

8.2.6 景观总平面尺寸标注图

在景观总平面图的基础上进行尺寸定位标注（见图 8-11）。在标注景观总平面图的尺寸时需要注意以下几点：

（1）保留的地形和地物；

（2）测量坐标网、坐标值；

（3）场地范围的测量坐标（或定位尺寸）、道路红线、建筑控制线、用地红线等的位置；

（4）场地四邻原有及规划的道路、绿化带等的位置（主要坐标或定位尺寸），以及主要建筑物和构筑物及地下建筑物等的位置、名称、层数；

（5）建筑物、构筑物（人防工程、地下车库、油库、贮水池等隐蔽工程以虚线表示）的名称或编号、层数、定位（坐标或相互关系尺寸）；

（6）广场、停车场、运动场地、道路、围墙、无障碍设施、排水沟、挡土墙、护坡等的定位（坐标或相互关系尺寸）。如有消防车道和补救场地，需注明；

（7）指北针或风玫瑰图；

（8）建筑物、构筑物使用编号时，应列出“建筑物和构筑物名称编号表”；

（9）注明尺寸单位、比例、坐标及高程系统（如为场地建筑坐标网时，应注明与测量坐标网的相互关系）、补充图例等。

8.2.7 景观总平面竖向设计图

竖向设计指的是在一块场地中进行垂直于水平方向的布置和处理，也就是地形高程设计（见图 8-12）。

（1）标明指北针、图例、文字说明、图名。文字说明中应该包括标注单位、绘图比例、高程系统的名称、补充图例等。

（2）标明现状与原地形标高、地形等高线、设计等高线的等高距，一般取 0.25—0.5m，当地形较为复杂时，需要绘制地形等高线放样网格。

（3）最高点或者某些特殊点的坐标及该点的标高。如：道路的起点、变坡点、转折点和终点等，设计标高、纵坡度、纵坡距、纵坡向、关键点坐标；建筑物、构筑物的室内外绝对高程；挡土墙、护坡或土坡等构筑物的坡顶和坡脚的设计标高；水体驳岸、岸顶、岸底标高，池底标高，水面最低、最高及常水位。

（4）地形的汇水线和分水线，或用坡向箭头标明设计地面坡向，指明地表排水的方向、排水的坡度等。

（5）重点地区坡度变化，复杂地段的地形断面图，并标注标高和比例等。

（6）广场控制点标高，绿地标高，小品地面标高，花池树池标高等，广场还应标明排水方向及坡度。

（7）绿地内微地形及标高。

（6）当工程比较简单时，竖向设计施工平面图可与施工放线图合并。

8.2.8 景观总平面铺装材料图

铺装材料平面图应包含以下内容（见图 8-13）：

铺装道路的材料名称、规格、颜色和工艺；铺装广场等活动场地材料名称、规格、颜色和工艺；道牙、路缘石等材料名称、颜色、规格和施工工艺；材料铺装的分格方式；标明铺装的分格、材料规格、铺装方式、铺设尺寸以及材料编号；标明铺装材料的详图索引符号。

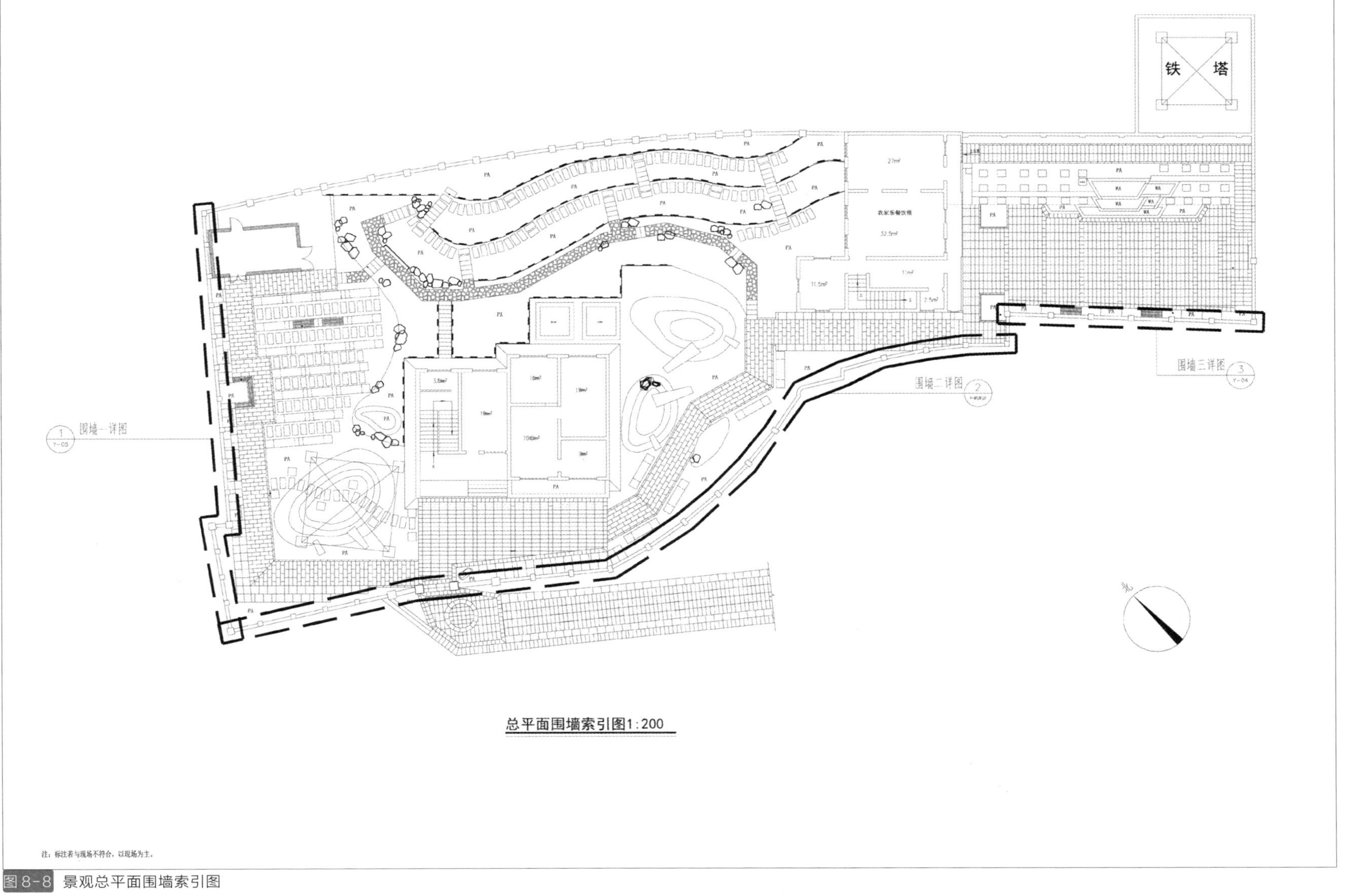

图 8-8 景观总平面围墙索引图

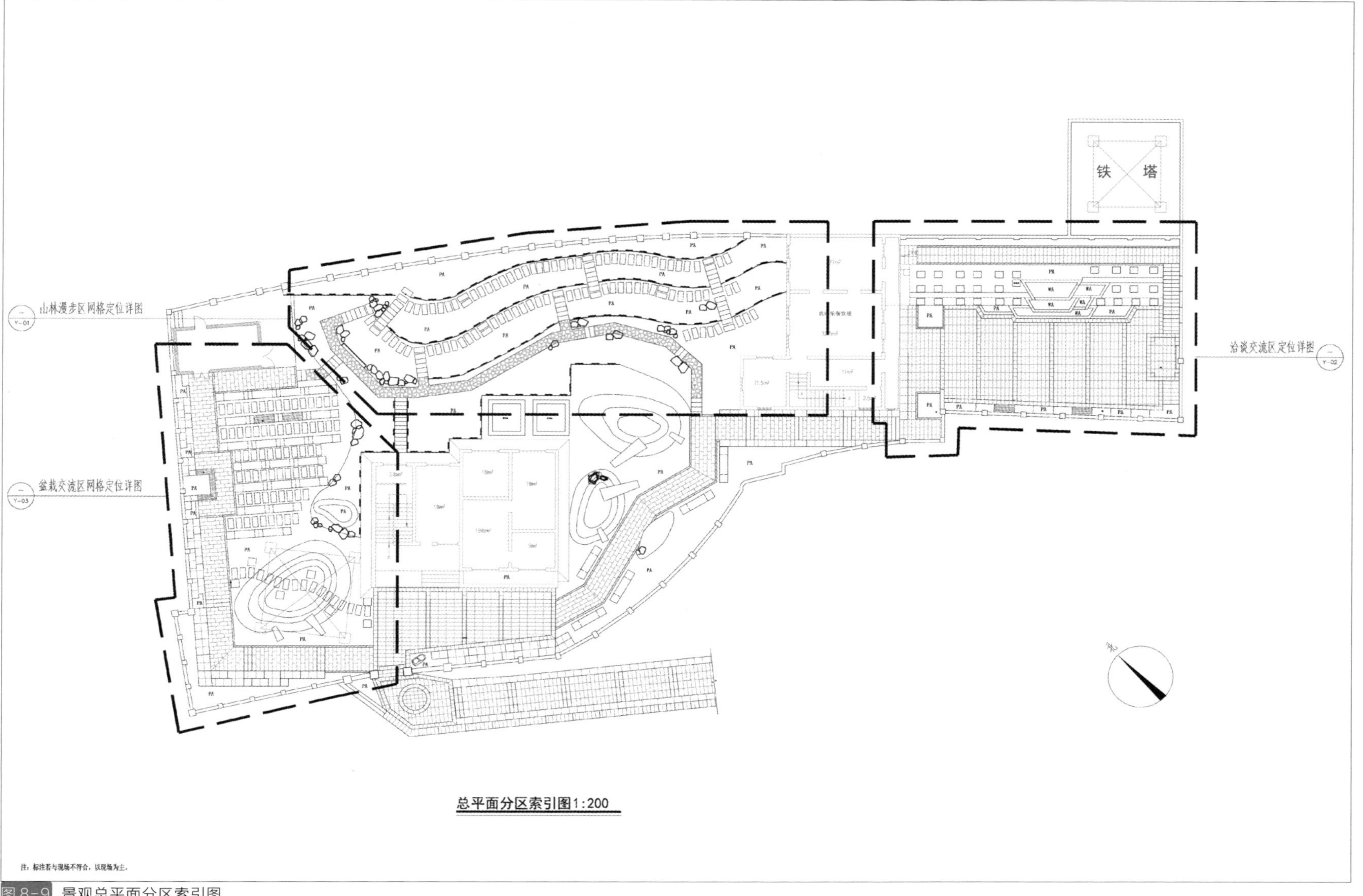

图8-9 景观总平面分区索引图

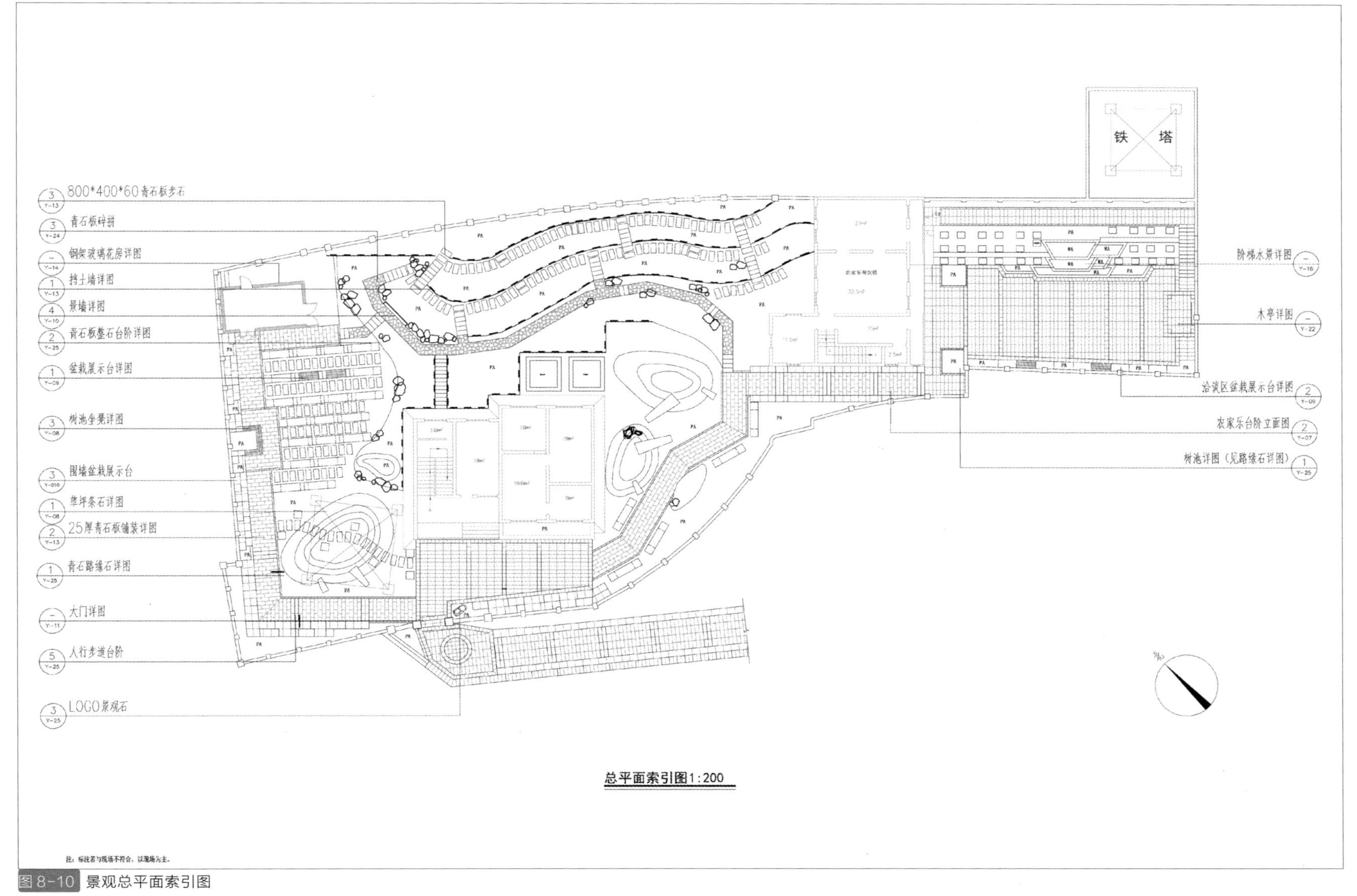

图8-10 景观总平面索引图

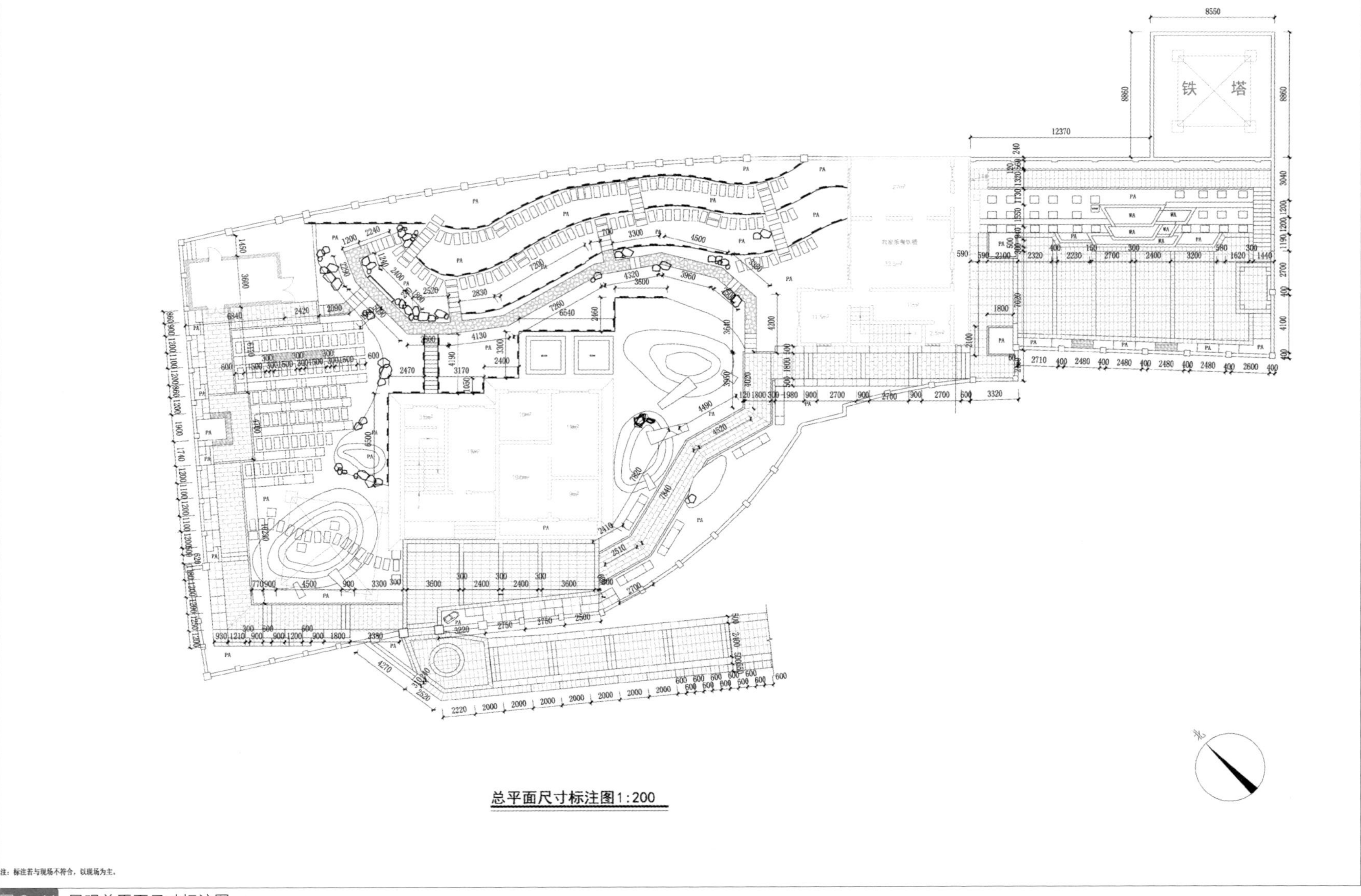

图 8-11 景观总平面尺寸标注图

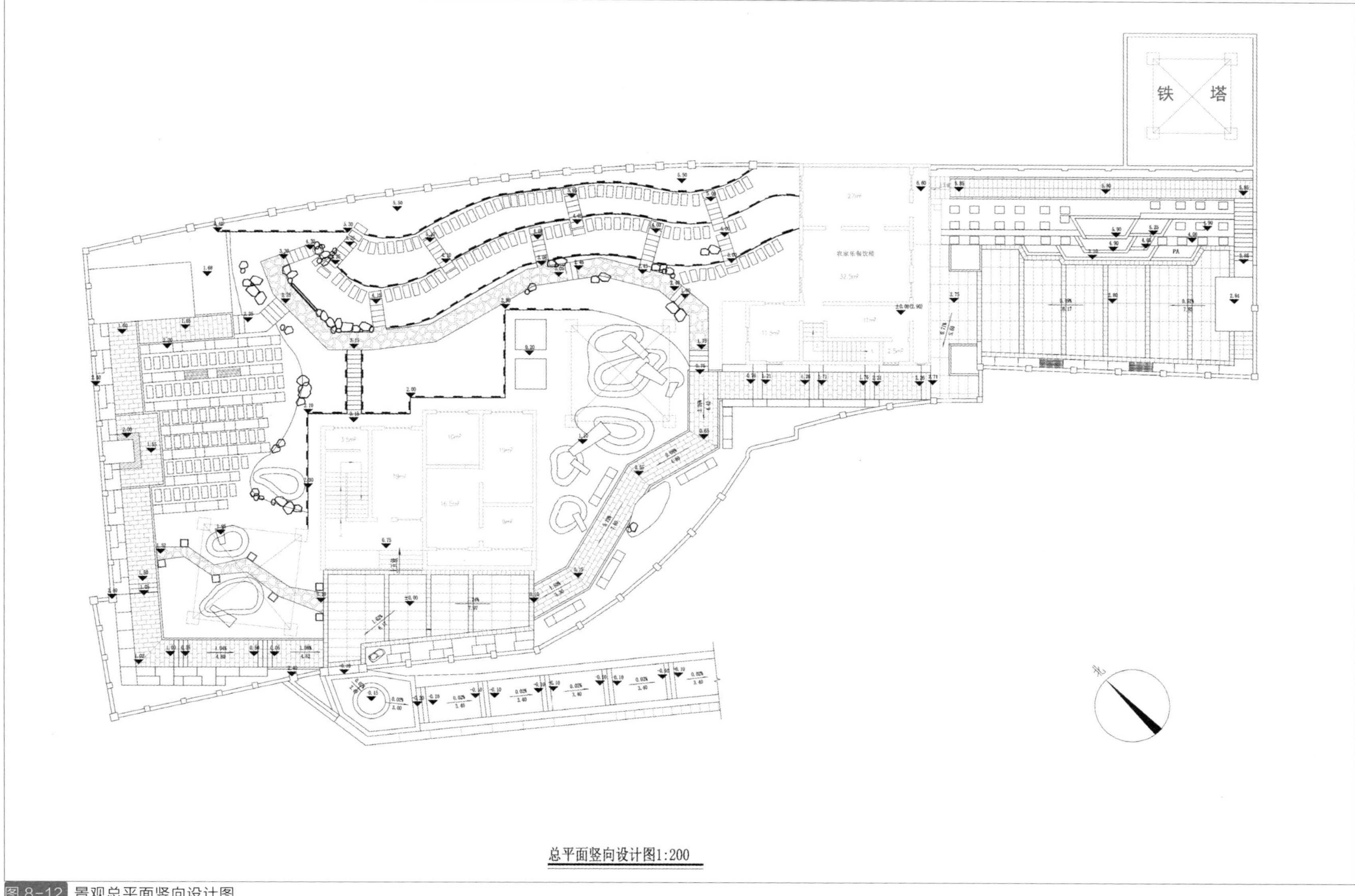

图 8-12 景观总平面竖向设计图

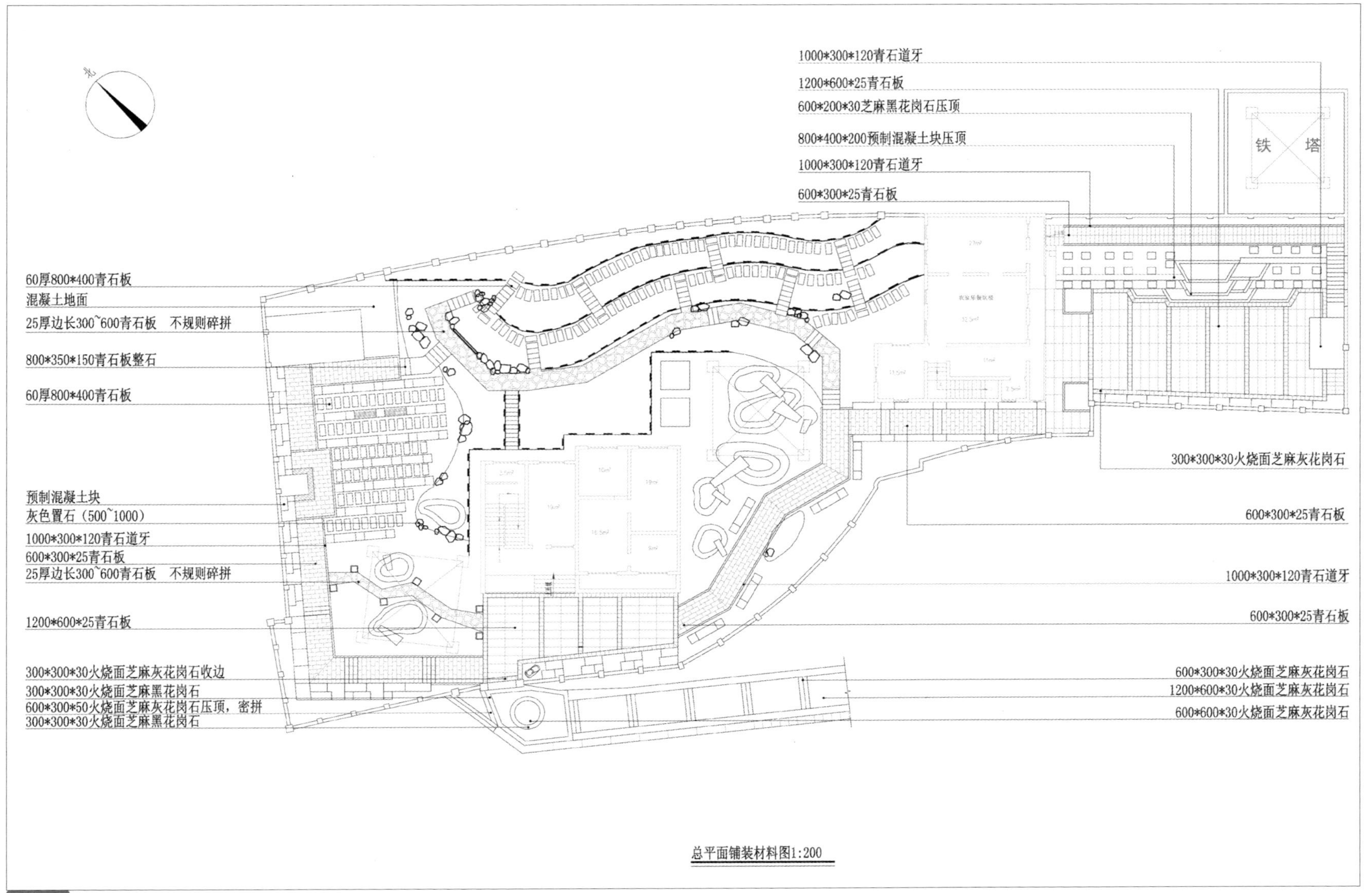

图8-13 景观总平面地面铺装材料图

8.2.9 景观总平面网格定位图

在景观总平面图上进行网格定位和坐标定位（见图 8-14）。

网格定位应确定起始点，一般以建筑轴线为基点，根据场地大小进行网格放线，网格间距 1 米或 5 米或 10 米不等。图纸目的是能在图纸中快速测算距离，尤其是较为复杂的形态和曲线造型。坐标定位一般与尺寸定位结合使用。坐标点应定位图中重要点位，如建筑轴线，市政道路交接点等，再通过与坐标点的相对关系进行定位。

如果放线网格采用相对坐标，为区别于绝对坐标，相对坐标用大写英文字母 A、B 或 X、Y 表示。相对坐标起点也宜为建筑物的交叉点或者道路交叉点。尺寸标注单位为米（m）或者毫米（cmm），定位时应采用与相对坐标结合的方式进行定位。总图的尺寸一般采用单一尺寸标注。绘制道路并在路宽大于等于 4 米时，应用道路中线定位道路。道路定位时应包括道路中线的起点、终点、交叉点、转折点、转弯半径、路宽尺寸等。小路原则上可用道路一侧距离建筑物的相对距离定位。路宽包含两侧道牙宽度。广场控制点坐标及广场尺寸；此外还涉及景观建筑小品的控制点坐标及尺寸。对无法用标注尺寸准确定位的自由曲线园路、广场、水景等，应对该部分作局部放线详图，用放线网表示。标明坐标原点（参考基点）、坐标轴、主要点的相对坐标；指北针、绘图比例等。景观总平面网格定位图的主要作用：施工现场施工放线；确定施工标高；测算工程量、计算施工图预算。

8.2.10 景观分区定位详图

分区详图包括分区平面图、分区索引平面图、分区竖向平面图、分区定位平面图、分区铺装平面图以及节点大样图。

景观分区定位详图是对景观分区进行放线网定位和尺寸定位，准确定位分区中的自由曲线园路、广场、水景等。对设计内容不多且不复杂的景观，可将分区平面图与分区索引图绘制在一张图纸上，但要清晰表达所有内容的名称。索引与大样图对应准确（见图 8-15、图 8-16、图 8-17）。

8.2.11 设施小品详图

详图图纸是绘制完整的场地剖面或者构筑物剖面，表示清晰场地关系，如标高关系、尺寸距离关系等。设施小品详图主要内容：建筑小品平、立、剖面，标明材料和尺寸，小品结构和配筋等，小品使用材料规格等（见图 8-18- 图 8-20）。

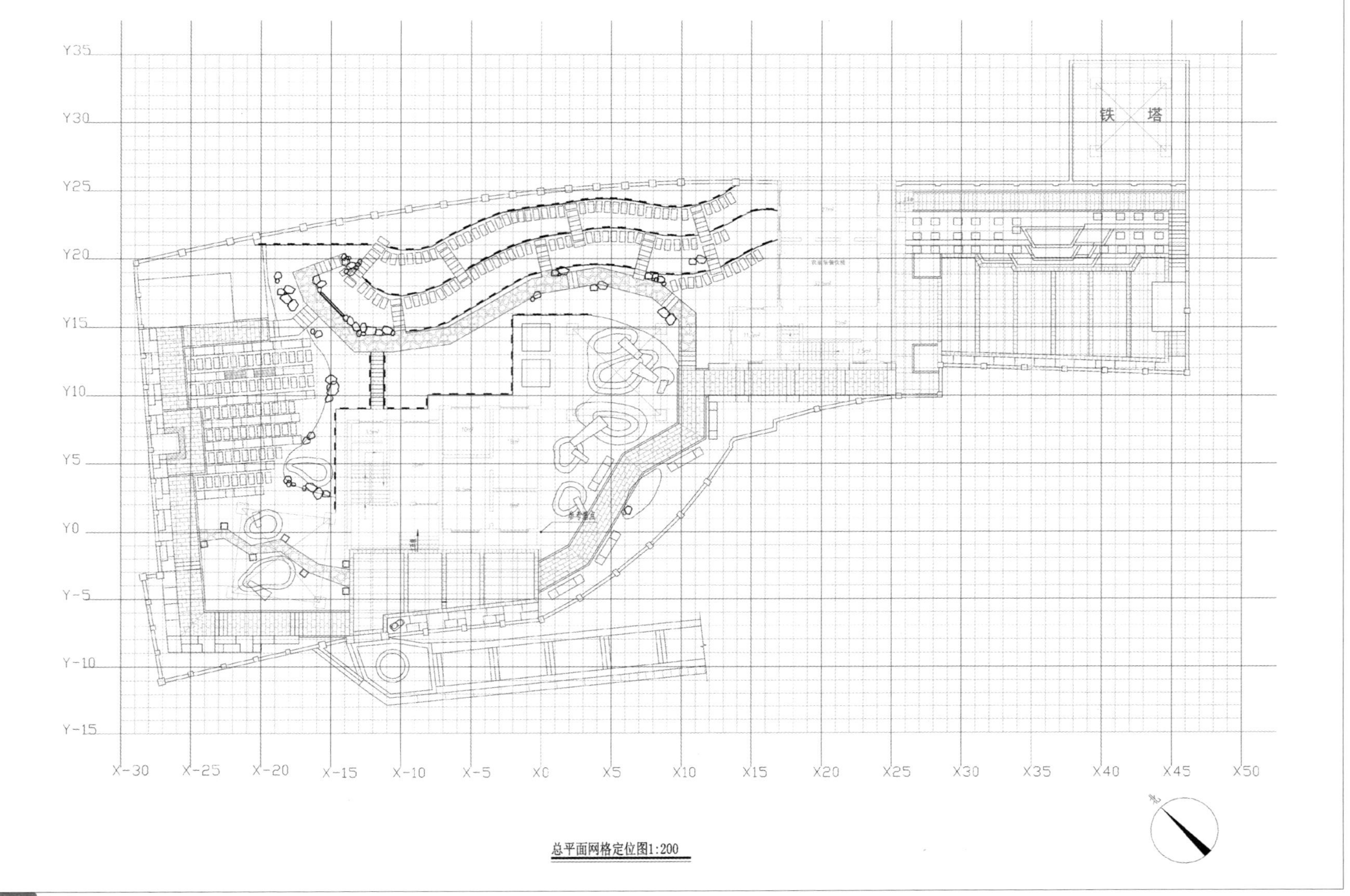

图8-14 景观总平面网格定位图

图8-15 景观分区定位详图1

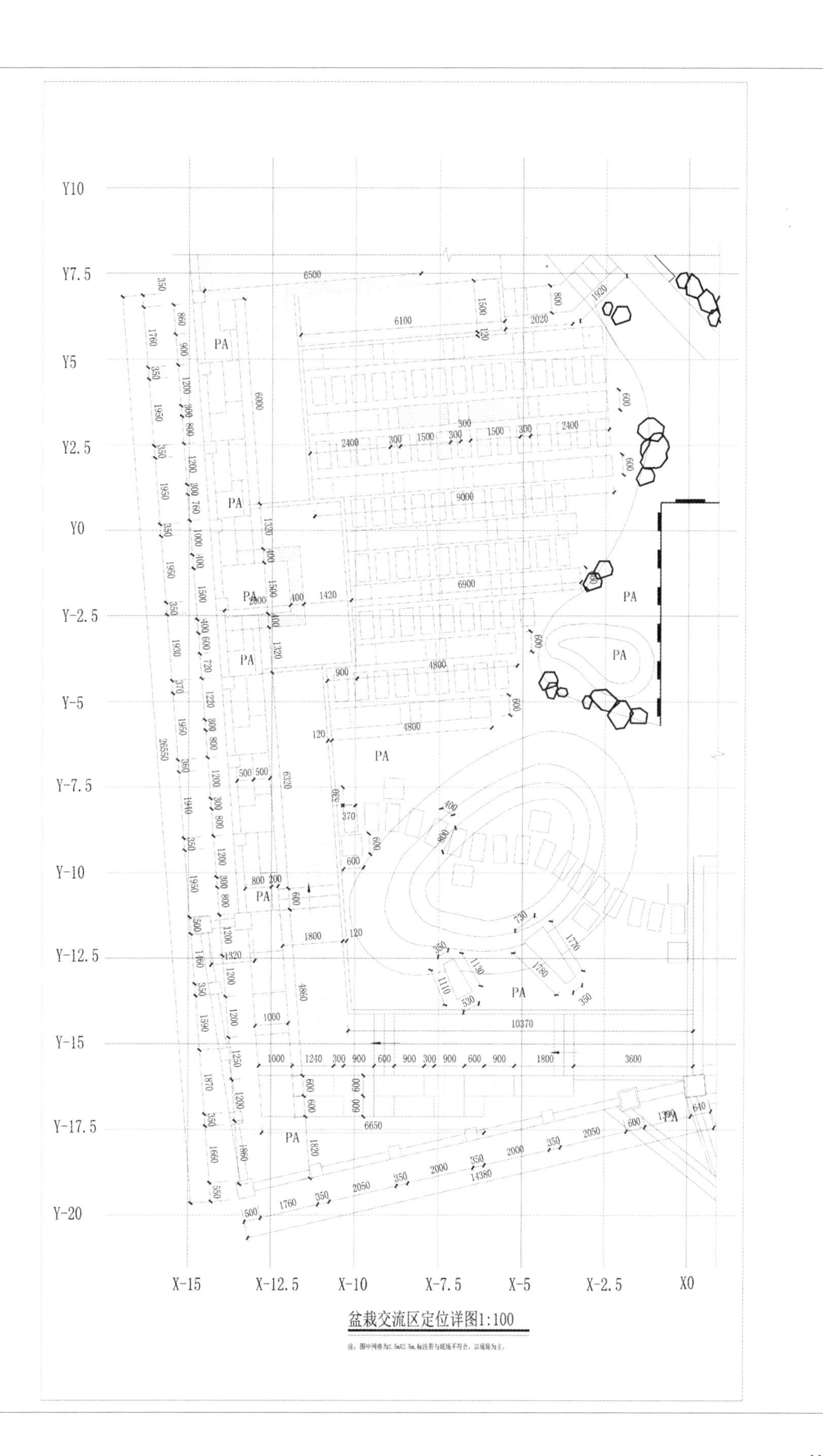

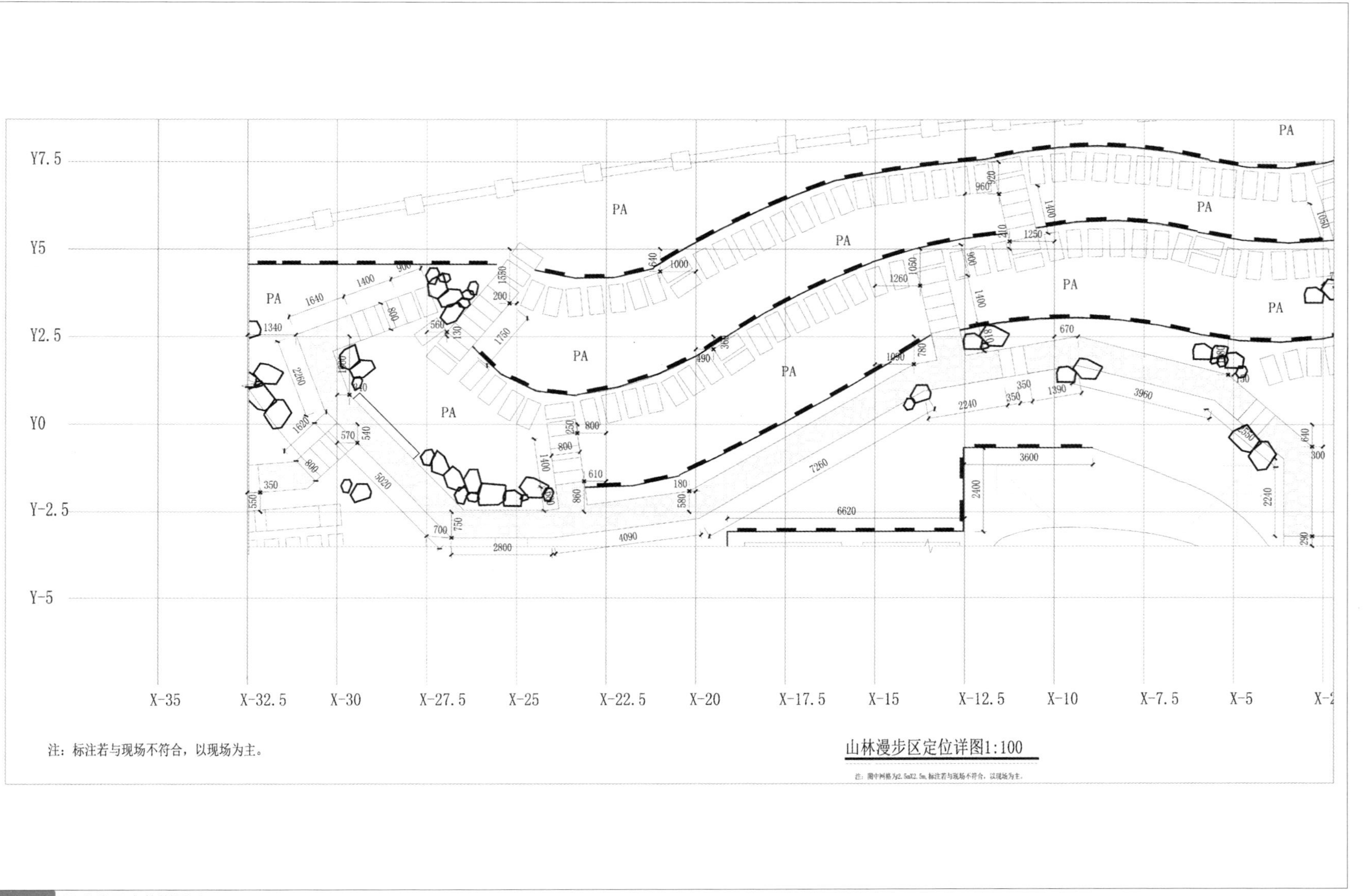

图 8-16 景观分区定位详图 2

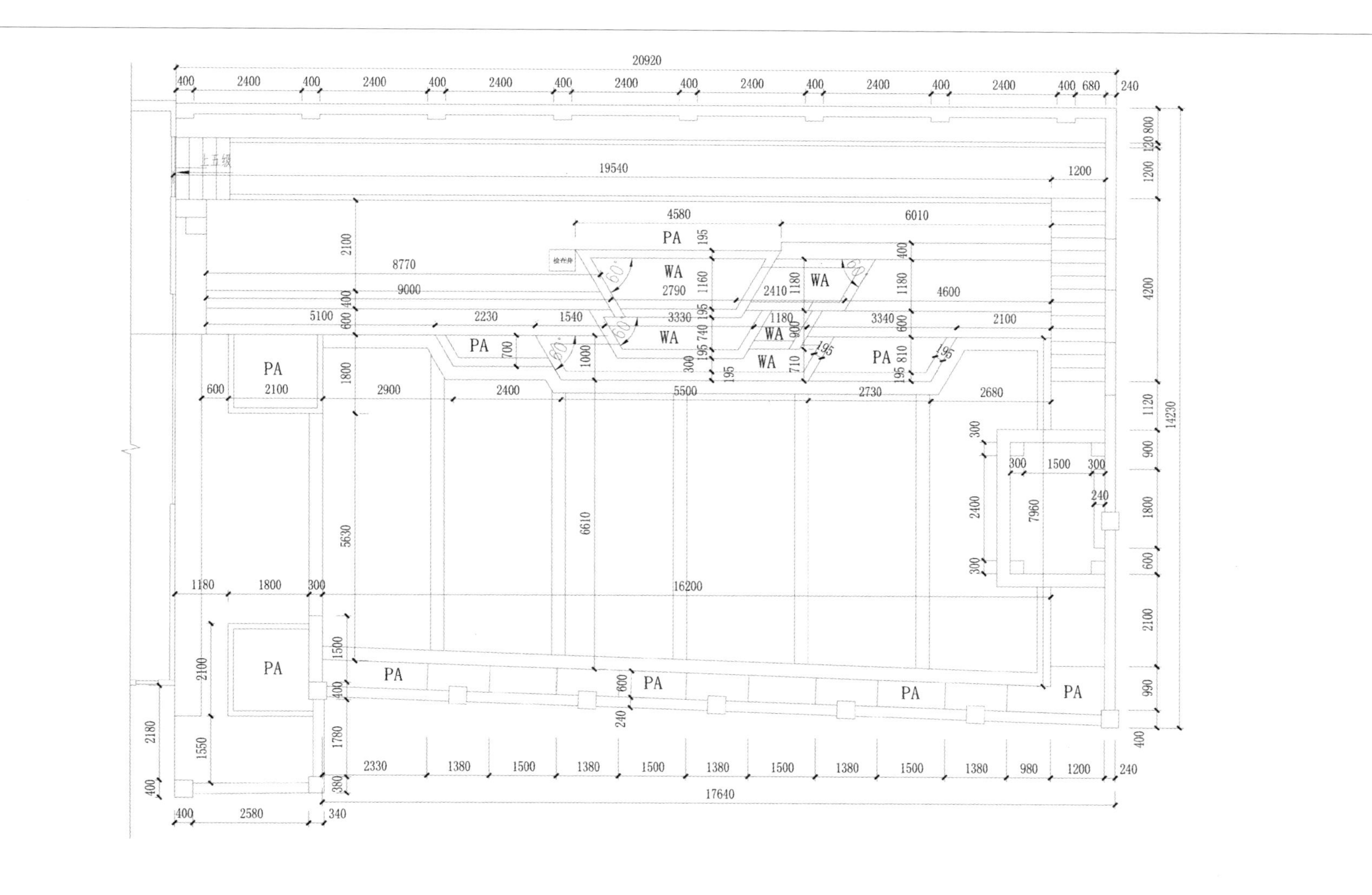

图 8-17 景观分区定位详图 3

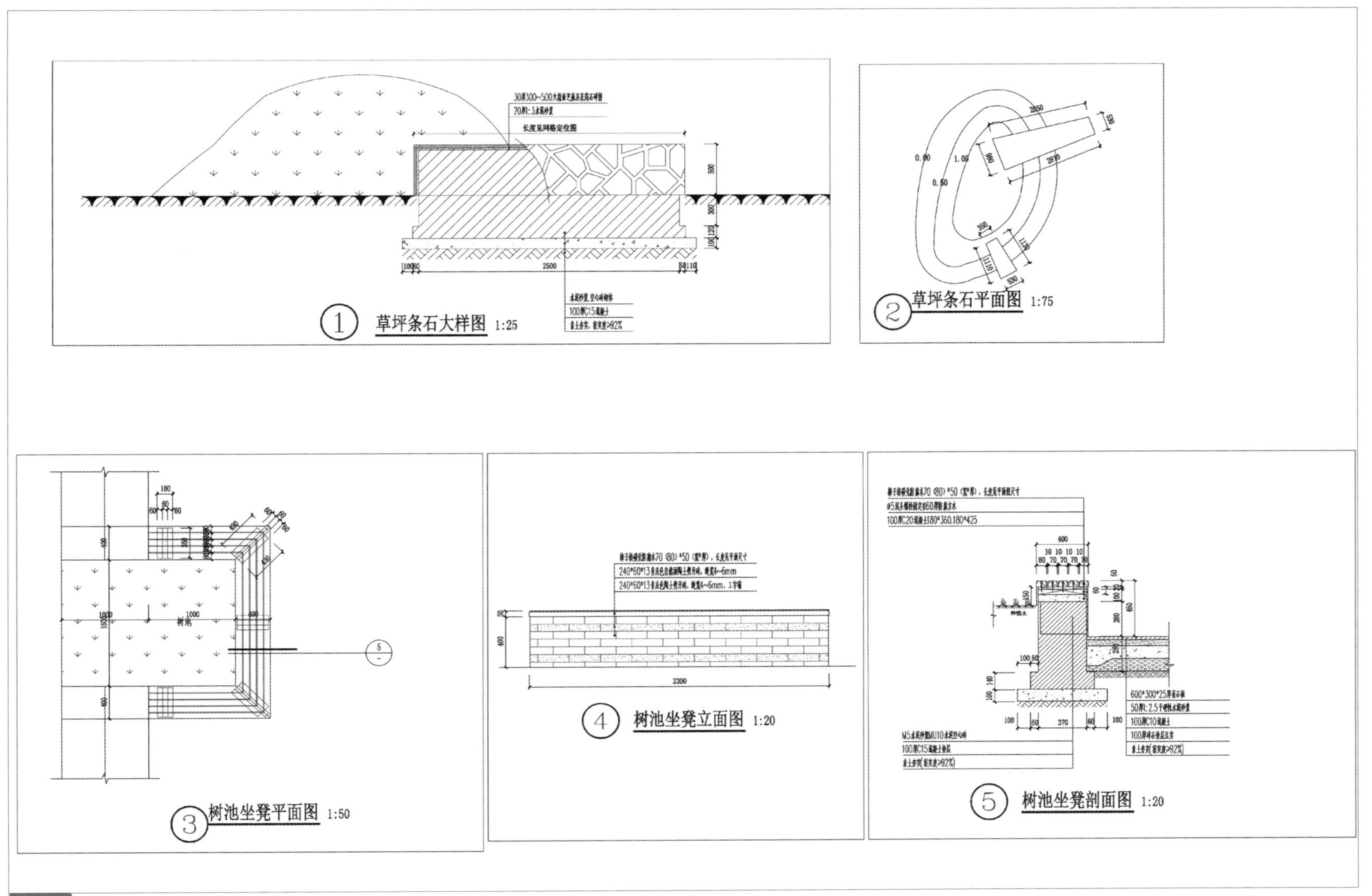

图 8-18 设施小品详图 1

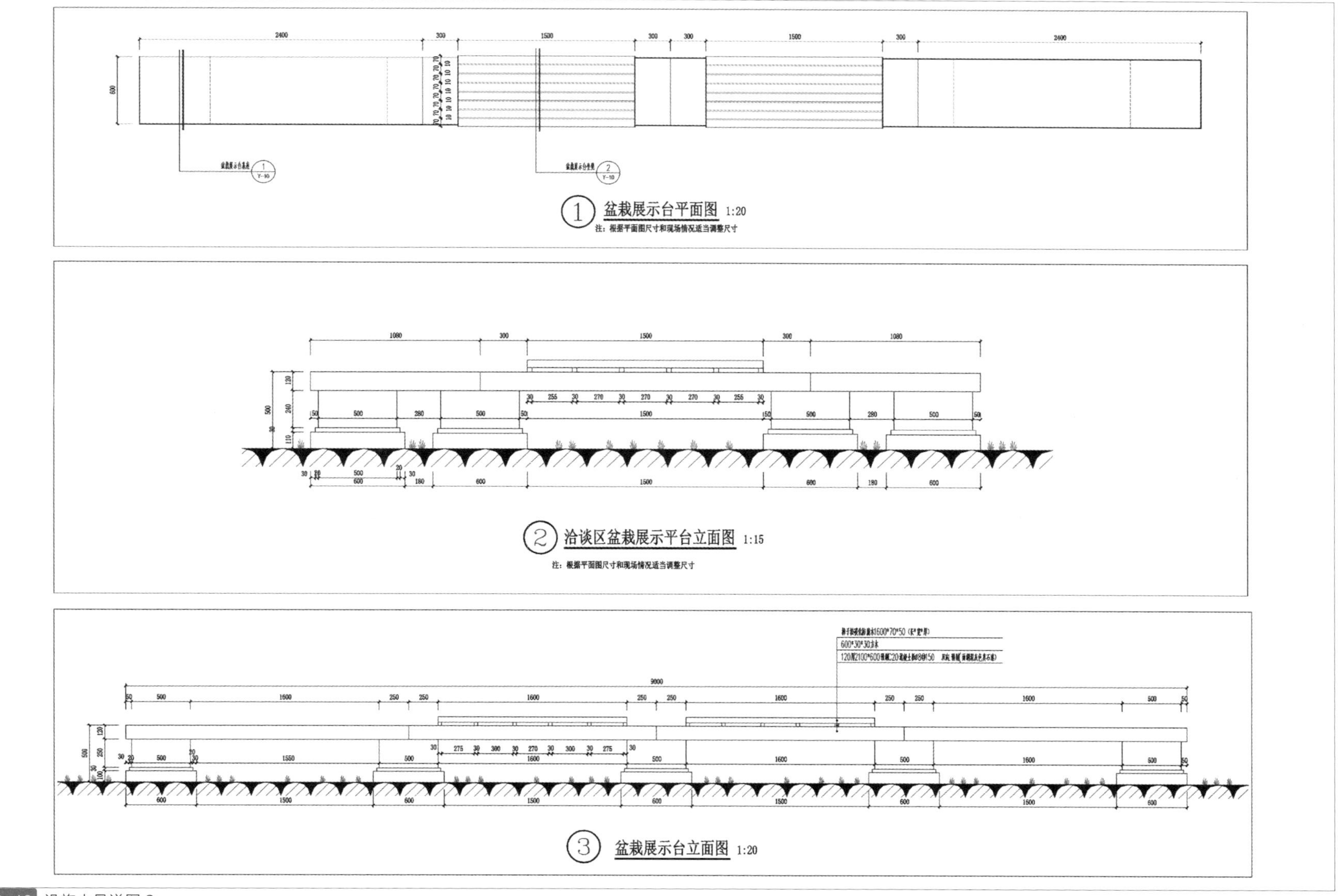

图 8-19 设施小品详图 2

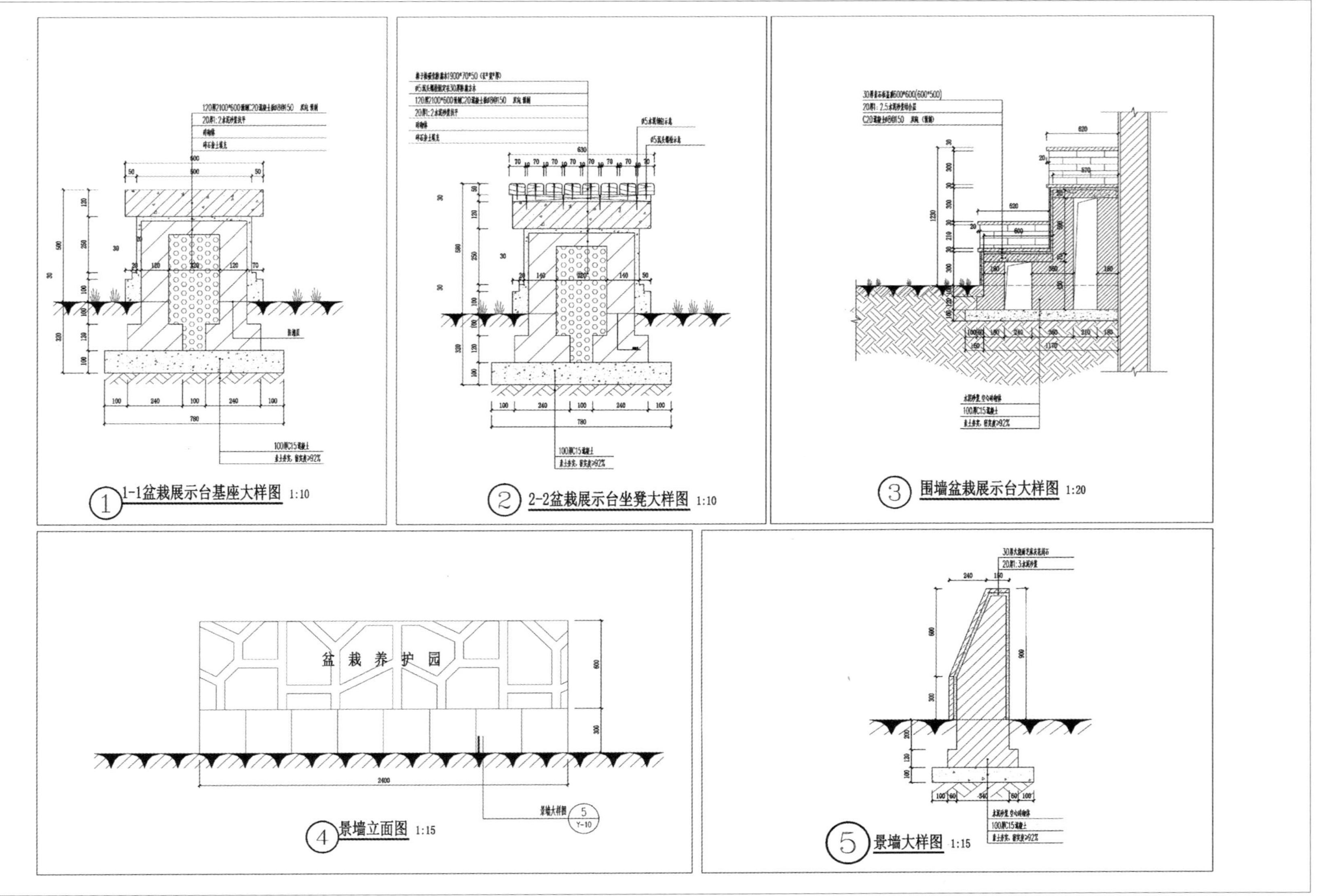

图 8-20 设施小品详图 3

8.2.12 地面铺装大样图

场地剖面要求有绝对标高标示、平面宽度尺寸关系、竖向高度尺寸关系以及剖视的构件名称。在比例允许的情况下，可标注工程做法，或者索引为大样图进行表达。地面铺装大样图主要内容包括：地面铺装图案、尺寸、材料、规格；铺装剖切段面详图；铺装材料特殊说明（见图 8-21、图 8-22）。

主要作用：购买材料，确定施工工艺和工期，制定工程施工进度，计算工程量。

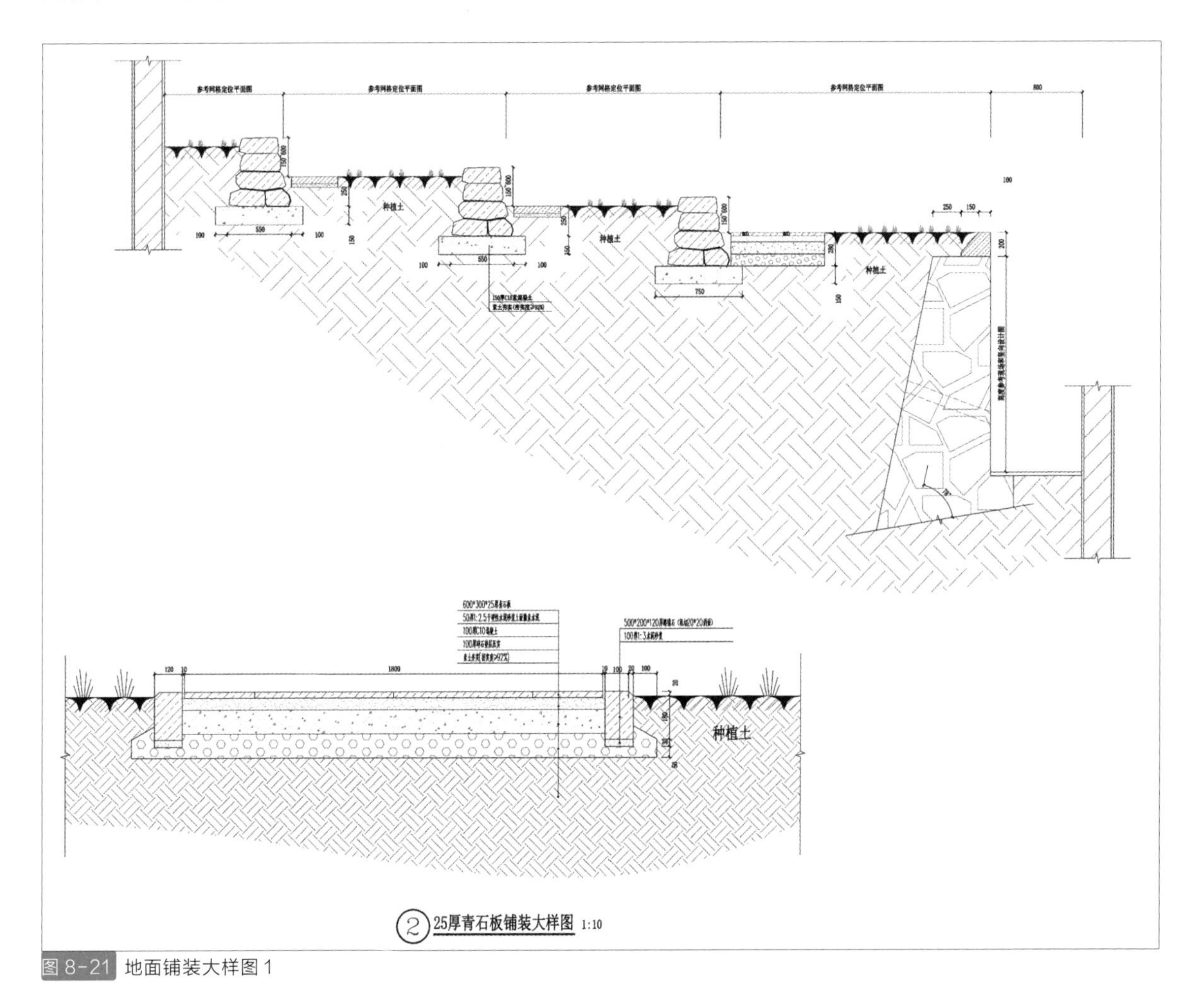

图 8-21 地面铺装大样图 1

600*300*25厚青石板
50厚1:2.5干硬性水泥砂浆
100厚C10混凝土
100厚碎石垫层压实
素土夯实(密实度≥92%)
500*200*120厚平缘石
100厚1:3水泥砂浆
10 100 20 100
种植土
60厚800*400青石板（烧毛）步石间距为100-300
30厚粗砂
素土夯实，密实度≥92%
① 路缘石大样图 1:10
② 步石大样图 1:10

图 8-22 地面铺装大样图 2

8.2.13 景观绿化图纸

植物专业图纸包括图纸目录、绿化设计说明、标准种植详图、苗木表、植物总平面配置图、乔木总平面种植图、灌木平面种植图、地被平面种植图、配置剖面图及配置立面图等。绿化图纸中的植物应选用固定的平面图例和表格说明（见图 8-23）。

绿化设计说明和标准种植详图（见图 8-24）主要阐明绿化种植的地形、土质要求，苗木种植穴尺度、基肥要求；对苗木品质形态、运输进场、种植方式等进行规定，并阐明后期的养护规范。

乔木	桃花心木	麻楝	樟树	阴香	橡胶榕	细叶榕	高山榕	黄槿	假苹婆	马占相思
	腊肠树	黄槐	白玉兰	白千层	红花紫荆	尖叶杜英	伊朗紫硬胶	复羽叶栾	水石榕	罗汉松
	大花第伦桃	国庆花	雨树	盆架子	佛肚竹	血桐	黄兰	火力楠	紫檀	木棉
	花叶榕	金钱榕	台湾相思	福木	铁刀木	火焰木	粉单竹	荷花玉兰	南洋楹	羊蹄甲
棕榈	苏铁	大王椰子	假槟榔	金山葵	单干鱼尾葵	蒲葵	海南椰子	酒瓶椰子	国王椰子	冻子椰子
	三药槟榔	大叶棕竹	董棕	红刺露兜	芭蕉	旅人蕉	棕榈01	棕榈	A1	A2
灌木	大红花	九里香	山瑞香	米兰	黄金叶	白蝉	夹竹桃	含笑	美蕊花	朱樱花
	红果仔	黄金榕	毛杜鹃	江南杜鹃	福建茶	龙船花	垂叶榕柱	七彩大红花	造型花叶榕	山指甲

图 8-23 植物平面图图例

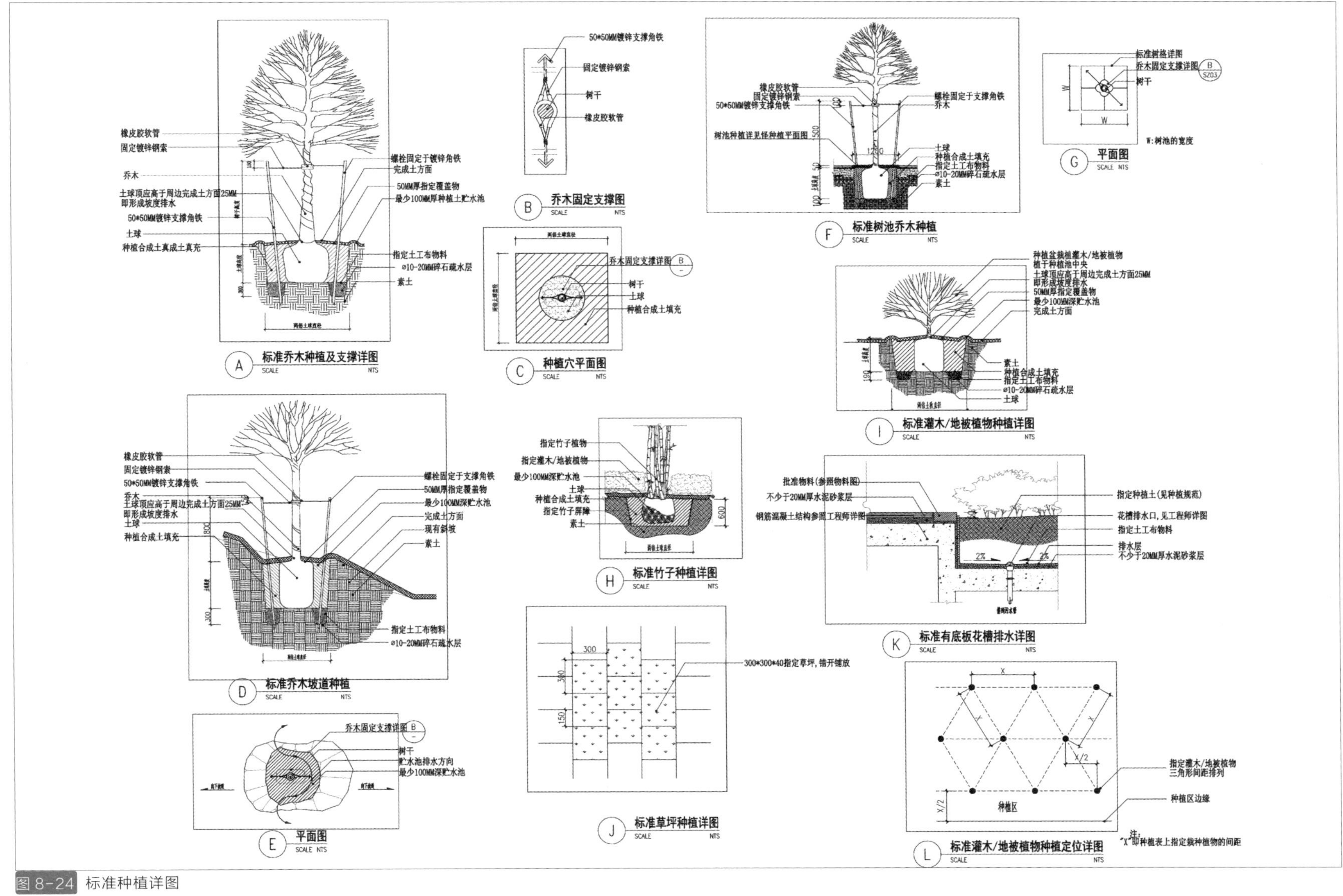

橡皮胶软管
固定镀锌钢索
乔木
土球顶应高于周边完成土方面25MM 即形成坡度排水
50*50MM镀锌支撑角铁
土球
种植合成土真成土真充
螺栓固定于镀锌角铁
完成土方面
50MM厚指定覆盖物
最少100MM厚种植土贮水池
指定土工布物料
ø10-20MM碎石疏水层
素土
A 标准乔木种植及支撑详图 SCALE NTS
50*50MM镀锌支撑角铁
固定镀锌钢索
树干
橡皮胶软管
B 乔木固定支撑图 SCALE NTS
乔木固定支撑详图
树干
土球
种植合成土填充
C 种植穴平面图 SCALE NTS
橡皮胶软管
固定镀锌钢索
50*50MM镀锌支撑角铁
树池种植详见径种植平面图
螺栓固定于支撑角铁
乔木
土球
种植合成土填充
指定土工布物料
ø10-20MM碎石疏水层
素土
F 标准树池乔木种植 SCALE NTS
标准树格详图
乔木固定支撑详图
树干
W:树池的宽度
G 平面图 SCALE NTS
种植盆栽植灌木/地被植物 植于种植池中央
土球顶应高于周边完成土方面25MM 即形成坡度排水
50MM厚指定覆盖物
最少100MM深贮水池
完成土方面
素土
种植合成土填充
指定土工布物料
ø10-20MM碎石疏水层
土球
I 标准灌木/地被植物种植详图 SCALE NTS
橡皮胶软管
固定镀锌钢索
50*50MM镀锌支撑角铁
乔木
土球顶应高于周边完成土方面25MM 即形成坡度排水
土球
种植合成土填充
螺栓固定于支撑角铁
50MM厚指定覆盖物
最少100MM深贮水池
完成土方面
现有斜坡
素土
指定土工布物料
ø10-20MM碎石疏水层
D 标准乔木坡道种植 SCALE NTS
指定竹子植物
指定灌木/地被植物
最少100MM深贮水池
土球
种植合成土填充
指定竹子屏障
素土
H 标准竹子种植详图 SCALE NTS
批准物料(参照物料图)
不少于20MM厚水泥砂浆层
钢筋混凝土结构参照工程师详图
指定种植土(见种植规范)
花槽排水口,见工程师详图
指定土工布物料
排水层
不少于20MM厚水泥砂浆层
K 标准有底板花槽排水详图 SCALE NTS
乔木固定支撑详图
树干
贮水池排水方向
最少100MM深贮水池
E 平面图 SCALE NTS
300*300*40指定草坪,错开铺放
J 标准草坪种植详图 SCALE NTS
指定灌木/地被植物 三角形间距排列
种植区边缘
种植区
注: "X"即种植表上指定栽种植物的间距
L 标准灌木/地被植物种植定位详图 SCALE NTS

图 8-24 标准种植详图

苗木表（见图 8-25）是将设计的植物通过表格形式进行分类，标明植物名称、图例、拉丁文名称、规格、单位和数量等。

植物总平面配置图绘制目的在于说明绿化区域分片情况，给予总体印象。对图中乔木、灌木球、灌木、地被植物等采用不同粗细的线形表示（见图 8-26）。

乔木种植平面图主要标明乔木品种，标明乔木的规格、数量和栽植位置定点，通常进行尺寸定位或者网格定位（见图 8-27）。

灌木和地被种植平面图是与乔木配置平面图相一致的图纸。地被植物采用面积和区域的方法表示。草皮是用打点的方法表示，标注应标明其草坪名、规格及种植面积（见图 8-28）。

绿化图纸作用是提供苗木购买数据、苗木栽植、工程量计算。

绿化图纸具体要求：

（1）对于行列式的种植形式（如行道树，树阵等）可用尺寸标注出株行距，始末树种植点与参照物的距离。

（2）对于自然式的种植形式（如孤植树），可用坐标标注种植点的位置或采用三角形标注法进行标注。孤植树往往对植物的造型、规格的要求较严格，应在施工图中表达清楚，除利用立面图、剖面图表示以外，可与苗木表相结合，用文字来加以标注。

（3）施工图应绘出清晰的种植范围边界线，标明植物名称、规格、密度等。对于边缘线呈规则的几何形状的片状种植，可用尺寸标注方法标注，为施工放线提供依据，而对边缘线呈不规则的自由线的片状种植，应绘坐标网格，并结合文字标注。

（4）草皮是用打点的方法表示，标注应标明其草坪名、规格及种植面积。

8.2.14 景观给排水施工图

主要内容：给水、排水管的布设、管径、材料等；喷头；检查井、阀门井、排水井、泵房等（见图 8-29）。

8.2.15 景观照明电气施工图

主要内容：灯具形式、类型、规格、布置位置（见图 8-30），配电图（电缆电线型号规格，联结方式，配电箱数量、形式规格等）；主要作用：配电，选取、购买材料等，取电（与电业部门沟通），计算工程量（电缆沟）。

苗木配置表

编号	图例	名称	单位	数量	备注
1		乐昌含笑	株	7株	
2		广玉兰	株	3株	
3		棕榈	株	23株	
4		桂花	株	3株	
5		香樟	株	2株	
6		红枫	株	3株	
7		常春藤	株	31株	
8		紫荆	株	3株	
9		大叶黄杨球	株	65株	
10		日本晚樱	株	2株	
11		红继木球	株	26株	
12		慈竹	15株/从	12从	
13		桩景	业主自供	若干	
14		麦冬	m^2	$11m^2$	
15		金叶女贞	36株/m^2	$85m^2$	
16		大叶黄杨	36株/m^2	$69m^2$	
17		红叶石楠	36株/m^2	$90m^2$	
18		草坪	m^2	$785m^2$	
19		景石	块	若干	

图 8-25 苗木配置表

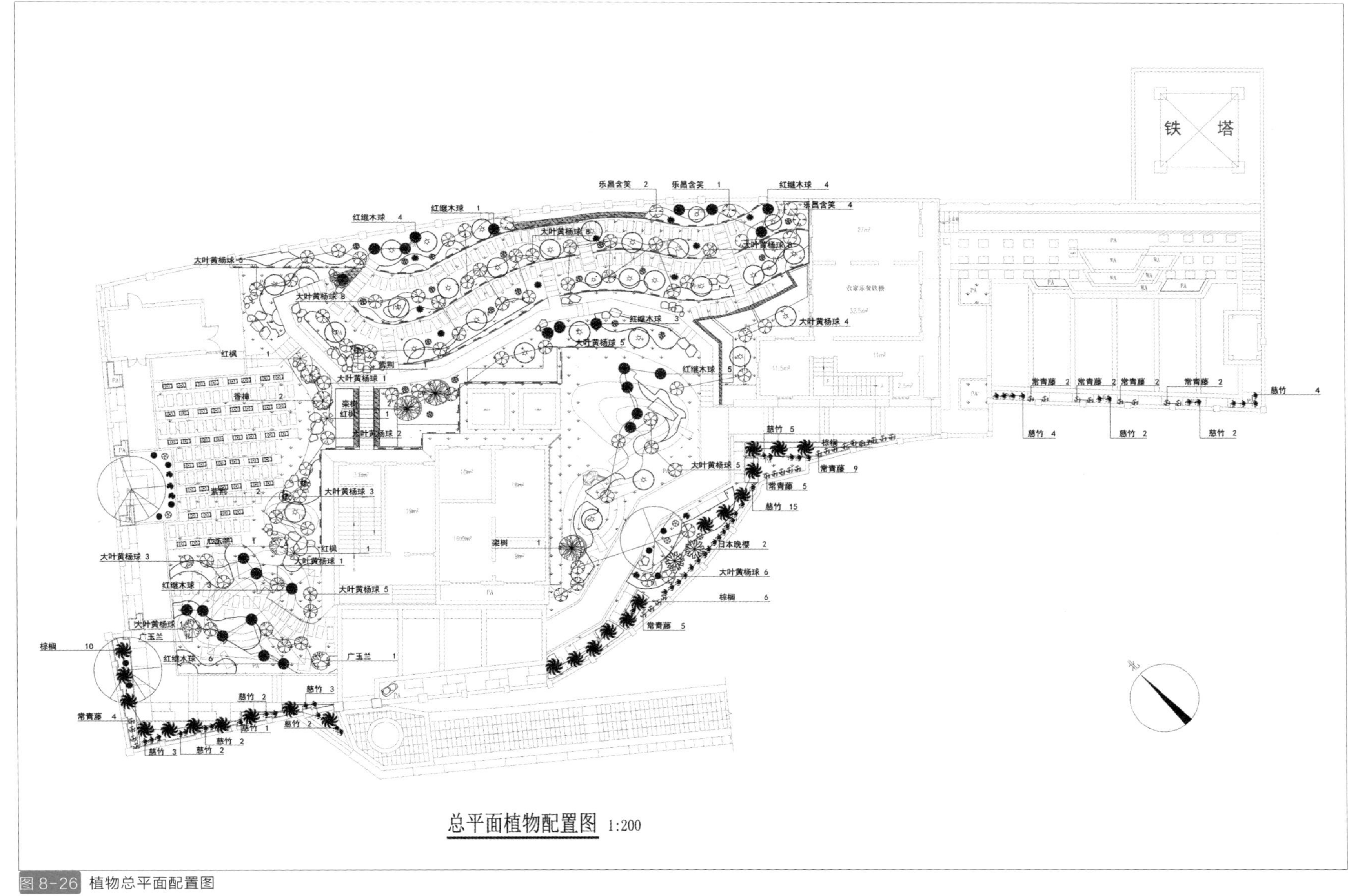

图 8-26 植物总平面配置图

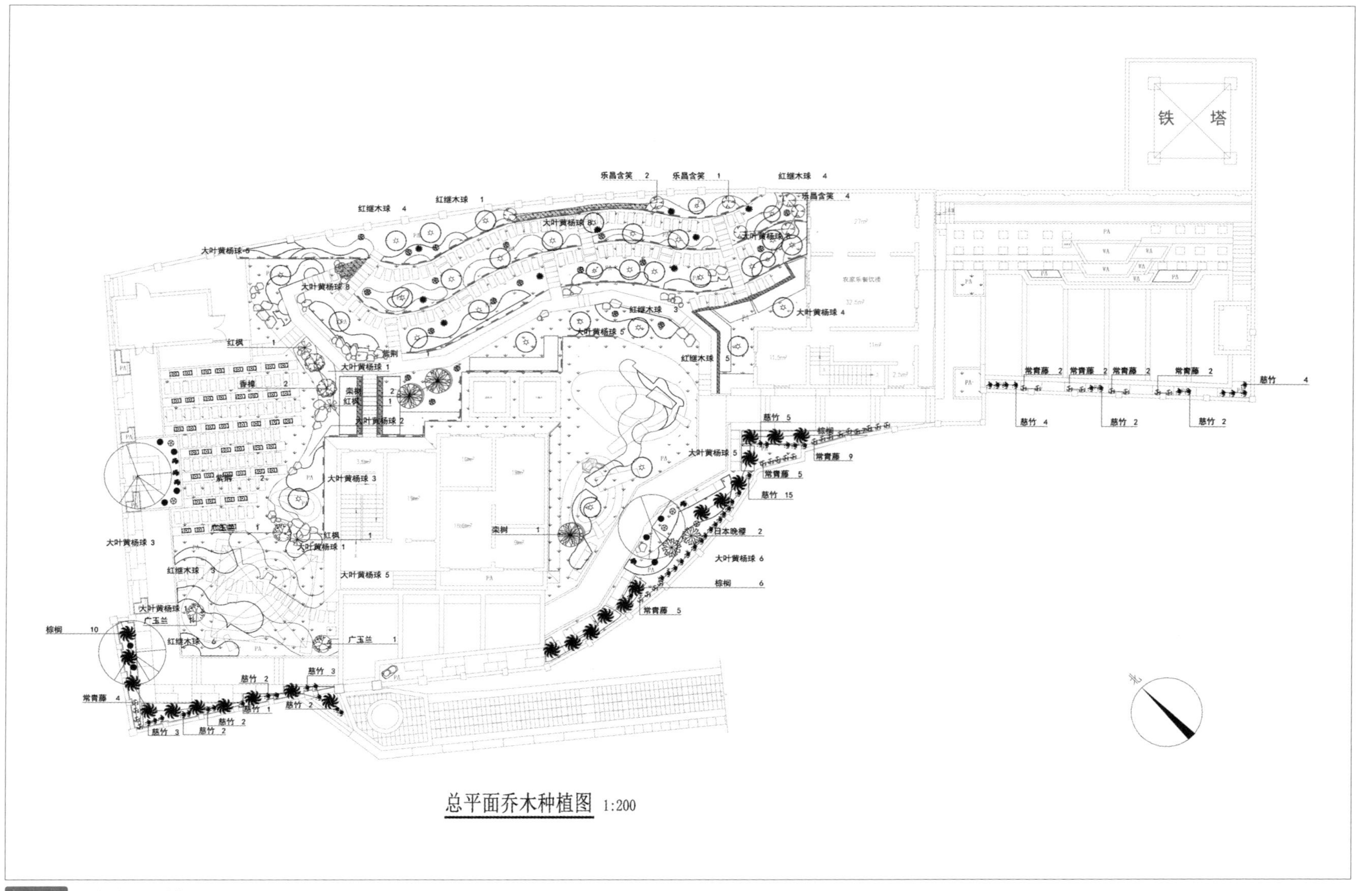

图 8-27 乔木总平面种植图

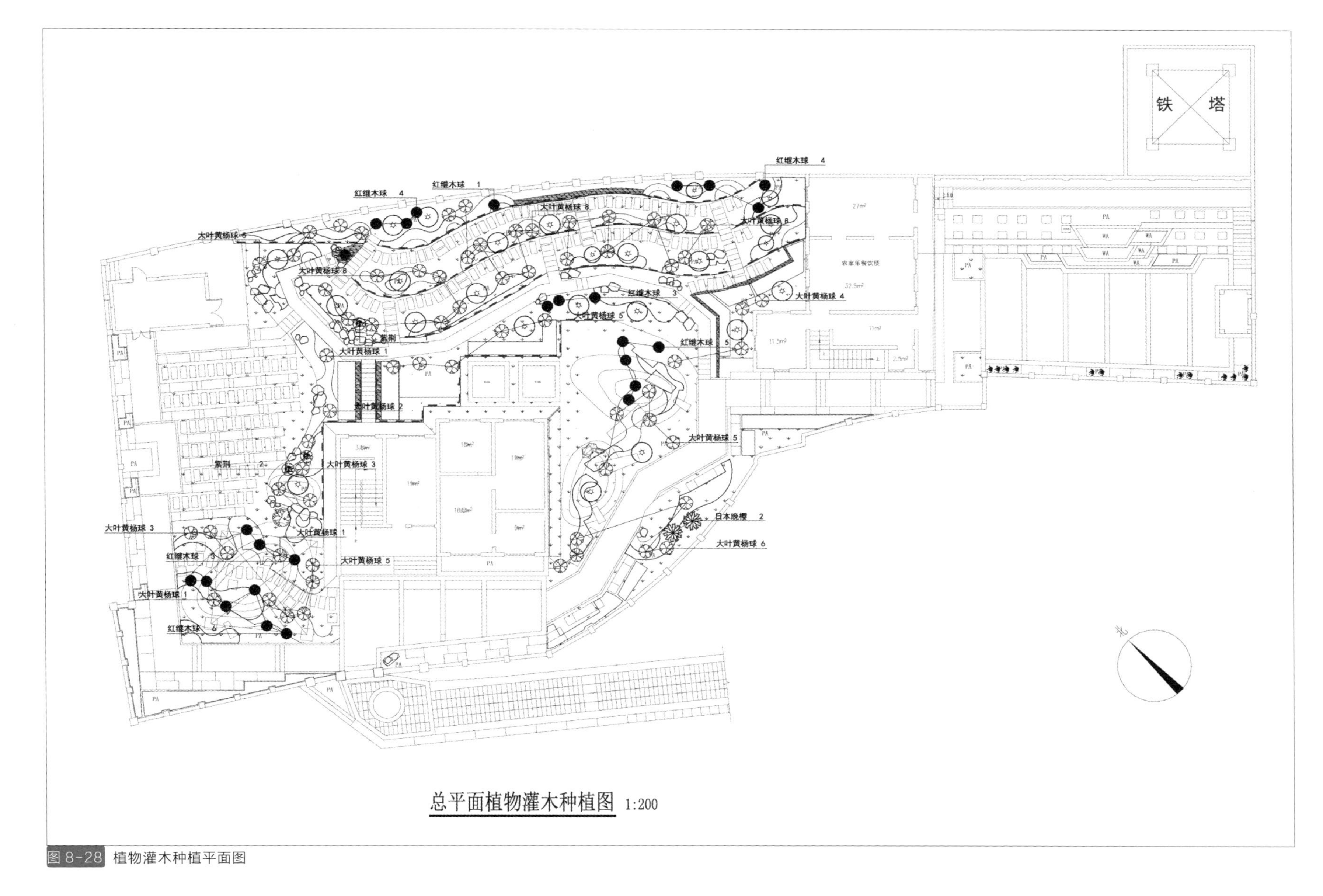

图 8-28 植物灌木种植平面图

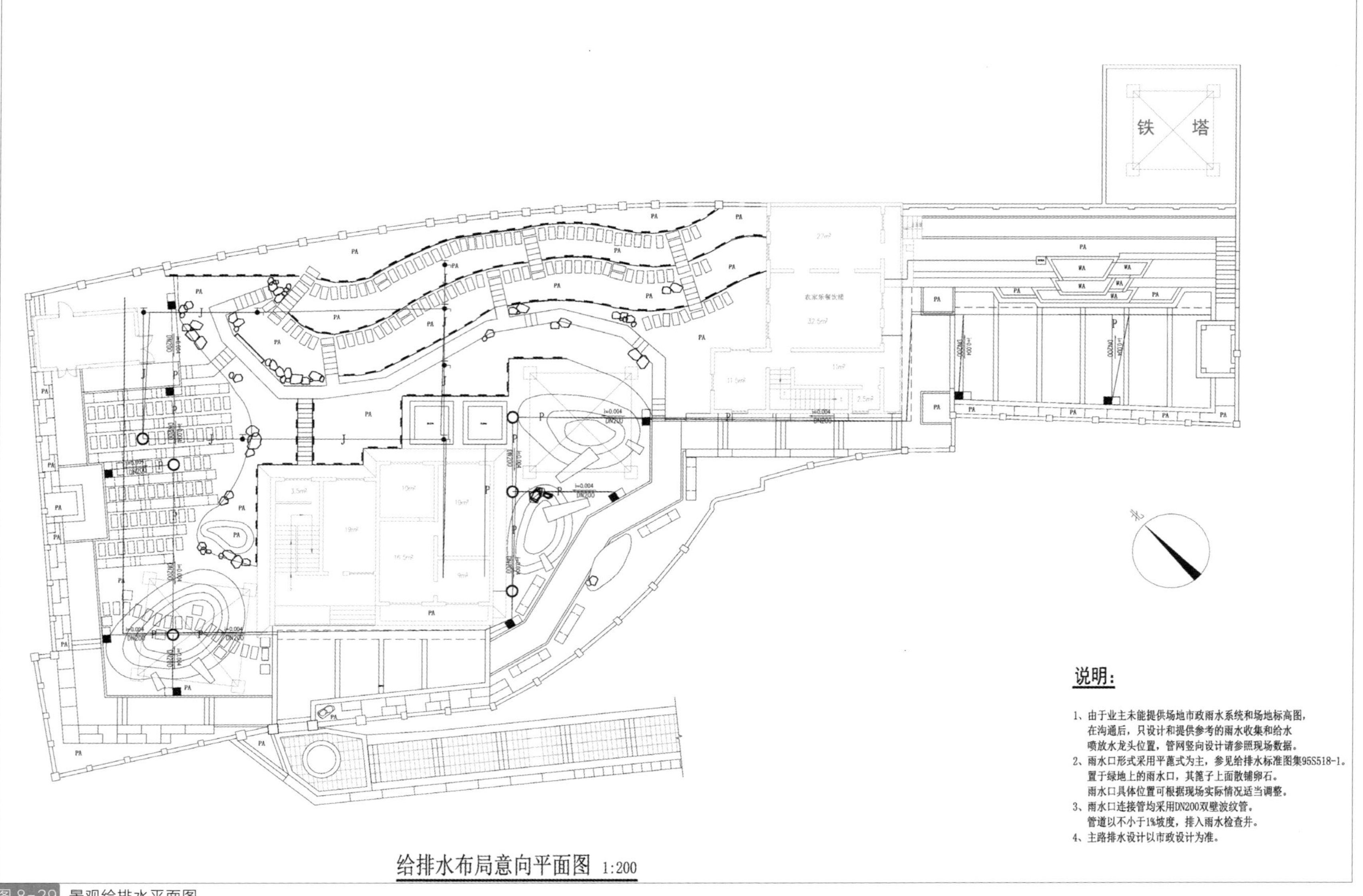

说明：

1、由于业主未能提供场地市政雨水系统和场地标高图，在沟通后，只设计和提供参考的雨水收集和给水喷放水龙头位置，管网竖向设计请参照现场数据。
2、雨水口形式采用平蓖式为主，参见给排水标准图集95S518-1。置于绿地上的雨水口，其篦子上面散铺卵石。雨水口具体位置可根据现场实际情况适当调整。
3、雨水口连接管均采用DN200双壁波纹管。管道以不小于1%坡度，排入雨水检查井。
4、主路排水设计以市政设计为准。

给排水布局意向平面图 1:200

图 8-29 景观给排水平面图

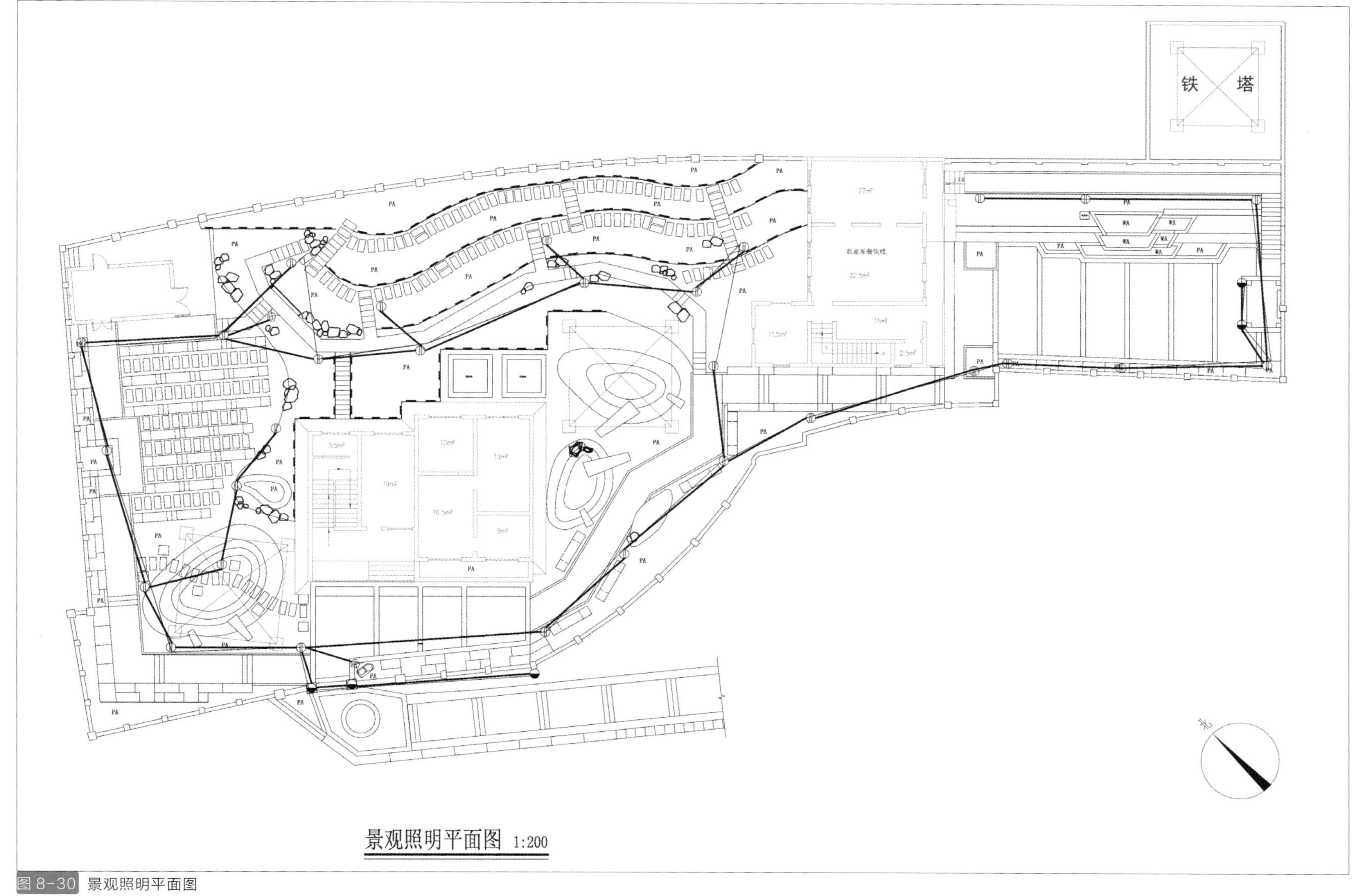

图 8-30 景观照明平面图